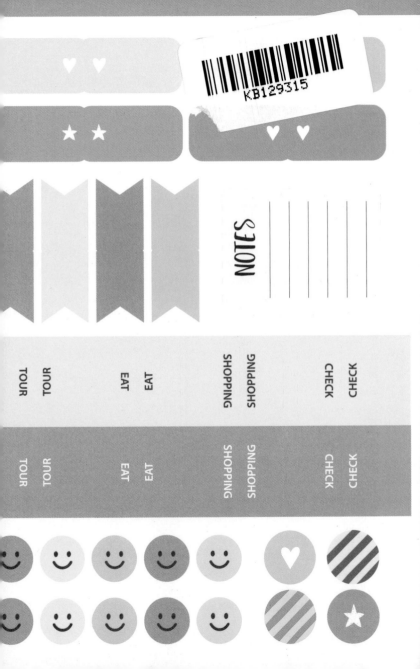

지금,도
지도 서비스

여행 가이드북 〈지금, 시리즈〉의 부가 서비스로, 해당 지역의 스폿 정보 및 코스 등을
실시간으로 확인하고 함께 정보를 공유하는 커뮤니티 무료 지도 사이트입니다.

now.nexusbook.com

지도 서비스 '지금도'에 어떻게 들어갈 수 있나요?

접속 방법 1
녹색창에
'지금도'를 검색한다.

지금도 🔽 🔍

접속 방법 2
핸드폰으로
QR코드를 찍는다.

접속 방법 3
인터넷 주소창에
now.nexusbook.com
을 친다.

'지금도' 활용법

✈ 여행지 선택하기

메인 화면에서 여행 가고자 하는 도시의 도서를 선택한다. 메인 화면 배너에서 〈지금 시리즈〉 최신 도서 정보와 이벤트, 추천 여행지 정보를 확인할 수 있다.

🔍 스폿 검색하기

원하는 스폿을 검색하거나, 지도 위의 아이콘이나 스폿 목록에서 스폿을 클릭한다. 〈지금 시리즈〉 스폿 정보를 온라인으로 한눈에 확인할 수 있다.

📍 나만의 여행 코스 만들기

❶ 코스 선택에서 코스 만들기에 들어간다.
❷ 간단한 회원 가입을 한다.
❸ +코스 만들기에 들어가 나만의 코스 이름을 정한 후 저장한다.
❹ 원하는 장소를 나만의 코스에 코스 추가를 한다.
❺ 나만의 코스가 완성되면 카카오톡과 페이스북으로 여행메이트와 여행 일정을 공유한다.

💬 커뮤니티 이용하기

여행을 준비하는 사람들이 모여 여행지 최신 정보를 공유하는 커뮤니티이다. 또, 인터넷에서는 나오는 않는 궁금한 여행 정보는 베테랑 여행 작가에게 직접 물어볼 수 있는 신뢰도 100% 1:1 답변 서비스를 제공 받을 수 있다.

〈지금 시리즈〉독자에게
'여행 길잡이'에서 제공하는 해외 여행 필수품

해외 여행자 보험 할인 서비스

1,000원 할인

사용 기간 회원 가입일 기준 1년(최대 2인 적용)
사용 방법 여행길잡이 홈페이지에서 여행자 보험 예약 후 비고사항에
〈지금 시리즈〉가이드북 뒤표지에 있는 ISBN 번호를 기재해 주시기 바랍니다.

〈지금 시리즈〉독자에게
시간제 수행 기사 서비스 '모시러'에서 제공하는

공항 픽업, 샌딩 서비스

2시간 이용권

유효 기간 2019.12.31 서비스 문의 예약 센터 1522-4556(운영 시간 10:00~19:00, 주말 및 공휴일 휴무)
이용 가능 지역 서울, 경기 출발 지역에 한해 가능

TRAVEL PACKING CHECKLIST

Item	Check
여권	■
항공권	■
여권 복사본	■
여권 사진	■
호텔 바우처	■
현금, 신용카드	■
여행자 보험	■
필기도구	■
세면도구	■
화장품	■
상비약	■
휴지, 물티슈	■
수건	■
카메라	■
전원 콘센트 · 변환 플러그	■
일회용 팩	■
주머니	■
우산	■
기타	■

지금, 오키나와

지금, 오키나와

지은이 오상용 · 성경민
펴낸이 임상진
펴낸곳 플래닝북스

초판 1쇄 발행 2016년 8월 25일
초판 4쇄 발행 2017년 7월 15일

2판 1쇄 발행 2019년 4월 5일
2판 3쇄 발행 2019년 7월 8일

출판신고 1992년 4월 3일 제311-2002-2호
10880 경기도 파주시 지목로 5(신촌동)
Tel (02)330-5500 Fax (02)330-5555

ISBN   979-11-6165-619-9 13980

이 도서의 국립중앙도서관 출판예정도서목록(CIP)은
서지정보유통지원시스템 홈페이지(http://seoji.nl.go.kr)와
국가자료종합목록시스템(http://www.nl.go.kr/kolisnet)에서
이용하실 수 있습니다.(CIP제어번호 : CIP2019012857)

www.nexusbook.com

지금, 오키나와

오상용 · 성경민 지음

Okinawa

플래닝
북스

성경민

우리나라에서 비행기로 2시간 30분이면 만날 수 있는 가장 이국적이고 개성 있는 도시 오키나와. 파란색이 어울리는 이곳의 매력을 이 공간에 담기에는 너무나도 좁았습니다. 원시림과 탁월한 자연 환경을 갖춘 북부 지역, 일본식으로 풀어낸 휴양의 끝판왕 중부 지역, 역사와 문화가 살아 숨 쉬는 남부 지역 그리고 다양한 나라의 문화가 섞여 만들어진 나하 지역은 어느 하나 놓치고 싶지 않을 정도로 매력적인 공간임에 틀림없습니다. 조금이라도 더 여러분들에게 오키나와의 매력을 알려 주기 위해 취재하고 촬영했던 그날의 기억들은 앞으로도 가장 행복했던 순간으로 남을 것 같습니다. 이 책을 보고 떠나는 모든 분들이 편안하고 기억에 남는 여행이 될 수 있도록 기원하겠습니다.

부족한 저를 인내와 센스로 이끌어 주신 상용이 형과 힘들었던 수정 작업을 항상 꼼꼼함과 유머로써 즐겁게 만들어 주신 정효진 과장님께 가장 큰 감사의 말씀을 전합니다. 제작에 많은 도움을 준 김언종, 박상윤, 정윤희, 항상 응원과 지원을 아끼지 않으시는 부모님과 친구들 그리고 작업의 많은 부분이 이루어졌던 모란역 리치카페 사장님과 준석 씨에게도 감사의 인사 전합니다.

오상용

《지금, 오사카》에 이어 작업된 오키나와. 사랑하는 첫째 딸 채은이와의 추억이 있는 여행지라 행복했던 추억을 떠올리며 작업했습니다. 하지만 여전히 안내자로서 지녀야 할 무거운 책임 감. 자만심보다는 늘 겸손한 자세로 더 많은 사람이 여행을 떠나고, 그 경험을, 내가 느낀 행복을 공유할 수 있도록 노력하겠습니다.

이 책이 나오기까지 밤을 새워가며 함께해 주신 정효진 과장님께 진심으로 감사 인사 전하며, 출산과 육아로 힘든 시기임에도 응원해 준 아내와 늘 곁에서 에너지를 불어 넣어 주는 삼남매 채은이와 설우, 준석이, 항상 모든 걸 베풀어 주시는 일본 이모님과 일본 여행에 있어 많은 정보와 지원을 해 주신 카미야마 씨, 부족함에도 채워 주시고 믿어 주시고 지켜 주시는 아빠, 엄마, 장인어른, 장모님과 제작에 도움을 아끼지 않은 인종이를 비롯해 많은 분께 감사의 말을 올립니다. 모두 나열하지 못할 정도로 도움 주신 분들과 이 책을 구입해 주시는 모든 독자 여러분께 더 좋은 모습을 보여드릴 수 있도록 노력하겠습니다.

*《지금, 오키나와》는 독자 여러분들의 의견을 받아 지속적인 업그레이드를 진행하겠습니다. 책은 물론 오키나와 여행에 대한 의견이 있으시면 언제든지 연락 바랍니다. 《지금, 오키나와》의 소통 채널은 24시간 열려 있습니다.

하이라이트

지금 오키나와에서 보고, 먹고, 놀아야 할 것들을 모았다. 오키나와에 대해 잘 몰랐던 사람들은 오키나와를 미리 여행하는 기분으로, 잘 알던 사람들은 새롭게 여행하는 기분으로 오키나와여행의 핵심을 익힐수 있다.

테마별 추천 코스

지금 당장 오키나와 여행을 떠나도 만족스러운 여행이 가능하다. 렌터카 여행은 물론 뚜벅이 여행자까지 언제, 누구와 떠나든 모두를 만족시킬 수 있는 여행 가이드 코스를 제시했다. 자신의 여행 스타일에 따라 코스를 골라서 따라 하기만 해도 만족도, 편안함도 두 배가 될 것이다.

지역 여행

지금 여행 트렌드에 맞춰 오키나와를 4개의 지역으로 나눠 지역별 핵심 코스와 핵심 관광지를 소개한다. 코스별로 여행을 하다가 한 곳에 좀 더 머물고 싶다면 혹은 그냥 지나치고 싶은 곳을 찾고 있다면 지역별 소개를 천천히 살펴보자.

지도 보기 각 지역 지도와 주요 관광지를 표시해 두었다. 종이 지도의 한계를 넘어, 디지털의 편리함을 이용하고자 하는 사람은 해당 지도 옆 QR코드를 활용하자.

팁 활용하기 직접 다녀온 사람만이 충고해 줄 수 있고, 여러 번 다녀온 사람만이 말해 줄 수 있는 알짜배기 노하우를 담았다.

여행 서비스

가는 방법도 다양하고, 머물 곳도 다양한 오키나와. 그곳에서 내 여행 계획에 꼭 맞는 교통편과 숙박을 찾는 것은 여행의 편리함과 알뜰함을 좌우하는 척도가 된다. 다양한 선택 사이에서 내 여행 스타일에 가장 맞는 현명한 선택을 해 보자.

여행 팁

여행을 떠나기 전에 준비해야 할 가장 기본적이지만 가장 필수적인 지식을 한곳에 모아 놓은 트래블 팁. 입국, 여행 중 비상 상황 대처 시 행동 양식, 전화와 데이터 사용법 등 알짜 정보들만 담았다.

지도 및 본문에서 사용된 아이콘

🔵 관광명소	🍴 레스토랑	☕ 카페
🛍 쇼핑	🏨 호텔	🌲 공원/산
🏪 시장	🏖 해변	🏛 박물관
⚓ 선착장	📍 랜드마크	🏢 공공기관
📮 우체국	🎓 학교	➕ 병원
ℹ 안내소	🚌 버스 정류장	🚉 모노레일 역
卍 신사	⛳ 골프장	✈ 공항
P 주차장		

contents

Okinawa

하이라이트 '

오키나와

오키나와 히스토리

크고 작은 여러 개의 섬으로 이루어진 오키나와 현沖縄懸의 중심 오키나와 섬沖縄島. 오키나와 본도沖縄本島로도 불리는 이곳은, 일본 혼슈本州 남쪽에 있는 규슈九州에서 남단으로 약 685km 떨어진 북태평양에 위치한 화산섬이다. 우리나라 제주도와 비교하면 2/3 크기인 오키나와 섬에는 반짝이는 푸른 하늘과 에메랄드 빛 해안, 아름다운

산호와 대자연, 신비하고 독특한 역사와 문화가 있어 일본인들에게도 한 번쯤은 가 보고 싶은 휴양지이자 여행지로 손꼽힌다. 오키나와 곳곳에 펼쳐진 그림 같은 풍경과 4월부터 10월까지 즐길 수 있는 해양 액티비티, 그리고 신선한 바람을 맞으며 즐기는 해안가 드라이브는 오키나와만의 놓칠 수 없는 여행 포인트다. 또한 중국 등 아시아 여러 국가와 미국의 영향을 받아 생겨난 오키나와의 역사와 문화, 음식들은 우리를 더욱 특별하고 개성 있는 여행으로 인도해 준다.

🔖TIP 류큐 왕국 琉球王國

오키나와 여행에서 빠질 수 없는 류큐 왕국. 1429년 시작된 통일 정권인 류큐 왕국은 독립국으로서 주변 국가와의 교역을 통해 그들만의 문화를 형성했다. 그런 이유로 일본 본섬에서는 볼 수 없는 독특한 역사와 문화가 자리 잡았는데, 특히 옛 왕국인 슈리 성首里城은 중국과 일본의 문화를 융합한 새로운 건축양식으로 유명하다. 아쉽게도 당시의 류큐 왕국에 대한 자료와 문화재가 전쟁으로 많이 소실됐지만, 제2차 세계대전 종료 후 끊임없는 복원으로 옛날의 모습을 다시 찾고 있어 오키나와 여행 필수 포인트 중 하나로 떠올랐다.

19세기 중반까지 류큐 왕국이라 불린 독립국이었던 오키나와는, 1609년 일본의 침략 전쟁에 패해 주종 관계로 지내다 메이지유신 1879년 일본에 복속되었다. 이후 제2차 세계대전 종전인 1945년부터 미국의 통치하에 관리되다가 1972년 5월 15일 일본으로 반환되면서 지금의 오키나와가 탄생되었다.

일본 본토와는 달리 그들만의 독특한 문화와 역사는 물론 아름다운 바다와 푸른 숲이 잔존하는 대자연을 만날 수 있는 오키나와. 지친 일상에서 벗어나 재충전이 필요하다면 지금 당장 오키나와로 여행을 떠나 보자.

02
OKINAWA

여행 포인트

남북으로 길쭉한 오키나와 지형은 크게 4개의 여행 지역으로 나뉘고, 그 밖에 인근 섬으로 나뉜다. 옛 류큐 왕국의 도읍이자 오키나와의 중심인 나하那覇 지역에는 기적의 1마일로 불리는 국제 거리, 슈리 성 등 역사와 쇼핑을 즐길 수 있는 스폿 등이 있고, 미국 분위기가 물씬 풍기는 아메리칸 빌리지를 포함해 그림 같은 해변이 즐비한 중부 지역, 추라우미 수족관沖縄美ら海水族館, 원시림 등 여행자를 위한 관광 명소와 대자연을 만날 수 있는 북부 지역까지 각 지역마다 차별화된 스폿이 분포되어 있다.

인구가 가장 많은 나하那覇 지역에는 모노레일, 택시 등 다양한 교통편이 있지만 그 외 지역은 버스만 운행해 섬 곳곳을 돌아볼 계획이라면 렌터카를 이용하는 것이 좋다. 남북 길이가 약 150km로 길지 않지만 고속도로 구간을 제외한 대부분의 국도는 신호가 많고 제한 속도가 낮아 생각보다 이동 시간이 오래 걸린다. 따라서 미리 방문 지역 및 스폿을 정하고 일정에 따른 적당한 위치의 숙소를 예약하길 추천한다. 대중교통만 이용해 오키나와 섬 여러 곳을 돌아볼 여행자라면 출발 전 버스 번호 등 이동 정보를 미리 알아보고, 거리 대비 이동 시간이 긴 편이니 하루 1~3곳 정도만 들르는 일정으로 계획하자.

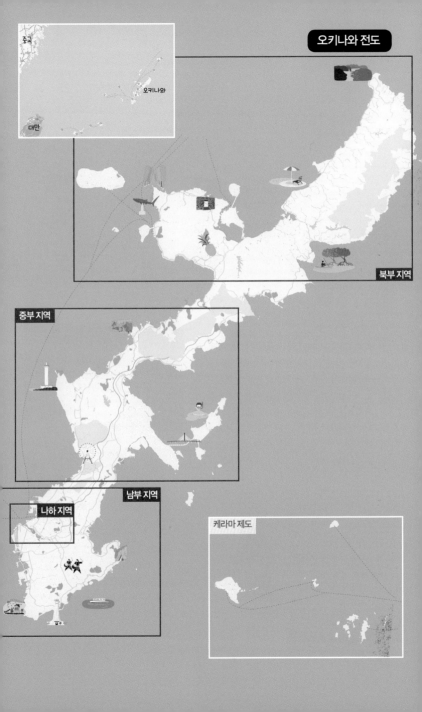

나하那覇 지역

국제공항이 위치한 오키나와의 정치, 경제, 교통의 중심지다. 류큐 왕국琉球王國의 옛 성인 슈리 성首里城, 시키나엔識名園 정원 등 류큐 왕국의 역사를 만날 수 있는 스폿은 물론 특산품 가게를 비롯해 현지 전통 음식을 즐길 수 있는 식당과 카페가 즐비한 국제 거리까지! 과거와 현재가 공존하는 열기와 활기로 가득한 오키나와 여행의 출발지다.

북부 北部 지역

바다와 조화를 이룬 것으로 유명한 큰 규모의 추라우미 수족관을 비롯해 고급 리조트와 호텔 등이 즐비한 해안가, 푸른 하늘과 아름다운 산호, 그림 같은 대자연을 만날 수 있는 오키나와 대표 휴양지다. 특히 해안가로 이어지는 58번, 449번 국도는 렌터카 이용자라면 꼭 한 번 달려 봐야 할 필수 드라이브 코스다. 가족 단위 여행자는 물론 친구, 연인 상관없이 누구나 즐길 수 있는 관광 명소가 가득하다.

중부 中部 지역

12세기부터 15세기 초까지 류큐 왕조의 중심이었던 곳이다. 1946년부터 미군 시설이 집중되면서 아쉽게도 류큐 왕국의 사적은 많이 사라졌지만, 이국적인 분위기로 오키나와를 대표하는 관광지로 떠오르고 있다. 미국 분위기가 물씬 풍기는 차탄北谷 지역의 아메리칸 빌리지를 포함해 미군용 상품을 취급하는 숍은 물론 영어 간판을 걸고 영업하는 레스토랑 등 미국풍 상점이 여럿 있어 낮과 밤 시간에 상관없이 많은 사람으로 붐빈다.

남부 南部 지역

오키나와의 관문이자 류큐 왕국의 유적지가 가득한 남부 지역에는 종유석 동굴을 비롯 유적지와 자연으로 구성된 테마파크가 하나둘 생겨나고 있다. 다른 지역에 비해 관광객 방문이 많지 않지만 과거 제2차 세계대전의 격전지이자, 류큐 왕국의 역사와 자연을 즐길 수 있는 지역으로, 조용한 나만의 공간을 찾는 여행자들의 발길이 하나둘 늘고 있다.

인근 섬 및 기타 지역

희귀한 생물이 많이 사는 이리오모테 섬과 산호초와 투명한 바다로 유명한 미야코 섬, 투명한 바다로 둘러싸인 이시가키 섬 등 오키나와에는 많은 섬이 있다. 대부분의 섬은 거리가 멀어 오키나와 여행 중 방문이 어렵지만, 중부 지역에서는 4.7km의 시원한 바다 위를 달리는 해중도로와 연결된 헨자 섬平安座島과 미야기 섬宮城島이, 나하 지역에서는 서쪽으로 약 40km 떨어진 크고 작은 섬으로 이루어진 다이빙 포인트로 유명한 지상 낙원 케라마慶留間 제도가, 본섬 북서쪽 9km 떨어진 이에촌伊江村이 당일 코스로 다녀올 수 있다. 신나는 해양 액티비티와 한가로이 자연을 즐기고 싶은 여행자라면 강추한다.

계절 POINT

오키나와는 가장 무더운 7월에는 33.9℃, 겨울에는 평균 17℃의 온난한 날씨를 유지하는 아열대 기후다. 사계절의 날씨가 뚜렷한 우리나라와 비교하면 1년 내내 따뜻하지만, 섬의 특성상 바람이 많이 불고, 날씨 변화가 심하니 방문 기간에 맞춰 옷을 준비하는 것이 좋다. 연 강수량은 2,000mm로 비가 와도 종일 내리지 않아 우산을 챙기지 않아도 된다. 대신 기온이 떨어지고 강풍을 동반한 소나기가 자주 내리는 2월과 10월에는 약간 두꺼운 옷을 챙겨 가는 것이 좋다. 습도가 높아 실내는 1년 내내 에어컨을 사용하니 급격한 온도 변화에 민감한 여행자는 고열과 콧물 등의 감기 증세가 있을 수 있으니 계절에 상관없이 상비약을 챙겨 가자.

*오키나와 날씨 일본 기상청 (www.jma.go.jp), 야후 재팬 (weather.yahoo.co.jp)에서 실시간으로 확인할 수 있다.

〈계절별 복장〉

 봄

3월

낮에는 봄 날씨지만 밤에는 긴팔 셔츠 필요.

- ☀ 일출 6:33 🌙 일몰 18:41
- 🌡 기온 평균 18.4℃
  최고 26.1℃, 최저 12.0℃
- ☁ 강우량 185.0mm
- 🌊 해수 온도 평균 21.2℃
- ⚡ 태풍 0.0

4월

가장 좋은 계절로, 얇은 긴팔이나 반팔 셔츠와 청바지.

- ☀ 일출 6:01 🌙 일몰 18:56
- 🌡 기온 평균 20.9℃
  최고 27.2℃, 최저 14.0℃
- ☁ 강우량 100.5mm
- 🌊 해수 온도 평균 22.2℃
- ⚡ 태풍 0.0

5월

무더운 날씨로, 반팔, 반바지.

- ☀ 일출 5:40 🌙 일몰 19:12
- 🌡 기온 평균 23.6℃
  최고 30.1℃, 최저 17.3℃
- ☁ 강우량 354.5mm
- 🌊 해수 온도 평균 23.2℃
- ⚡ 태풍 0.4

여름

6월

얇은 셔츠, 선글라스, 자외선 차단제.

- ☀ 일출 5:37 ☁ 일몰 19:24
- 🌡 기온 평균 26.9℃
  최고 32.5℃, 최저 20.4℃
- 🌂 강우량 397.5mm
- 🌊 해수 온도 평균 26.0℃
- ⚡ 태풍 0.8

7월

얇은 셔츠, 선글라스, 자외선 차단제.

- ☀ 일출 05:49 ☁ 일몰 19:22
- 🌡 기온 평균 29.3℃
  최고 33.9℃, 최저 23.8℃
- 🌂 강우량 494.0mm
- 🌊 해수 온도 평균 27.6℃
- ⚡ 태풍 1.4

8월

모자, 선글라스, 자외선 차단제, 얇은 긴팔 셔츠.

- ☀ 일출 6:04 ☁ 일몰 19:01
- 🌡 기온 평균 28.7℃,
  최고 33.1℃, 최저 23.9℃,
- 🌂 강우량 229.0mm
- 🌊 해수 온도 평균 28.1℃
- ⚡ 태풍 2.0

 가을

9월

더위는 한풀 꺾이지만 아직 해수욕은 가능. 선글라스 필요.

- ☀ 일출 6:17 ☁ 일몰 18:28
- 🌡 기온 평균 28.8℃
  최고 33.3℃, 최저 25.0℃
- 🌂 강우량 95.5mm
- 🌊 해수 온도 평균 28.6℃
- ⚡ 태풍 1.8

10월

반팔 외에 아침과 저녁에는 얇은 긴팔 필요.

- ☀ 일출 6:31 ☁ 일몰 17:57
- 🌡 기온 평균 25.4℃
  최고 32.0℃, 최저 20.7℃
- 🌂 강우량 269.0mm
- 🌊 해수 온도 평균 26.0℃
- ⚡ 태풍 1.4

11월

얇은 긴팔, 카디건 필요.

- ☀ 일출 6:51 ☁ 일몰 17:38
- 🌡 기온 평균 22.6℃
  최고 28.4℃, 최저 17.4℃
- 🌂 강우량 49.5mm
- 🌊 해수 온도 평균 24.7℃
- ⚡ 태풍 0.0

 겨울

12월

따뜻한 겨울. 스웨터나 청바지 필요.

- ☀ 일출 7:12 ☁ 일몰 17:42
- 🌡 기온 평균 17.6℃
  최고 24.6℃, 최저 12.0℃
- 🌂 강우량 117.0mm
- 🌊 해수 온도 평균 22.9℃
- ⚡ 태풍 0.0

1월

바람이 강해서 체감온도가 낮음. 얇은 점퍼 필요.

- ☀ 일출 7:18 ☁ 일몰 18:03
- 🌡 기온 평균 16.8℃
  최고 23.5℃, 최저 10.6℃,
- 🌂 강우량 66.0mm
- 🌊 해수 온도 평균 21.7℃
- ⚡ 태풍 0.0

2월

밤은 여전히 추우니 코트 등 외투 필요.

- ☀ 일출 7:02 ☁ 일몰 18:25
- 🌡 기온 평균 17.9℃
  최고 24.1℃, 최저 11.7℃
- 🌂 강우량 227.0mm
- 🌊 해수 온도 평균 21.1℃
- ⚡ 태풍 0.0

19

월별 POINT

구분	1월	2월	3월	4월	5월	6월	7월	8월	9월	10월	11월	12월
테마	벚꽃		철쭉	추천 날씨			무더위 (휴양, 해양 액티비티)					쇼핑

온난한 날씨로 1년 내내 계절에 상관없이 많은 여행자가 방문한다. 가장 많은 여행자가 몰리는 1~3월에는 벚꽃과 철쭉 등이 만개하고, 여름방학 기간인 7~8월에는 가족 단위 여행자가 주를 이룬다. 4월은 1년 중 날씨가 가장 좋아서 여러 지역을 돌아보기에 좋은 기간이며, 12월에는 일본 다른 도시와 마찬가지로 상점 곳곳에서 연말 세일을 진행해 복잡한 일본 도시를 피해 쇼핑을 즐기러 오는 사람들로 가득하다. 언제 방문해도 좋은 오키나와지만 5월~6월에는 비도 자주 내리고 4월 말부터 5월 초까지 이어지는 연휴 골든위크에는 항공·호텔 요금이 오르고, 8~9월에는 태풍의 영향으로 날씨의 급격한 변화가 있으니 참고해서 일정을 계획하자.

🌸 벚꽃 구경 추천 기간

1월 중순 ~ 2월 중순
일본에서 가장 먼저 벚꽃이 피는 오키나와는 매년 조금씩 달라지긴 하지만 보통 1월 중순부터 2월 중순까지 벚꽃이 만개를 이룬다. 아열대 기후로 1년 내내 꽃을 볼 수 있지만, 이 기간에는 축제가 함께 열려 일본 문화와 벚꽃을 즐기기에 제격이다.

추천 명소 북부 나고 성, 사쿠라노 모리 공원, 나키진 성터 주변과 나하시 요기 공원 주변

🛒 휴양 추천 기간

9월 중순 ~ 10월 초
오키나와 비치는 4월부터 10월까지 개장하지만 실제 비치를 이용하고 바다를 즐기는 건 5월 중순부터 10월 중순이 가장 좋다. 특히 강우량이 줄어드는 9월 중순부터 10월 초까지는 많이 덥지도 않고 일교차도 적당해 리조트나 호텔을 이용해 휴양을 즐기고 싶은 가족 단위 여행자에게 추천한다.

추천 지역 아메리칸 빌리지를 중심으로 리조트와 호텔이 있는 차탄北谷 지역

🌿 문화 즐기기 추천 기간

7월 초순 ~ 9월 상순
일본의 다른 도시와 마찬가지로 여름이 시작되는 7월부터 다양한 곳에서 다양한 축제가 열린다. 화려한 불꽃놀이는 물론 전통 공연과 유명 록밴드에서부터 오키나와 청소년 밴드까지 다양한 음악 아티스트의 공연도 무료로 즐길 수 있다.

인기 축제

1. 해양박 공원 여름 축제
2. 우라소에 테다코 마쓰리浦添て だこまつり
3. 전도 에이사 마쓰리沖縄全島エイサー祭り

오키나와 휴일

일본에서 제정한 공휴일은 총 15일이며 공휴일이 일요일과 겹칠 경우 그다음 날 쉴 수 있는 대체 공휴일이 존재한다. 공휴일 외에도 골든위크(4월 29일~5월 초), 오봉(8월 15일 포함 3~5일), 연말연시(12월 28일~1월 5일)는 대부분의 기업 휴일로 항공, 숙박 요금이 오르고 쇼핑, 음식점 등 다양한 상점에서 세일 및 이벤트가 열린다. 또 2020년부터 새로 즉위한 일왕의 탄신일인 2월 23일이 휴일로 지정되었다.

명칭(발음)	날짜	참고
元日(간지쯔)	1월 1일	정월 초하루
成人の日(세진노히)	1월 둘째 주 월요일	만 20세를 기념하는 성인의 날 (거리에 기모노와 정장을 차려 입은 젊은이들로 가득함)
建国記念の日(겐코쿠키넨노히)	2월 11일	건국 기념일
春分の日(슌분노히)	3월 20일 or 21일	춘분
昭和の日(쇼와노히)	4월 29일	쇼와의 날
憲法記念日(겐포키넨비)	5월 3일	헌법 기념일 (우리나라 제헌절에 해당)
みどりの日(미도리노히)	5월 4일	녹색의 날
こどもの日(코도모노히)	5월 5일	어린이날이자 단오端午이자 남자 어린이날 (히나마쓰리ひな祭り 전통 행사가 열림, 여자 어린이날은 3월 3일)
海の日(우미노히)	7월 셋째 주 월요일	바다의 날
山の日(야마노히)	8월 11일	산의 날
敬老の日(케로노히)	9월 셋째 주 월요일	경로(노인)의 날
秋分の日(슈분노히)	9월 23일경	추분
育の日(다이이쿠노히)	10월 둘째 주 월요일	체육의 날
文化の日(분카노히)	11월 3일	문화의 날 (개정 전에는 제122대 일왕 메이지의 생일 '메이지의 날'이었음. 이날은 박물관 등 문화 시설 일부가 무료로 개방)
勤労感謝の日(긴로칸샤노히)	11월 23일	근로자의 날

오키나와 HOT!

\ 📷 볼거리 /

슈리 성
나하 지역에 위치한 세계유산으로 등재된 류큐 왕국琉球
王國의 옛 성 슈리 성首里城. 중국과 일본의 문화를 융합한
독특한 건축양식으로 유명하다.

추라우미 수족관
북부 지역에 위치한 일본 최대 규모의 아쿠아리움. 높이
8.2m, 폭 22.5m의 대형 수족관이 장관이다.
아이와 함께 오키나와를 방문한다면 필수 스폿이다.

국제 거리
기적의 1마일로 불리는 나하 거리로, 1.6km 거리에
쇼핑과 맛집 중심지로 통한다.
오키나와 특산품은 다 모여 있다고 할 수 있다.

비세 마을 후쿠기 가로수길
옛 마을의 정취를 느낄 수 있는 오키나와
인기 산책로. 자전거 대여도 가능하니 한가로운
산책을 즐겨 보자.

아메리카 빌리지
중부 지역 리조트와 호텔이 모여 있는
선셋 비치에 있는 미국풍의 쇼핑 타운.
대관람차를 비롯 대형 마트 이온 몰이 있다.

오키나와 월드
오키나와 남부 지역에서 가장 큰 규모를 자랑하는 테마파크로, 전통 문화를 주제로 꾸며진 명소다.

에메랄드 비치
일본 여행잡지 루루부에서 뽑은 오키나와 NO.1 비치.
추라우미 수족관 근처로, 접근성이 좋고, 하얀 백사장과
투명한 바다로 유명하다.

코우리섬
드라이브와 바다를 즐기기에 좋은 곳이다. 자동차로
한 바퀴 돌아보는 데 30분 정도 걸리는 작은 섬이며,
해변가에서 보는 석양과 별 그리고 섬 중간중간
자리 잡은 카페가 유명하다.

만좌모
코끼리 코 모양으로 유명하며, 해안 절벽 위 넓은 잔디밭에
앉아 아름다운 에메랄드 빛 바다 풍경을 감상할 수 있다.

해도 곶
오키나와 최북단에 위치해 망망대해의 거친 파도와 바다가 만든 아름다운 절벽을 만날 수 있는 곳이다. 거리가 제법 있어서 대중교통으로는 비추다.

세이화 우타키
류큐 왕국의 개벽 신화에도 나오는 류큐 왕국 최고의 성지다. 개벽 신화에 류큐의 창세신이 하늘에서 이 섬으로 내려와 류큐를 만들었다는 전설이 있다. 그 창세신의 제사 및 참배를 하는 7개의 성지 중 가장 성스럽게 여기는 곳이다.

치넨 미사키 공원
남부 지역에서 가장 인기가 좋은 바다 전망 포인트다. 필수는 아니지만 렌터카를 이용해 남부 지역을 돌아본다면 한 번쯤 들러 보길 추천한다.

즐길 거리

비치

해수욕은 물론 파티, 바비큐도 가능한 다양한 비치가 준비되어 있는 오키나와.
비치 랭킹이 있을 정도로 비치마다 각기 다른 뷰와 즐거움을 만날 수 있다.

스노클링

하얀 모래가 보일 정도로
바닷물이 투명해서 조금만
들어가도 열대어를 만날 수 있어,
오키나와 필수 즐길거리로
손꼽힌다. 국내에서 저렴한
장비를 구매해 가면 어디서든
O.K다.

해양 스포츠

전 세계 다이버들이 몰리는 마에다 곶의 푸른 동굴의 洞窟에서 스쿠버다이빙은 물론 바나나 보트, 크루즈 등은 오키나와 바다를 즐기는 또 하나의 방법이다.

드라이브

시원한 바다 위를 달리는 해중도로는 오키나와에서만 만날 수 있는 특별한 드라이브 코스다. 해중도로 곳곳에 연인들을 위한 카페도 여럿 있다.

쇼핑

건강, 미용, 장수로 유명한 오키나와. 천연 미네랄 소금은 물론 고야, 미니 파인애플 등 오키나와에서만 살 수 있는 물건이 가득하다.

어트랙션

눈앞에서 돌고래를 보며 먹이를 줄 수 있는 돌고래 체험부터 산호초 상공을 나는 모터 패러글라이딩과 헬기 투어까지 모든 것이 준비되어 있다.

공원 즐기기

옛 류큐 왕국의 역사를 만날 수 있는 슈리 성 공원은 물론 아름다운 바다 풍경을
만날 수 있는 해안 공원은 오키나와에서만 즐길 수 있는 휴식 포인트다.

해양박 공원

추라우미 수족관이 위치한 넓은 규모의 공원.
에메랄드 비치 바로 옆의 해안 산책로는 물론
바다를 배경으로 한 무료 돌고래 공연장인
오키짱 극장은 필수 방문 포인트다.

오리온 맥주 나고 공장

오키나와 맥주인 오리온 맥주의
공정 과정을 살펴보고 순도 100%
오리온 생맥주를 맛볼 수 있다.

트레킹

북부 얀바루 지역에서는 삼림욕은 물론 자연 폭포와
대자연을 만날 수 있고, 중부 요미탄 지역에서는
카약으로 무인도로 이동해 트레킹까지 즐길 수도 있다.

인근 섬 여행

페리를 이용하거나 해중도로로 갈 수 있는 인근 섬.
오키나와 본섬과는 다른 매력과 명소, 즐길거리가
준비되어 있다.

카페 즐기기

오키나와에는 우리나라 제주도와 비슷하게 다소 접근이 불편하지만 전망은 물론 분위기도 좋은
카페가 여럿 있다. 이곳에서 연인 또는 가족들과 잊지 못할 추억을 만들어 보자.

\16 먹을거리 /

오키나와 소바
일본 본토에 랭킹 라면집이 있다면 오키나와에는 인기 소바집이 있을 정도로 현지인이 즐겨 먹는다. 오키나와 소바는 메밀을 사용하는 일본 본토식 소바와 달리 밀가루 100%를 사용해 만든 면에 육수를 붓고 고명을 올려 먹는다. 우리가 잘 아는 소바와는 맛이 달라 호불호가 갈릴 수 있지만 한 번쯤 맛봐야 할 오키나와 대표 음식이다.

돼지고기 요리
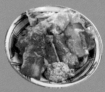
돼지고기는 오키나와 사람들이 가장 아끼고 좋아하는 식재료다. 샤브샤브는 물론 덩어리 채 잘라 기름기를 뺀 통삼겹살 조림, '라후테'와 우리나라 족발과 비슷한 '돈소쿠'는 한 번쯤 맛봐야 할 대표 향토 음식이다.

아와모리
동남아에서 가져온 찐 안남미를 사용해 만든 높은 도수의 전통 소주로, 독특한 향과 맛으로 유명하다. 오키나와 향토 음식 대부분에 사용될 정도로 오키나와 사람들에게는 뗄 수 없는 오랜 역사를 간직하고 있다. 아와리는 숙성에 따라 향기와 맛이 깊어진다고 하니 참고하자.

시콰사 주스

오키나와에서 나오는 감귤류의 일종으로 유자나 라임과 비슷한 산뜻한 향과 시큼한 맛이 특징인 시콰사를 넣은 주스다. 맛도 좋고 라임의 80배에 해당하는 노비레틴이라는 성분이 함유되어 있어 다이어트와 미용에 좋다.

스테이크

미군의 영향으로 1950년부터 생겨난 스테이크 전문점은 질 좋은 고기(와규)와 철판에서 조리해 주는 그들만의 방식으로 오키나와를 대표하는 인기 음식으로 자리 잡았다. 향토 음식은 아니지만 가격 대비 맛과 고기질이 좋아 여행자들 사이에서 꼭 맛봐야 할 인기 음식으로 손꼽힌다.

류큐 궁중 요리

류큐 왕국을 방문하는 칙사를 위해 왕부의 중심으로 전해 온 대접 음식이 지금의 류큐 궁중 요리가 되었다. 과거 주변국과 중국, 일본의 음식 영향을 받아 독특한 자신들만의 음식을 선보인 류큐 궁중 요리는 오랜 시간이 지난 지금도 고급 식당에서 귀한 손님에게 대접하는 코스 요리로 사랑받고 있다.

가정 요리 찬푸루

류큐 왕국에 궁중 요리가 있다면 국민들에게는 건강식으로 유명한 찬푸루 요리가 있다. 찬푸루는 '섞다'라는 의미의 오키나와 방언으로, 제철 채소를 중심으로 두부, 고야, 돼지고기 등 궁합이 맞는 재료를 넣어 볶은 가정식 볶음 요리다. 가장 인기 메뉴는 오키나와 특산품 고야를 넣은 고야 찬푸루. 독특한 고야 맛에 호불호가 갈리니 참고하자.

우미부도와 모즈쿠

우리 말로 번역하면 '포도알을 닮은 바다 포도'인
우미부도는 덮밥과 샐러드로 먹을 정도로 인기인
해초류다. 실같이 생긴 모즈쿠는 오키나와에서 자생하는
해초류의 일종으로, '웰빙 해초'라 불릴 정도로 영양분이
뛰어나다. 오키나와를 방문하는 여행자라면 한 번쯤 맛봐
야 할 오키나와 특산품. 일본 본토에서도 손에 꼽을 정도로
품질이 좋다.

타코 라이스

미군의 영향을 받아 탄생한 음식으로,
쌀밥 위에 양념해서 구운 다진 소고기와
치즈, 양상추, 토마토 등을 올려 덮밥 형태로
먹는 오키나와 음식이다. 멕시코 음식 타코와
비슷하지만, 타코 라이스는 토르티야 대신
밥을 이용해 비주얼만 다를 뿐 맛은 비슷하다.
오키나와 어디서든 맛볼 수 있는 대중적인 음식이다.

참치

오키나와는 화려한 열대어는 물론 참다랑어,
황다랑어 등 네 종류의 참치가 잡히는 곳으로
유명하다. 특히 참치는 근해에서 잡아 얼리지 않은
상태로 출하되어 부드럽고 영양이 풍부한 상태로
즐길 수 있다. 화려한 색을 자랑하는 열대어는 식용으로
익숙지 않지만 한 번쯤 도전해 볼 만한 음식이다.

블루 실 아이스크림

오키나와에서 가장 인기 있는 아이스크림이다.
구시카와 시에서 1948년 미군 납품 계약에 따라
시작된 가게로, 지금은 오키나와 원재료를 활용한
30여 종의 맛을 판매하고 있다.
안 먹어 보면 후회할 먹거리 중 하나다.

오리온 맥주

오키나와에서 생산하는 지역 맥주. 전체 생산량의
90%가 오키나와에서 소비될 정도로 다른 도시에서는
맛보기 힘든 지역 맥주다.

전통차

오키나와에는 중국의 영향을 받아 '산핀차'라 불리는
자스민 차와 부쿠부쿠 차라 불리는 대나무 차선으로
거품을 내서 먹는 독특한 차가 있다. 두 차 모두 류큐
왕국에서 귀족이 즐겨 먹었던 차로 지금은 오키나와
를 방문하는 여행자라면 한 번쯤 맛보는 대표 차로
자리 잡았다.

두부

두유를 간수로 응고시킨 전통 두부는 물론 푸딩처럼
말랑하고 쫄깃함과 고소함이 있는 지마미 두부는
오키나와를 대표하는 음식이다. 특히 여성에게 인기가 좋은
지마미 두부는 땅콩을 곱게 갈아 감자 전분을 섞어 묵처럼
만들어 식감은 물론 건강에도 좋다. 여행자의 입맛에는
다소 맞지 않지만 삭힌 두부 토후요우도 도전해 볼 만한
향토 음식이다.

고야

오키나와 특산물로, 우리나라에서는
'여주'라 불리는 채소다. 강한 쓴맛으로
호불호가 갈리지만 무더운 여름 입맛을
돋구워 주는 채소로 비타민C와 미네랄이
풍부해 장수 음식으로 알려져 있다.

\ 😺 살 거리 /

전통주
특산 소주인 아와모리뿐 아니라 뱀이 통째로 들어가 있는
뱀술까지, 애주가라면 한 병쯤은 꼭 사 와야 할
오키나와 대표 살 거리다.

류큐 전통 과자
류큐국 시대부터 만들어져 지금까지 즐겨 먹는
전통 디저트다. 밀가루와 설탕, 돼지기름을
주원료로 만든 친스코와 넣는 재료에 따라
맛이 달라지는 사타안다기 등이 있다.

자색 고구마 파이 & 과자

오키나와를 대표하는 특산품 자색 고구마를 활용한 파이 및 과자, 타르트, 초콜릿 등 다양한 제품이 준비되어 있다. 맛과 영양이 좋아 선물용으로 인기다.

눈 소금

이시가키지마의 특산물인 유키시오雪塩는 결정체가 보이는 일반 소금과는 달리 고운 가루 형태로 되어 있어서 '눈 소금'이라 불린다. 가장 많은 미네랄을 보유해, 2000년 기네스북에 등재되기도 한 유키시오는 소금을 이용한 아이스크림을 비롯해 다양한 간식거리와 수십 종의 소금을 판매한다.

미니 파인애플

1년 내내 따뜻한 날씨에 재배된 파인애플은 오키나와를 대표하는 과일로 자리 잡았다. 그래서인지 파인애플을 테마로 한 공원, 캐릭터 상품 등을 자주 볼 수 있는데, 그중 유독 눈에 띠는 것이 있다면 바로 미니 파인애플이다. 관상용이긴 하지만 화분에 심어 놓으면 생각보다 잘 자라 선물용으로도 좋다.

시샤 조각상

오키나와의 마스코트인 시샤. 사자 모양을 한
수호신으로 오키나와 어디서든 쉽게 볼 수 있다.
입을 다물고 있으면 암컷, 입을 벌리고 있으면 수컷이며,
두 마리의 시샤는 복을 가져다주는
행운의 수호신이라고 한다.

흑당 캔디

사탕수수 원액을 오랜 시간 가열해서 만든 캔디로, 미네랄이 풍부하고
은은한 단맛이 나는 것이 특징이다. 주재료인 흑설탕에는 사과의
10배 이상이 되는 칼륨이 들어 있어 나트륨 배출, 고혈압 예방과
부종에 좋다고 알려져 있다. 맛은 물론 건강까지 챙길 수 있는
간식이다. 소금 맛, 생강 맛 등 다양한 맛이 있는데, 여행자에게는
커피와 민트, 그린 맛이 있는 쿠로노 쇼콜라가 인기다.

카리유시 웨어

현지인들이 즐겨 입는 오키나와 방언으로 '순조롭다'는 뜻의
셔츠다. 비치에서 어울릴 것 같은 디자인과 시원한 소재로
되어 있어 현지인들에게 평상복으로 이용되고 있다.
무더운 여름 최고의 아이템이다.

유아 용품

오키나와의 특산품은 아니지만 국내보다 저렴해서
여행자들에게 인기인 유아 용품. 아이가 있다면
백화점, 대형 몰 영·유아 코너는 꼭 들러 보자.

해초류

오키나와 전통 음식에서 빠지지 않는 해초류.
특히 바다의 포도라 불리는 우미부도와 실같이
엉킨 모즈쿠는 오키나와의 웰빙 해초로
선물용으로도 안성맞춤이다.

유리 공예품

옛 류큐국의 전통 유리 공예품이 인기다.
지금도 옛 전통을 이어오는 마을이 있을 정도로
유리와 도자기 등 다양한 제품을
만날 수 있다.

Okinawa

오키나와 어떻게 여행할까?

오키나와를 즐기는 방법은 다양하다. 볼거리는 물론 먹을거리가 다양해서 최소 4일 이상 계획하는 것이 좋지만, 짧은 기간이라도 목적에 맞는 일정을 계획하면 충분히 오키나와를 즐길 수 있다. 휴양을 목적으로 방문하는 여행자라면 리조트, 호텔이 모여 있는 중부 지역을 중심으로 북부 지역과 나하 시내를 돌아보는 일정으로 계획하길 추천한다. 렌터카를 이용하는 여행자라면 숙박 요금이 저렴한 나하 지역을 중심으로 오키나와 섬 전체를 돌아보는 일정을 추천한다. 대중교통을 이용하는 여행자라면 최소 2곳 정도 숙박을 정해서 이동 시간을 절약해 돌아보는 일정으로 계획하자. 어떻게 계획하느냐에 따라 달라지는 오키나와 여행. 특별히 여행 일정을 준비하는 데 많은 시간을 소요하지 못하는 바쁜 여행자들이나 초보자들을 위해 추천 여행 일정을 소개한다.

테마별 추천 코스 ✈ 오키나와

혼자 떠나는 여행

나홀로 렌터카를 이용해 오키나와 여행을 떠난다면, 관광지 위주의 일정보다는
아름다운 자연경관과 혼자만의 시간을 즐길 수 있는 스폿 위주로 계획해 보자. 천혜 자연을
만날 수 있는 북부 지역과 다른 지역에 비해 관광객이 적은 남부 지역을 추천한다.

1일차 ☆ ☆ ☆ ☆
나하 국제공항　　　　오우 섬　　　미바루 비치 & 해변 카페　　　숙소

2일차 ☆ ☆ ☆ ☆
비세 마을 후쿠기 가로수길　해양박 공원　아메리칸 빌리지　　숙소

3일차 ☆ ☆ ☆ ☆ ☆
만좌모　　중부 지역　아라하 비치　나하 시내　국제 거리　숙소
　　　　　맛집 & 카페

4일차 ☆ ☆ ☆
슈리 성　　　　　아케이드 상점가　　　　공항

DAY 1　나하 국제공항那覇空港 도착 후 렌터카 수령 ➜ 오우 섬奧武島
➜ 미바루 비치新原ビーチ & 해변 카페

나하국제공항
도착 후
렌터카 수령

자동차
약 30분

오우 섬

자동차
약 10분

미바루 비치

해변 카페

DAY 2　비세 마을 후쿠기 가로수길備瀬のフクギ並木通り ➜ 해양박 공원海洋博公園
➜ 아메리칸 빌리지アメリカンビレッジ

비세 마을 후쿠기 가로수길

자동차
약 5분

해양박 공원

자동차
약 1시간 20분

아메리칸 빌리지

DAY 3
만좌모万座毛 ➡ 중부 지역 맛집 & 카페 ➡ 아라하 비치アラハビーチ (중부 해변)
➡ 나하那覇 시내 ➡ 국제 거리国際通り

만좌모

자동차
약 10분 이내

중부 지역
맛집 & 카페

자동차
약 30분

아라하 비치
(중부 해변)

국제 거리

도보
약 15분

나하 시내

자동차
약 30분

 DAY 4
슈리 성 공원首里城公園 주차장 ➡ 슈리 성首里城 ➡ 슈리 성 공원 주차장
➡ 국제 거리国際通り 인근 주차장 ➡ 아케이드 상점가 ➡ 공항

슈리 성 공원
주차장

도보
약 20분

슈리 성

도보
약 20분

슈리 성 공원
주차장

자동차
약 20분

공항

자동차
약 15분

아케이드 상점가

국제 거리 인근
주차장

친구와 함께 떠나는 여행

친한 친구와 함께 여행을 떠난다면, 휴양과 관광을 함께 즐길 수 있는
일정을 계획해 보자. 휴양지가 모여 있는 중부 지역을 시작으로 북부 지역을 포함해
중부와 남부 지역을 돌아보는 일정으로 계획하자.

1일차
나하 국제공항 — 슈리 성 — 국제 거리 — 아케이드 상점가 — 숙소

2일차
해중도로 — 이케이 섬 — 이케이 비치 — 아메리칸 빌리지 & 쇼핑 — 숙소

3일차
마에다 곶(스노클링) — 만좌모 — 해양박 공원 — 비세 마을 후쿠기 가로수길 — 모토부 지역 맛집 — 숙소

4일차
오키나와 월드 — 평화 기념 공원 — 토요사키 해변 — 공항

DAY 1
나하 국제공항那覇空港 도착 후 렌터카 수령 ➡ 슈리 성 공원首里城公園 주차장
➡ 슈리 성首里城 ➡ 슈리 성 공원 주차장 ➡ 국제 거리国際通り ➡ 아케이드 상점가

나하 국제공항
도착 후
렌터카 수령

자동차
약 20분

슈리 성 공원
주차장

도보
약 20분

슈리 성

도보
약 20분

슈리 성 공원
주차장

아케이드 상점가

도보
약 10분

국제 거리

자동차
약 20분

DAY 2

해중도로海中道路 ➡ 이케이 섬伊計島 ➡ 이케이 비치伊計ビーチ
➡ 아메리칸 빌리지アメリカンビレッジ & 쇼핑

자동차
약 20분

자동차
약 10분

해중도로　　　　　　　**이케이 섬**　　　　　　　**이케이 비치**

자동차
약 1시간

쇼핑　　　　　　**아메리칸 빌리지**

 DAY 3

마에다 곶真栄田岬 (스노클링) ➡ 만좌모万座毛 ➡ 해양박 공원海洋博公園
➡ 비세 마을 후쿠기 가로수길備瀬のフクギ並木通り ➡ 모토부 지역 맛집

자동차
약 20분

자동차
약 1시간

마에다 곶
(스노클링)　　　　　　**만좌모**　　　　　　**해양박 공원**

자동차
약 30분 이내

자동차
10분

모토부 지역 맛집　　　　**비세 마을 후쿠기 가로수길**

DAY 4

오키나와 월드 おきなわワールド ➡ 평화 기념 공원 平和祈念公園
➡ 아시비나 아웃렛 몰 アウトレットモールあしびなー ➡ 공항

자동차
약 20분

자동차
약 20분

오키나와 월드　　　　　평화 기념 공원　　　　　아시비나 아웃렛 몰

자동차
약 15분

공항

나하국제공항

슈리 성

아메리칸 빌리지
ⓒ twoKim

연인과 함께하는 여행

연인과 함께 여행을 떠난다면, 아름다운 자연경관을 만날 수 있는 스폿을 포함해
오키나와 주요 명소를 돌아보는 일정을 계획해 보자. 일정 포인트는 1일차 일몰과 4일차 일출.
단, 무리한 일정보다는 여유로운 일정으로 계획하길 추천한다.

1일차 ★ 나하 국제공항 — ★ 세나가 섬 — ★ 우미카지 테라스 — ★ 국제 거리 — ★ 숙소

2일차 ★ 슈리 성 — ★ 킨조우초 돌다다미길 — ★ 쓰보야 도자기 거리 — ★ 아케이드 상점가 — ★ 숙소

3일차 ★ 비세 마을 후쿠기 가로수길 — ★ 해양박 공원 — ★ 코우리 대교 — ★ 북부 지역 카페 — ★ 아메리칸 빌리지 — ★ 숙소

4일차 ★ 니라이카나이 다리 — ★ 아자마 산산 비치 — ★ 류큐 유리촌 — ★ 아시비나 아웃렛 몰 — ★ 공항

DAY 1

나하 국제공항那覇空港 도착 후 렌터카 수령 ➡ 세나가 섬瀬長島
➡ 우미카지 테라스ウミカジテラス (일몰) ➡ 국제 거리国際通り

나하 국제공항
도착 후
렌터카 수령

자동차
약 15분

세나가 섬

자동차
약 5분

우미카지 테라스(일몰)

자동차
약 20분

국제 거리

국제 거리

DAY 2

모노레일 슈리 역首里駅 1번 출구 ➡ 슈리 성首里城 ➡ 킨조우초 돌다다미길金城町石疊道 ➡ 쓰보야 도자기 거리壺屋焼物通り ➡ 아케이드 상점가

도보
약 12분

도보
약 10분

모노레일 슈리 역
1번 출구

슈리 성

킨조우초 돌다다미길

도보
10분

택시
약 5분

아케이드 상점가

쓰보야 도자기 거리

DAY 3

비세 마을 후쿠기 가로수길備瀬のフクギ並木通り ➡ 해양박 공원海洋博公園 ➡ 코우리 대교古宇利大橋 ➡ 북부 지역 카페 ➡ 아메리칸 빌리지アメリカンビレッジ

자동차
약 10분

자동차
약 35분

비세 마을 후쿠기 가로수길

해양박 공원

코우리 대교

자동차
약 1시간

자동차
약 30분 이내

아메리칸 빌리지

북부 지역 카페

DAY 4

니라이카나이 다리ニライカナイ橋(일출) ➔ 아자마 산산 비치あざまサンサンビーチ
➔ 류큐 유리촌 ➔ 아시비나 아웃렛 몰アウトレットモールあしびなー ➔ 공항

자동차
약 10분

자동차
약 35분

니라이카나이 다리
(일출)

아자마 산산 비치

류큐 유리촌

자동차
약 20분

자동차
약 15분

공항

아시비나 아웃렛 몰

세나가 섬 비치

우미카지 테라스

쓰보야 도자기 거리

BRANCHES

가족과 함께하는 여행

아이 혹은 부모님과 함께 여행을 떠난다면, 관광지 위주의 이동 거리가 많은 코스보다는
특정 명소와 쇼핑 스폿을 선택해서 둘러보는 일정을 계획해 보자.
가족 단위 여행자는 나하 시내 숙소보단 중부 리조트 구역을 추천한다.

1일차 ☆ ─── ☆ ─── ☆ ─── ☆ ─── ☆
나하 국제공항　나하 시내　국제 거리　아케이드　숙소
상점가

2일차 ☆ ─── ☆ ─── ☆ ─── ☆ ─── ☆ ─── ☆
류큐 무라　만좌모　오리온 맥주 공장 or　코우리 섬　해양박 공원　숙소
나고 파인애플 파크

3일차 ☆ ─── ☆ ─── ☆ ─── ☆
마에다 곶　비오스의 언덕　아메리칸 빌리지　숙소

4일차 ☆ ─── ☆ ─── ☆ ─── ☆
오키나와 월드　DFS T 갤러리아　아시비나 아웃렛 몰　공항

DAY 1
나하 국제공항那覇空港 도착 후 렌터카 수령 ➜ 나하那覇 시내
➜ 국제 거리国際通り 인근 주차장 ➜ 국제 거리国際通り ➜ 아케이드 상점가

자동차
약 15분

P
국제 거리
인근
주차장
도보
10분

도보
10분

나하 국제공항
도착 후
렌터카 수령

나하 시내

국제 거리

아케이드 상점가

DAY 2
류큐 무라琉球村 ➜ 만좌모万座毛 ➜ 오리온 맥주 공장オリオンハッピーパーク or 나고 파
인애플 파크ナゴパイナップルパーク ➜ 코우리 섬古宇利島 ➜ 해양박 공원海洋博公園

자동차
약 20분

자동차
약 35분

류큐무라

만좌모

오리온 맥주 공장
or 나도 파인애플 파크

자동차
약 30분

자동차
약 30분

코우리 섬

해양박 공원

DAY 3

마에다 곶真栄田岬 ➜ 비오스의 언덕ビオスの丘 ➜ 아메리칸 빌리지アメリカンビレッジ

자동차
약 20분

자동차
약 30분

마에다 곶

비오스의 언덕

아메리칸 빌리지

DAY 4

오키나와 월드おきなわワールド ➜ DFS T 갤러리아ギャラリア
➜ 아시비나 아웃렛 몰アウトレットモールあしびなー ➜ 공항

자동차
약 30분

자동차
약 20분

자동차
약 15분

오키나와 월드

DFS T 갤러리아

아시비나 아웃렛 몰

공항

금토일 여행

금요일 월차를 사용하거나 주말을 이용해 오키나와를 방문하는 주말 여행족이라면,
많은 것을 보기보다는 알짜 명소를 돌아보는 코스를 추천한다.
기간이 짧은 만큼 출발 비행기는 오전, 돌아오는 비행기는 오후를 추천한다.

1일차 나하 국제공항 · 오키나와 월드 · 오우 섬 · 국제 거리 · 아케이드 상점가 · 숙소

2일차 해양박 공원 · 비세 마을 후쿠기 가로수길 · 코우리 섬 · 만좌모 · 아메리칸 빌리지 · 숙소

3일차 슈리 성 · 아시비나 아웃렛 몰 · 공항

DAY 1 나하 국제공항那覇空港 도착 후 렌터카 수령 ➜ 오키나와 월드おきなわワールド ➜ 오우 섬奥武島 ➜ 국제 거리国際通り ➜ 아케이드 상점가

나하 국제공항
도착 후
렌터카 수령

자동차 약35분

오키나와 월드

자동차 약10분

오우 섬

아케이드 상점가

도보 10분

국제 거리

자동차 약35분

DAY 2

해양박 공원海洋博公園 ➡ 비세 마을 후쿠기 가로수길備瀬のフクギ並木通り
➡ 코우리 섬古宇利島 ➡ 만좌모万座毛 ➡ 아메리칸 빌리지アメリカンビレッジ

자동차
약 10분

자동차
약 35분

해양박 공원　　　**비세 마을 후쿠기 가로수길**　　　**코우리 섬**

자동차
약 30분

자동차
약 1시간

아메리칸 빌리지　　　**만좌모**

DAY 3

슈리 성首里城 ➡ 아시비나 아웃렛 몰アウトレットモールあしびなー ➡ 공항

자동차
약 30분

자동차
약 20분

슈리 성　　　**아시비나 아웃렛 몰**　　　**공항**

슈리 성

3박 4일 여행

가장 많은 여행객이 오키나와를 즐기는 기간으로 살짝 아쉬운 일정이지만 대표 명소를
포함해 쇼핑 스폿까지 돌아볼 수 있다. 조금 더 여유로운 일정을 원한다면
중부 또는 북부 지역에서 1~2박, 나하 지역에서 1박을 추천한다.

1일차 ⭐ 나하 국제공항 ─ ⭐ 슈리 성 ─ ⭐ 국제 거리 ─ ⭐ 아케이드 상점가 ─ ⭐ 숙소

2일차 ⭐ 류큐 무라 ─ ⭐ 만좌모 ─ ⭐ 코우리 섬 ─ ⭐ 해양박 공원 ─ ⭐ 아메리칸 빌리지 ─ ⭐ 숙소

3일차 ⭐ 니라이카나이 다리(일출) ─ ⭐ 아자마 산산 비치 ─ ⭐ 세이화 우타키 ─ ⭐ 오우 섬 ─ ⭐ 평화 기념 공원 ─ ⭐ 우미카지 테라스 ─ ⭐ 숙소

4일차 ⭐ 이온 몰 ─ ⭐ 아시비나 아웃렛 몰 ─ ⭐ 공항

DAY 1 나하 국제공항那覇空港 도착 후 렌터카 수령 ➜ 슈리 성 공원首里城公園 주차장
➜ 슈리 성首里城 ➜ 슈리 성 공원 주차장 ➜ 국제 거리国際通り ➜ 아케이드 상점가

나하 국제공항 도착 후 렌터카 수령

자동차 약 20분

P
슈리 성 공원 주차장

도보 약 20분

슈리 성

도보 약 20분

P
슈리 성 공원 주차장

아케이드 상점가

도보 약 10분

국제 거리

자동차 약 20분

52

DAY 2　류큐 무라琉球村 ➡ 만좌모万座毛 ➡ 코우리 섬古宇利島 ➡ 해양박 공원海洋博公園
➡ 아메리칸 빌리지アメリカンビレッジ

자동차
약 20분

자동차
약 1시간

류큐 무라　　　　**만좌모**　　　　**코우리 섬**

자동차
약 1시간 10분

자동차
약 35분

아메리칸 빌리지　　　**해양박 공원**

 DAY 3　니라이카나이 다리ニライカナイ橋(일출) ➡ 아자마 산산 비치あざまサンサンビーチ
➡ 세이화 우타키斎場御嶽 ➡ 오우 섬奥武島 ➡ 평화 기념 공원平和祈念公園
➡ 우미카지 테라스ウミカジテラス

자동차
약 10분

자동차
약 10분

©OCVB

니라이카나이 다리　　**아자마 산산 비치**　　**세이화 우타키**
(일출)

자동차 약 20분

자동차
약 25분

자동차
약 20분

우미카지 테라스　　　**평화 기념 공원**　　　**오우 섬**

 DAY 4　이온 몰イオン那覇店 ➡ 아시비나 아웃렛 몰アウトレットモールあしびなー ➡ 공항

자동차
약 15분

자동차
약 20분

공항

이온 몰　　　　　**아시비나 아웃렛 몰**

4박 5일 여행

4박 5일 일정이면 오키나와 시내인 나하를 포함, 북부와 중부,
남부 지역까지도 돌아보는 일정이 가능하다. 이동 거리가 제법 있는 만큼
안전 운전을 위한 충분한 휴식은 필수다.

1일차 ★ 나하 국제공항 — ★ 세나가 섬 — ★ 우미카지 테라스 — ★ 국제 거리 — ★ 숙소

2일차 ★ 해도 곶 — ★ 코우리 섬 — ★ 북부 지역 카페 — ★ 비세 마을 후쿠기 가로수길 — ★ 해양박 공원

3일차 ★ 류큐 무라 — ★ 마에다 곶 — ★ 비오스의 언덕 — ★ 아메리칸 빌리지 & 쇼핑 — ★ 숙소

4일차 ★ 니라이카나이 다리(일출) — ★ 세이화 우타키 — ★ 미바루 비치 & 해양 레저 — ★ 오키나와 월드 — ★ 숙소

5일차 ★ DFS T 갤러리아 — ★ 아시비나 아웃렛 몰 — ★ 공항

DAY 1 나하 국제공항那覇空港 도착 후 렌터카 수령 ➡ 세나가 섬瀬長島
➡ 우미카지 테라스ウミカジテラス ➡ 국제 거리国際通り

**나하 국제공항
도착 후
렌터카 수령**

자동차
약 15분

세나가 섬

자동차
약 5분

우미카지 테라스

자동차
약 20분

국제 거리

국제 거리

DAY 2　해도 곶辺戸岬 ➜ 코우리 섬古宇利島 ➜ 북부 지역 카페
➜ 비세 마을 후쿠기 가로수길備瀬のフクギ並木通り ➜ 해양박 공원海洋博公園

 　자동차
　약 1시간　 　자동차
　약 15분 이내　

해도 곶　　　　　**코우리 섬**　　　　　**북부 지역 카페**
　　　　　　　　　　　　　　　　　　　(해양박 공원 방면)

 　자동차
　약 5분　 　자동차
　약 25분

해양박 공원　　　　　**비세 마을 후쿠기 가로수길**

 DAY 3　류큐 무라琉球村 ➜ 마에다 곶真栄田岬 ➜ 비오스의 언덕ビオスの丘
➜ 아메리칸 빌리지アメリカンビレッジ & 쇼핑

 　자동차
　약 20분　 　자동차
　약 20분　

류큐 무라　　　　　**마에다 곶**　　　　　**비오스의 언덕**

 　 　자동차
　약 20분　

쇼핑　　　　　**아메리칸 빌리지**

DAY 4

니라이카나이 다리ニライカナイ橋 ➡ 세이화 우타키斎場御嶽
➡ 미바루 비치新原ビーチ & 해양 레저 ➡ 오키나와 월드おきなわワールド

자동차
약 10분

자동차
약 15분

니라이카나이 다리

세이화 우타키

자동차
약 15분

오키나와 월드

해양 레저

미바루 비치

DAY 5

DFS T 갤러리아ギャラリア ➡ 아시비나 아웃렛 몰アウトレットモールあしびなー ➡ 공항

자동차
약 30분

자동차
약 20분

DFS T 갤러리아

아시비나 아웃렛 몰

공항

DFS T 갤러리아

2박 3일 여행

대중교통을 이용한 2박 3일 일정은 많은 곳을 돌아보기에는 무리가 있다.
기간이 짧은 만큼 하루는 일일 투어를 이용해 가장 먼 북부 지역을 돌아보고,
남은 기간은 나하 시내를 중심으로 돌아보는 일정을 추천한다.

1일차

나하 국제공항 → 슈리 역 → 슈리 성 → 킨조우초 돌다다미길 → 국제 거리 → 아케이드 상점가 → 숙소

2일차
오키나와 중·북부 지역 일일 투어

코우리 섬 → 추라우미 수족관 → 나고 파인애플 파크 → 만좌모 → 아메리칸 빌리지 → 국제 거리 → 숙소

3일차

오모로마치 역 → DFS T 갤러리아 → 오키나와 현립 박물관·미술관 → 나하 메인 플레이스 → 오모로마치 역 → 공항

DAY 1

나하 국제공항那覇空港 ➡ 모노레일 슈리 역首里駅 1번 출구 ➡ 슈리 성首里城
➡ 킨조우초 돌다다미길金城町石疊道 ➡ 국제 거리国際通り ➡ 아케이드 상점가

나하
국제공항

모노레일 슈리 역
1번 출구

도보
약 12분

슈리 성

도보
약 7분

킨조우초 돌다다미길

아케이드 상점가

도보
10분

국제 거리

택시
약 7분

DAY 2 오키나와 중·북부 지역 일일 투어 시작 ➡ 코우리 섬古宇利島
➡ 추라우미 수족관沖縄美ら海水族館 ➡ 나고 파인애플 파크ナゴパイナップルパーク
➡ 만좌모万座毛 ➡ 아메리칸 빌리지アメリカンビレッジ ➡ 국제 거리国際通り

코우리 섬

투어버스

추라우미 수족관

투어버스

나고 파인애플 파크

투어버스

국제 거리

투어버스

아메리칸 빌리지

투어버스

만좌모

 DAY 3 모노레일 오모로마치 역おもろまち駅 ➡ DFS T 갤러리아ギャラリア ➡ 오키나와 현립
박물관·미술관沖縄県立博物館·美術館 ➡ 나하 메인 플레이스サンエ·那覇メインプレイス
➡ 모노레일 오모로마치 역おもろまち駅 ➡ 나하 공항역那覇空港駅 하차

⑪ おもろまち駅

도보
3분

DFS T 갤러리아

도보
10분

오키나와 현립
박물관·미술관

모노레일
오모로마치 역
1번 출구

도보
3분

① 那覇空港駅

모노레일
21분

⑪ おもろまち駅

도보
7분

나하 공항역那覇空港駅
하차

모노레일 오모로마치 역
1번 출구

나하 메인 플레이스

뚜벅이 여행 02

3박 4일 여행

오카나와 여행이 4일 일정이면 충분하지만 대중교통을 이용할 경우는
이동 시간이 제법 걸리니 효율적인 여행을 계획해 보자.
북부 지역에서 1박, 나하 시내에서 2박으로 숙소를 계획하길 추천한다.

1일차 ⭐━━━⭐━━━⭐━━━⭐
나하 국제공항 해양박 공원 비세 마을 후쿠기 숙소
가로수길

2일차 ⭐━━⭐━━⭐━━⭐━━⭐
나고 만좌모 아메리칸 빌리지 국제 거리 숙소
버스 터미널

3일차 ⭐━━⭐━━⭐━━⭐━━⭐━━⭐
슈리 역 슈리 성 킨조우초 국제 거리 아케이드 상점가 숙소
돌다미길

4일차 ⭐━━━⭐━━━⭐
아시비나 아웃렛 몰 토요사키 해변 공항

DAY 1 나하 국제공항那覇空港 ➡ 공항리무진 E번 탑승 ➡ 해양박 공원海洋博公園
➡ 비세 마을 후쿠기 가로수길備瀬のフクギ並木通り

   약 2시간  도보 1분

나하 공항리무진 해양박 공원 비세 마을 후쿠기 가로수길
국제공항 E번 탑승

킨조우초돌다다미길 토요사키 해변

DAY 2

해양박 공원海洋博公園 입구 근처 이시카와이리구치石川入口(本部町) 버스 정류장에서 65, 66번 버스 탑승 ➜ 나고 버스 터미널名護バスターミナル에서 20, 120번 버스 환승 ➜ 온나손야쿠바에恩納村役場前 정류장 하차 ➜ 만좌모万座毛 ➜ 온나손야쿠바마에恩納村役場前 정류장에서 20, 120번 버스 탑승 ➜ 미하마 아메리칸 빌리지 미나미구치美浜アメリカンビレッジ南口 정류장 하차 ➜ 아메리칸 빌리지アメリカンビレッジ ➜ 미하마 아메리칸 빌리지 미나미구치美浜アメリカンビレッジ南口 정류장에서 20, 28, 29, 120번 버스 탑승 ➜ 나하 버스 터미널那覇バスターミナル 하차 ➜ 국제 거리国際通り

버스 약 50분
이시카와이리구치 버스 정류장에서 65, 66번 탑승

버스 약 50분
나고 버스 터미널에서 20, 120번 환승

도보 15분
온나손야쿠바마에 정류장 하차

만좌모

도보 5분
미하마 아메리칸 빌리지 미나미구치 정류장에서 20, 28, 29, 120번 탑승

아메리칸 빌리지

도보 5분

버스 약 30분
미하마 아메리칸 빌리지 미나미구치 정류장 하차

도보 15분

온나손야쿠바마에 정류장에서 20, 120번 탑승

버스 약 50분

나하 버스 터미널 하차

도보 10분

국제 거리

DAY 3 모노레일 슈리 역首里駅 1번 출구 ➡ 슈리 성首里城 ➡ 킨조우초 돌다다미길備瀬のフク
ギ並木通り ➡ 국제 거리国際通り ➡ 아케이드 상점가

⑮
首里駅

모노레일 슈리 역
1번 출구

도보
약 12분

슈리 성

도보
약 7분

킨조우초 돌다다미길

택시 7분

아케이드 상점가

도보
10분

국제 거리

DAY 4 나하 버스 터미널那覇バスターミナル에서 55, 56, 88, 98번 버스 탑승 ➡ 오키나와 아
우토렛토모루아시비나마에沖縄アウトレットモールあしびなー前 정류장 하차 ➡ 아시비
나 아웃렛 몰アウトレットモールあしびなー ➡ 토요사키 해변豊崎海浜 ➡ 오키나와 아우토
렛토모루아시비나마에沖縄アウトレットモールあしびなー前 정류장에서 95번 버스 탑승
➡ 나하 국제공항那覇空港 국내선 청사 하차

BUS
那覇バスター
ミナル

나하 버스 터미널에서
55, 56, 88, 98번 탑승

버스
30분

BUS
沖縄ア
ウトレット
モール

오키나와아우토렛토모루
아시비나마에
정류장 하차

도보
10분

아시비나 아웃렛 몰

도보
10분

나하 국제공항
국내선 청사 하차

버스
15분

BUS
沖縄ア
ウトレット
モール

오키나와 아웃렛 몰
정류장에서 95번 탑승

도보
10분

토요사키 해변

뚜벅이 여행
03

4박 5일 여행

오카나와를 다소 여유로운 일정으로 돌아볼 수 있는 기간이다.
하지만 나하 시내를 벗어난 시외 지역은 버스 배차 시간을 미리 확인해서
일정을 계획해야 한다.

1일차
나하 국제공항 — 아메리칸 빌리지 — 숙소

2일차
나고 버스 터미널 — 나고 파인애플 파크 or 오키나와 후르츠 랜드 — 해양박 공원 — 비세 마을 후쿠기 가로수길 — 숙소

3일차
마에다 곶 — 류큐 무라 — 국제 거리 — 숙소

4일차
아자마 산산 비치 — 세이화 우타키 — 미바루 비치 & 해양 레저 — 나하 시내 — 숙소

5일차
슈리 역 — 슈리 성 — 이온 몰 — 공항

DAY 1

나하 국제공항那覇空港 ➔ 공항리무진 A번 탑승 ➔ 더 비치 타워 오키나와The Beach Tower Okinawa 하차 ➔ 아메리칸 빌리지アメリカンビレッジ

나하 국제공항

공항리무진 A번 탑승

약 1시간

BUS
ザ・ビーチタワー沖縄
더 비치 타워 오키나와 하차

도보 3분

아메리칸 빌리지

해양박 공원

에메랄드비치

DAY 2

나고 버스 터미널名護バスターミナル에서 70, 76번 버스 탑승 ➜ 메이오다이가쿠이리구치名桜大学入口 정류장 하차 ➜ 나고 파인애플 파크ナゴパイナップルパーク or 오키나와 후르츠 랜드フルーツらんど ➜ 메이오다이가쿠이리구치名桜大学入口 정류장에서 70, 76번 버스 탑승 후 단차谷茶 정류장에서 65, 66번 환승 ➜ 이시카와이리구치石川入口(本部町) 정류장 하차 ➜ 해양박 공원海洋博公園 ➜ 비세 마을 후쿠기 가로수길備瀬のフクギ並木通り ➜ 기넨코엔마에記念公園前 정류장에서 안바루 급행 버스(YB)탑승 ➜ 겐초기타구치県庁北口 정류장 하차

버스 20분

나고 버스터미널에서 70, 76번 탑승

도보 2분

메이오다이가쿠 이리구치 정류장 하차

나고 파인애플 파크 or 오키나와 후르츠 랜드

도보 2분

메이오다이가쿠 이리구치 정류장에서 70, 76번 탑승

버스 25분

해양박 공원

도보 3분

石川入口(本部町)

이시카와이리구치 정류장 하차

버스 15분

谷茶

단차 정류장에서 65, 66번 환승

도보 1분

비세 마을 후쿠기 가로수길

도보 15분

記念公園前

기넨코엔마에 정류장에서 안바루 급행 버스(YB)탑승

버스 약 2시간

県庁北口

겐초기타구치 정류장 하차

나하 버스 터미널那覇バスターミナル에서 20, 120번 버스 탑승 ➡ 쿠하라久良波 정류장 하차 ➡ 마에다 곶真栄田岬 ➡ 쿠하라久良波 정류장에서 20, 120번 버스 탑승 ➡ 류큐 무라琉球村 정류장 하차 ➡ 류큐 무라琉球村 ➡ 류큐 무라琉球村 정류장에서 20, 120번 버스 탑승 ➡ 겐초기타구치県庁北口 정류장 하차 ➡ 국제 거리国際通り

버스
35분

나하
버스터미널에서
20, 120번 탑승

久良波

도보
15분

쿠하라
정류장 하차

마에다 곶

도보
15분

久良波

쿠하라 정류장에서
20, 120번 탑승

버스
5분

琉球村

류큐 무라
정류장 하차

도보
1분

국제 거리

도보
5분

県庁北口

겐초기타구치
정류장 하차

버스
30분

琉球村

류큐 무라 정류장에서
20, 120번 탑승

도보
1분

류큐 무라

 나하 버스 터미널那覇バスターミナル에서 38번 버스 탑승 ➡ 아자마산산비치이리구치あざまサンサンビーチ入口 정류장 하차 ➡ 아자마 산산 비치 ➡ 아자마산산비치이리구치あざまサンサンビーチ入口 정류장에서 38번 버스 탑승 ➡ 세이화우타키이리구치斎場御嶽入口 정류장 하차 ➡ 세이화 우타키斎場御嶽 ➡ 세이화우타키이리구치斎場御嶽入口 정류장에서 38번 버스 탑승 후 시키야志喜屋 정류장에서 53번 버스 환승 ➡ 미바루 비치新原ビーチ入口 정류장 하차 ➡ 미바루 비치新原ビーチ & 해양 레저 ➡ 미바루이리구치新原入口 정류장에서 39번 버스 탑승 ➡ 나하 버스 터미널 하차

버스
45분

나하
버스 터미널에서
38번 탑승

あざまサン
サンビーチ
入口

도보
2분

아자마산산비치
이리구치
정류소 하차

아자마 산산 비치

도보
2분

あざまサン
サンビーチ
入口

아자마산산비치
이리구치 정류장에서
38번 탑승

버스 3분

斎場御嶽 入口
세이화우타키이리구치 정류장

도보 10분

세이화 우타키

도보 10분

斎場御嶽 入口
세이화우타키이리구치 정류장에서 38번 탑승

도보 15분

志喜屋
시키야 정류장에서 53번 버스 환승

도보 10분

那覇バスター ミナル
나하 버스터미널

버스 50분

新原入口
미바루 이리구치 정류장에서 39번 탑승

도보 15분

미바루 비치 & 해양 레저

도보 15분

新原ビーチ 入口
미바루 비치 정류장 하차

DAY 5 모노레일 슈리 역普里駅 1번 출구 ➡ 슈리 성普里城 ➡ 모노레일 슈리 역普里駅 탑승 ➡ 모노레일 오로쿠 역小禄駅 하차 ➡ 이온 몰イオン ➡ 모노레일 오로쿠 역小禄駅 탑승 ➡ 나하 공항역那覇空港駅 하차

⑮ **首里駅**
모노레일 슈리 역 1번 출구

도보 약 12분

슈리 성

도보 약 12분

⑮ **首里駅**
모노레일 슈리 역 탑승

모노레일 23분

③ **小禄駅**
모노레일 오로쿠 역 하차

도보 1분

① **那覇空港駅**
모노레일 나하 공항역 하차

모노레일 6분

③ **小禄駅**
모노레일 오로쿠 역 탑승

도보 1분

이온 몰

안바루 지역

모토부 지역

나고 지역

북부

온나 지역

중부

요미탄 지역

우루마 시 지역

차탄 지역

나하

신도심
슈리 성

국제 거리

나하 국제공항

남부

난조 시 지역

야에세초 지역

이토만 지역

Okinawa ,

오키나와

지역 여행

OKINAWA

나하 지역

那覇

오키나와 여행의 출발점이자 오키나와의 중심

나하 지역은 국제공항이 위치한 오키나와 본섬의 중심이자 오키나와 현의 현청 소재지다. 다른 도시에 비해 면적은 작지만 인구 밀도가 가장 높아 오키나와에서 유일하게 모노레일이 운영되고 있다. 명소로는 오키나와를 대표하는 성인 슈리 성을 비롯해 기적의 1마일로 불리는 국제 거리 등 류큐 왕국의 역사와 현 오키나와 사람들의 삶을 볼 수 있는 스폿이 여럿 있다. 그중 류큐국의 옛 음식을 맛볼 수 있는 오래된 식당과 오키나와 특산품을 모아 놓은 국제 거리 상점가, 오키나와 사람들의 부엌이라 불리는 시장 거리는 꼭 한 번 들러 봐야 할 나하 지역의 여행 포인트다. 그 밖에도 일본 본토에서처럼 쇼핑을 즐길 수 있는 DFS T 갤러리아와 이온 몰 등 대형 쇼핑센터가 있으니 참고하자.

 교통편

나하 지역은 오키나와 여행의 출발점이다. 특별히 나하 지역에는 모노레일이 운영돼 나하 국제공항에서 시내로 접근이 쉽다. 대신 나하 시내가 아닌 다른 지역으로 이동할 때는 버스나 렌터카를 이용해야 한다.

① 공항
국제선 청사에서 나와 오른쪽으로 약 도보 3분 → 국내선 청사 2층에 연결된 모노레일 역으로 이동 및 탑승 → 종점인 슈리 역까지 27분 소요(요금 230엔~)

② 버스
국제선 청사에서 나와 오른쪽으로 약 도보 3분 → 국내선 청사 앞 ②, ③ 정류장에서 버스 탑승

- 111번-나하 시내→나고
- 120번-나하 시내→국제 거리→아메리칸 빌리지→나고

 동선 TIP

나하 지역은 규모가 크지 않고 모노레일을 운행하고 있어 하루 또는 이틀 정도면 충분히 돌아볼 수 있다.

여행동선 슈리 성과 킨조우초 돌다다미길을 시작으로 쓰보야 도자기 거리 등 오키나와 역사 여행을 계획하거나, 국제 시장 ➡ 아케이드 상점가 ➡ 사카에마치 시장 등 나하 시민들의 삶의 공간을 돌아보는 일정을 계획하자.

슈리 성 & 슈리 성 공원 BEST COURSE

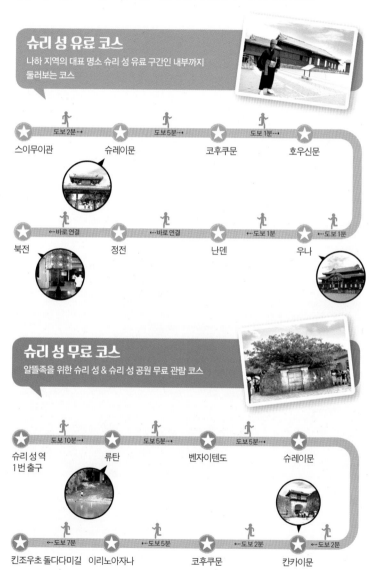

슈리 성 유료 코스
나하 지역의 대표 명소 슈리 성 유료 구간인 내부까지
둘러보는 코스

스이무이관 ─ 도보 2분··· ─ 슈레이몬 ─ 도보 5분··· ─ 코후쿠몬 ─ 도보 1분··· ─ 호우신몬

북전 ···바로 연결 정전 ···바로 연결 난덴 ···도보 1분 우나 ···도보 1분

슈리 성 무료 코스
알뜰족을 위한 슈리 성 & 슈리 성 공원 무료 관람 코스

슈리 성 역 1번 출구 ─ 도보 10분··· ─ 류탄 ─ 도보 5분··· ─ 벤자이텐도 ─ 도보 5분··· ─ 슈레이몬

킨조우초 돌다다미길   이리노아자나 ···도보 7분   코후쿠몬 ···도보 5분   칸카이몬 ···도보 2분   ···도보 2분

나하 시민의 도심 속 휴식 공간

슈리 성 공원 首里城公園 [슈리죠- 코-엔]

주소 沖縄県那覇市首里金城町 1-2 **내비코드** 331 615 11*41 **위치** ❶ 모노레일: 14번 기보 역(儀保駅) 1번 출구에서 도보 15분 ❷ 15번 슈리 역(首里駅) 1번 출구에서 도보 10분 ❸ 버스: 1, 14, 17, 46번 슈리죠코엔(首里城公園) 정류장 하차 후 도보 5분 ❹ 7, 8번 슈리죠(首里城) 정류장 하차 후 도보 1분 ❺ 렌터카: 스이무이칸 건물 아래 전용 주차장이 있음(자리 협소). 공원 근처 시설 주차장 겸비(요금 320엔-전용 주차장 / 소형차 기준) **시간** 24시간(공원을 제외한 일부 성 공간은 슈리 성 영업 시간과 동일) **요금** 무료(슈리 성 정전은 유료) **홈페이지** oki-park.jp/shurijo/ko **전화** 098-886-2020

류큐국의 옛 성인 슈리 성 정전을 둘러싸고 있는 녹지 공간으로, 넓은 규모를 자랑하고 있다. 공원 내에는 슈리 성을 가기 위해 반드시 지나야 하는 슈레이문, 킨카이문 등 여러 문화재를 포함하여 나하 시내를 볼 수 있는 이리노아자나, 성터 등 산책을 즐기며 옛 류큐 시대의 과거와 지금의 나하를 볼 수 있는 포인트가 여럿 있다. 오키나와를 방문하는 여행자들은 물론 나하 시민들의 휴식 공간으로 이용되는 이곳은 유료 공간인 슈리 성 정전을 들어가지 않더라도 류큐국의 흔적과 일본과는 다른 오키나와만의 묘한 분위기를 느낄 수 있으니 꼭 한 번 들러 보자. 공원 내부에는 일부 언덕길이 있으니 무더운 여름은 피하자. 휠체어 전용 도로와 종합 안내소에는 한국어 공원 안내도를 포함한 스탬프 랠리 지도 등을 무료로 제공하니 참고하자.

> **TIP 스탬프 랠리**
> 슈리 성 공원을 알차게 돌아볼 수 있도록 무료로 제공하는 안내서다. 빨강, 파란, 노랑 세 가지 코스 중 하나의 코스를 완주하거나 열한 곳 이상을 방문해 스탬프를 찍어 제출하면 기념 스티커를 제공한다. 기념 스티커도 좋지만 지도 표기가 잘 되어 있어 스탬프를 찍으며 주요 스폿을 돌아볼 수 있으니 입구 스이무이칸 각 층 안내 센터에서 꼭 받아가도록 하자.

일반 코스(약 1시간 30분) 관람 순서
배리어프리 자유 코스(약 1시간 20분) 관람 순서
기타 공원 내 시설

정전

쿠가니우둔·유인치·킨쥬쓰메쇼

오쿠쇼인과 정원

서원(쇼인)·사수노마·정원
남전·번소

슈코조문

우에키문

북전

어정(우나)

교노우치

발매소

광복문

토모야 만국진량의 종(복원품)
(반코쿠신료노카네)
일영대
(니치에데마)

로코쿠문
(누각문)

스이무이 우타키
서차누나

큐케이몬(구경문)

즈이센문
(서천문)

게도좌·용물좌
(케이즈자 요모쓰자)

원각사 총문과
방생교(엔카쿠지 손몬과 호조비시)

류히

이리노아챠나(서쪽 전망대)

룬탄 거리

벤자이텐도우

엔칸치

칸카이문(환희문)

코비키문(목예문)

류탄

소노한 우타키 석문
※세계유산

휠체어용 슬로프(경사)

슈레이로

버스 주차장 입구 **B1**

킨조우초
돌다다미길

종합
안태소

스이무이관(휴게·센터)
지하 주차장

방문객 로비

B2

버스 및
일반 주차장 입구

슈리 성 공원 관리 센터

타마우돈
※세계유산

73

슈레이문 守礼門 [슈레−몽]

2,000엔짜리 일본 화폐에 등장하는 슈레이문. 오키나와를 상징하는 대표적인 랜드마크로 슈리 성보다 더 유명한 곳이기도 하다. 슈레이守礼는 '예절을 지키다'라는 뜻이며, 현판에 적혀 있는 '슈레이노 쿠니守礼之邦'는 '류큐는 예절을 존중하는 나라다'라는 뜻이다. 이곳의 공식 명칭은 '슈레이문'이지만 현지인들 사이에서는 '위쪽에 있는 아름다운 문'이라는 뜻의 '이이노 아야죠上の綾門'라고 불

리기도 한다. 슈리 성과 함께 오키나와 전투때 소실되었고 1958년에 복원되었다.

소노한 우타키 석문 園比屋武御嶽 石門 [소노향우타키 세키몽]

인간이 아닌 신을 위한 성소, 우타키 중 소노한 우타키는 왕들만 출입할 수 있는 전용 예배처다. 국왕이 외출할 때 그의 안전을 기원하는 예배를 드렸던 곳이다. 석문 안쪽으로는 실제 예배처였던 숲이 있지만 지금은 출입을 금하고 있다. 류큐 왕국의 대표적인 석조 건조물로서 1933년 국보에 지정되었지만 오키나와 전쟁으로 일부가 파괴되어 1957년에 복원되었다. 현재 국가지정 중요문화재이며 2000년에는 세계유산에 등재되었다.

> **TIP** *우타키御嶽란?*
> 우리나라 마니산이나 태백산같이 민족의 성소 역할을 한 우타키는 류큐 왕조 전통 신앙에 가장 중요한 곳이었다. 신이 내려오는 곳으로 왕뿐만 아니라 당시 류큐 왕국의 주민들이 신에게 기도를 드리는 장소였다. 슈리 성뿐만 아니라 오키나와 이곳저곳에 퍼져 있는 우타키는 당시 류큐 왕국을 이해하기 위해 필수적으로 알아야 할 곳이다.

칸카이문 歓会門 [캉카이몽]

슈리 성 성곽에 들어가는 첫 번째 정문으로, '환영한다歓会'는 뜻을 가졌다. 이는 명나라와 밀접한 관계를 가졌던 류큐 왕국이 명나라 사신이 도착했을 때 환영하기 위한 의미이기도 하다. 이 문도 현지인들 사이에서는 '경사스러운 것'이라는 뜻의 '아마에우죠あまえ御門'라고 불리기도 한다.

류히 龍樋 [류-히]

류큐 왕족 일가의 중요한 식수로 사용됐던 곳으로, 용이 물을 뿜는 모습이 인상적이다. 용 조각은 1523년 중국에서 가져온 것으로, 약 500년 전의 것으로 알려져 있다. 용 조각의 입에서 물이 뿜어져 나와 용수라 불리는 이곳의 물은 왕족들만 마실 수 있었는데, 중국 황제의 사신이 류큐를 방문했을 때, 나하 항구 근처에 있었던 '덴시칸天使館'이라는 숙소까지 매일 여기에서 물을 운반했다고 하니 당시 명나라와 류큐 왕국의 관계를 짐작해 볼 수 있다. 운이 좋게도 제2차 세계대전이라는 참사에는 직접 피해를 받지 않아 당시 원형 그대로의 모습을 볼 수 있다.

즈이센문 瑞泉門 [즈이센몽]

귀신을 쫓기 위한 한 쌍의 돌사자가 인상적이다. 칸카이문이 첫 번째 문이라면 즈이센문은 슈리 성으로 가기 위한 두 번째 문이다. '상서로운, 행운의 샘'이라는 뜻을 가진 이 문은 바로 옆에 왕족의 식수였던 류히龍樋가 있어서 붙여진 이름이다. 이 문은 '샘이 흐르는 긴 관'이라는 뜻인 '히카와우죠'라는 별명이 있다.

로코쿠문 漏刻門 [로-코쿠몽]

슈리 성의 세 번째 문이다. 로코쿠漏刻는 물시계를 뜻하는데, 실제로 누각 위에 설치된 수조에서 떨어지는 물의 양을 통해 시간을 알았다고 한다. 시간은 2시간마다 북을 쳐서 동쪽과 서쪽 망루에 알리고 이쪽에서 종을 쳐서 나하 시내에 울려 퍼졌다고 한다. 이 문은 가마라는 뜻의 '카고이세우죠'라는 별명이 있으며, 귀족들이 성에 입장하기 전 가마에서 내려 왕에게 예의를 표한 곳으로도 알려져 있다.

코후쿠문 廣福門 [코-후쿠몽]

'커다란 행복'을 뜻하는 문이자 건물이다. 이
곳은 정전으로 가는 출입구 역할을 함과 동시
에 왕을 보좌하던 신하들이 업무를 보는 곳이
었다. 외성의 마지막 문이자 내성으로 들어가
는 출입구였으며, 오늘날에는 매표소의 기능
을 하고 있다. 나하 시내에서 가장 높은 곳에
있으니 잠시 시내를 감상하는 것도 이곳을 즐
기는 또 하나의 방법이다.

스이무이 우타키 首里森御嶽 [스이무이우타키]

류큐의 전설을 담고 있는 류큐 개벽 신화에
서 신이 직접 만든 성지라고 하여, 우타키 중
에서도 중요한 의미를 지닌 우타키다. 이곳은
왕이 성 밖으로 나갈 때 그의 안전을 기원하는
예배소로 사용된 곳이기도 하다.

호우신문 奉神門 [호-신몽]

'신을 모신다'는 뜻을 가진 이곳의 문은 총 세
개인데, 가운데 문은 왕과 명나라 사신만 이
용할 수 있고, 나머지 두 문은 신하들이 이용
할 수 있었다고 한다. 호우신문은 슈리 성 유
료 구간의 출발점으로 입장권이 있어야 통과
할 수 있다.

이리노아자나 いりのあざな [이리노아자나]

나하 시내 전체를 감상할 수 있는 뷰 포인트로 알려진 이리노아자나いりのあざな. 이곳은 슈리 성 서쪽에 위치해 망루 역할을 했다. 미로 같은 길을 지나 이곳에 도착하면 탁 트인 전망 덕분에 가슴이 뻥 뚫리는 기분을 느낄 수 있다. 나하 시내는 일본 여타 도시와는 달리 초고층 빌딩이 없어서 탁 트인 시내를 감상할 수 있다.

쿄노우치 京の内 [쿄-노우치]

성 안에서 가장 큰 규모의 제사를 지냈던 공간이다. 다른 공간에 비해 푸른 나무가 많고, 왕가의 번영과 안전, 오곡 풍년을 기원했던 곳이다. 숲길 한쪽에 이리노아자나 못지않게 나하 시내 풍경을 즐길 수 있는 뷰 포인트도 있으니 참고하자.

원각사 円覚寺 [엔카쿠지]

엔칸치 근처에 있는 절터. 1494년 창건된 오키나와 임제종 총본산의 옛 절터로 역대 왕의 위패를 모시던 보리사로 불렸다. 왕의 명에 의해 창건된 사원이자 왕실 사원으로, 일본에 병합된 이후에도 국보로 지정되어 보호받았으나 제2차 세계대전 당시 내부 방생교를 제외하고 전문 소실되어 복원 작업을 거쳐 지금의 모습을 복원했다. 지금도 내부 복원

작업을 지속적으로 진행하고 있어 들어갈 수는 없다.

벤자이텐도 弁財天堂 & 엔칸치 円鑑池 [벤자이텐도- & 엔칸치]

1502년 조영된 인공 연못 엔칸치. 조선 왕에게 받은 고려 대장경을 보관하기 위해 엔칸치 위에 작은 당을 지었다. 하지만 아쉽게도 1609년 일본의 침략으로 고려 대장경은 손실되었고, 1621년 재건축 후 힌두교의 '물의 신' 변재천상弁財天像을 모시며 '벤자이텐도'라 불리고 있다. 작은 연못에 비친 붉은 기와 지붕이 인상적이며 잠시 쉬어 갈 수 있는 한적한 명소다.

류탄 龍潭 [류-탕]

엔칸치에 모인 샘물과 빗물이 모여 연못을 이루고 있는 곳이다. 엔칸치보다 앞선 1427년 조성된 곳으로, 오랜 시간 서민들도 이용한 명승지이자 휴식처다. 작은 규모지만 평온한 느낌에 잠시 쉬어 가는 사람이 많다.

타마우돈 玉陵 [타마우돈]

입장료 성인 300엔, 소인 150엔 **시간** 9:00~18:00(입장 마감 17:30)

나하 시내에 있는 세계 문화 유산 중 하나다. 1501년 3대 왕인 쇼신 왕尙真王이 아버지 쇼엔 왕尙円王의 유골을 모시기 위해 건축했다. 오키나와 최대 규모의 왕릉으로, 내부는 중실, 증실, 서실 총 3개의 건축물로 구성되어 있다. 아쉽게도 내부 관람은 불가능하다.

슈리 성

옛 류큐국의 성이자 현 오키나와의 중심

슈리 성 首里城 [슈리죠—]

주소 沖縄県那覇市首里金城町 1-2 **내비코드** 331 615 11*41 **위치 ❶** 기보 역(儀保駅) 1번 출구에서 도보 15분 **❷** 슈리 역(首里駅) 1번 출구에서 도보 10분 **❸** 1, 14, 17, 46번 버스 탑승 후 슈리죠코엔(首里城公園) 정류장 하차 후 도보 5분 **❹** 7, 8번 버스 탑승 후 슈리죠(首里城) 정류장 하차 후 도보 1분 **❺** 렌터카는 스이무이관 아래 전용 주차장(자리 협소), 공원 근처 사설 주차장 겸비(요금 320엔-전용 주차장/ 소형차 기준) **시간** 8:30~19:00(4~6월: 입장권 판매 마감 18:30), 8:30~20:00(7~9월: 입장권 판매 마감 19:30), 8:30~19:00(10~11월: 입장권 판매 마감 18:30), 8:30~18:00(12~3월: 입장권 판매 마감 17:30) **휴관** 매년 7월 첫 주 수, 목요일 **요금** 대인 820엔, 중인(고등학생) 820엔, 소인(초·중학생) 310엔, 6세 미만 무료(슈리 성 공원 일부문은 무료) **홈페이지** oki-park.jp/shurijo/ko **전화** 098-886-2020

1429년~1879년까지 약 400년간 일본 서남쪽 본섬 오키나와를 중심으로 퍼져 있는 일대의 섬들을 통치했던 류큐 왕국의 왕성이었다. 일본 영토 내 미군과의 최초 전투였던 1945년의 오키나와 전투와 제2차 세계대전 후의 류큐 대학 건설에 의해 완벽하게 파괴되어 흔적만 남아 있었으나, 1989년 남아 있던 성곽과 부산물을 사용해 과거의 모습으로 복원을 시작했다. 조선, 명나라, 일본 사이에 위치해 슈리 성을 포함한 주변 건축물들이 일본 본토의 양식과 다르다는 것을 확연히 느낄 수 있다. 일본 2,000엔짜리 화폐에 새겨진 '슈레이문'은 그중에서도 오키나와를 대표하는 아름다운 건축물이자, 명나라 건축양식의 영향을 많이 받았다는 증거이기도 하다.

> **TIP 류큐 왕국**
> 조선왕조실록에서는 유구국琉球國이라 칭하며 당시 명나라와 조선 그리고 일본과도 교류를 해왔던 독립국 류큐 왕국은 약 100년간의 삼산시대(오키나와 본토를 중심으로 북쪽은 북산국, 중간은 중산국, 남쪽은 남산국으로 이루어진 삼국시대)에서 중산국이 전국을 통일한 1429년 류큐 왕국으로 이어지게 된다. 약 450년간 이어져 온 류큐 왕국은 이후 여러 차례 일본의 침략을 받은 후 일본으로 강제 병합되어 '오키나와 현'이 되었다.

슈리 성을 거닐다

1. 우나 御庭 [우나]

슈리 성 중심인 우나는 우리나라 궁과 마찬가지로 왕궁의 다양한 행사를 진행했던 곳이다. 네 개의 건물로 둘러싸인 광장 형태며, 지금도 슈리 성과 류큐 왕국을 주제로 다양한 행사가 열린다. 재미있는 사실은, 슈리 성은 입구인 호우신문奉神門과 마주보고 있지만 정면 방향이 살짝 틀어져 있다. 그 이유는 슈리 성을 지을 때 관계가 있었던 중국을 정면으로 볼 수 있게 지었다고 한다. 슈리 성을 배경으로 사진 찍기 좋으니 참고하자.

2. 반쇼

우나에서 슈리 성을 바라보고 오른쪽에 위치한 건물 중 낮은 건물이 반쇼番所다. 우리나라의 초소 같은 곳으로, 과거 슈리 성에 도착한 사람들을 관리했다고 한다. 지금은 자료 전시관으로 사용되고 있다.

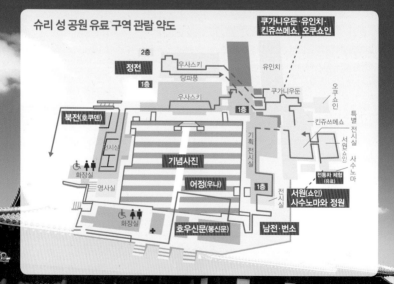

슈리 성 공원 유료 구역 관람 약도

3. 난덴 南殿 [난덴]

반쇼와 연결된 건물로 슈리 성을 방문한 사신과 귀빈을 모시는 공간이다. 2층으로 구성되어 있으며 지금은 전시관으로 사용되고 있다.

3-1. 서원 書院 [쇼인]

난덴에서 복도로 연결된 목조로 된 공간으로, 옛 국왕의 집무실로 사용되었다. 중국 황제가 보낸 사신과 귀한 손님을 이곳으로 모셔 접대했으며, 다실과 정원으로 연결된다.

3-2. 사수노마 鎖之間 [사스노마]

왕을 만나기 전 기다렸던 공간이다. 정원의 풍경을 보며 담소를 즐길 수 있었으며, 현재는 이곳에서 옛 슈리 성을 방문하는 귀한 손님에게 드렸던 류큐의 다과상을 유료로 제공하고 있다.

3-3. 정원 庭園 [테-엔]

서원과 사수노마 외부로, 크진 않지만 인상적으로 조성되어 있다. 특이한 것은 류큐 석회암이 자연과 어울려 꾸며져 있다.

3-4. 오쿠쇼인 奧書院 [오쿠쇼인]

왕이 집무를 보다 잠시 휴식을 취했던 공간이다. 서원 안쪽에 있으며, 건물 규모는 5.46m×6.37m로 크지 않다. 화려하지 않지만 독립 정원과 햇볕이 잘 드는 곳에 위치한다.

4. 쿠가니우둔 黃金御殿 [쿠가니우둔] / 유인치 寄満 [유인치]

난덴에서 정전을 연결하는 건물이다. 과거 자료에 의하면 왕과 왕비의 침소가 있었다고 한다. 동서로 길쭉한 형태인 이곳은, 지금은 전시 및 다목적실로 이용되고 있다.

4-1. 킨쥬쓰메쇼 近習詰所 [킨쥬-쯔메쇼]

왕을 측근에서 모시는 사람들이 모여 있던 공간이다. 왕의 침실과 정전이 연결되는 길목에 위치한다. 지금은 영상을 보며 잠시 쉬어 갈 수 있게 사용되고 있다.

5. 정전 正殿 [세-덴]

슈리 성의 핵심이자 중심인 건물이다. 3층으로 구성된 목조 건물로 붉은빛이 강렬함을 주는 류큐 왕국의 살아 있는 역사중 하나다.

5-1. 우후쿠이 大庫理 [우후구-이] (정전 2층)

국왕과 친족 궁녀들의 의식과 잔치를 열었던 공간이다. 가운데에 있는 우사쿠이御差床라는 옥좌는, 1477년~1525년까지 재위한 쇼신 왕의 초상화를 기초로 재현했다. 옥좌 뒤에는 왕만 이용할 수 있는 공간과 정전 1층을 연결하는 계단이 있다. 계단 옆 공간 오센미코차는 매일 아침 국가의 평온과 자손의 번영을 기원하는 장소로 사용되었다. 2층에는 총 3개의 편액이 걸려 있다. 옥좌를 중심으로 가운데는 청나라 4대 왕인 강희제가 준 선물이다. 이는 과거 류큐 왕국은 나하 시 인근인 중산 지방을 다스려 대대로 중산 왕의 땅이라는 뜻을 가진 중산세토中山世土다. 그리고 중산세토 오른쪽으로 청나라 5대 왕인 옹정제雍正帝가 준 선물이다. 이는 류큐가 영화롭기를 바란다는 뜻을 가진 집서구양輯瑞球陽이다. 마지막 가장 왼쪽에는 청나라 6대 왕인 건륭제가 준 선물이 걸려 있다. 이는 바다 건너 있는 류큐를 오랫동안 평화롭게 다스리라는 뜻을 가진 영조영유永祚瀛儒다. 세 편액 모두 소실되어 복원되었지만, 당시 류큐 왕국이 중국 청나라와 얼마나 가까웠는지를 알 수 있다.

5-2. 시차구이 下庫理 [시차구이] (정전 1층)

의식과 잔치를 열었던 2층과 달리 1층은 왕의 정치적 의식과 정무를 봤던 공간이다. 중앙에 있는 화려한 곳은 우사쿠이御差床로, 2층 정전과 마찬가지로 왕만 앉을 수 있는 옥좌다. 좌우에는 아들이나 손자가 착석하는 공간이 있으며 기록에 따르면 양쪽 바닥에는 기린과 봉황 그림이 걸려 있었다고 한다. 1층 중간에는 바닥에 유리로 된 창이 있는데, 옛 슈리 성의 흔적을 볼 수 있다.

6. 북전 北殿 [호쿠덴]

왕실의 행정을 담당했던 공간이다. 지금은 옛 류큐 왕국의 자료를 볼 수 있는 전시장과 전통 과자, 기념품을 판매하는 곳으로 사용되고 있다.

옛 거리 풍경을 느낄 수 있는

킨조우초 돌다다미길 金城町石畳道 [킨죠-쵸- 이시타타미미치]

주소 沖縄県那覇市首里金城町 1 **내비코드** 331 613 91*11 **위치** 슈리 성 공원 슈레이문(守礼門)과 소노한 우타키 석문(園比屋武御嶽 石門)이 연결되는 삼거리에서 남쪽 길로 도보 5분 **시간** 24시간 **요금** 무료 **전화** 098-862-3276

15세기경 만들어진 슈리 성 남서쪽 돌담길이다. 옛 거리 풍경을 느낄 수 있는 이 길은, 과거에 약 10km를 석회암으로 쌓아 올려 길 양쪽으로 귀족들의 커다란 가옥이 즐비했다고 한다. 전쟁으로 지금은 약 300m 정도 그때의 모습을 보존하고 있지만, 일본의 아름다운 길 100선에 뽑힐 정도로 여전히 유명하다고 한다. 이 길은 내려갈 때는 아름답고 편하지만 올라오는 길은 숨이 찰 만큼 경사가 심하니 슈리 성 공원을 둘러보고 돌아가는 길에 방문하길 추천한다. 돌다다미길 중간중간 나하 시내를 바라보며 쉬어 갈 수 있는 휴식처와 카페도 있다.

나하 시내가 한눈에 보이는 카페

돌다다미길 마다마 石畳茶屋 真珠 [이시타타미챠야 마다마]

주소 沖縄県 那覇市 首里金城町 1-23 **내비코드** 331 615 13*36 **시간** 10:00~17:00 **요금** 400엔~ **전화** 098-884-6591

슈리 성 공원 방향에서 킨조우초 돌다다미길 초입에 위치한 카페. 맥주는 물론 커피, 전통차, 간단한 식사를 판매한다. 맛보다는 나하 시내를 볼 수 있는 테라스가 더 유명하다. 추천 메뉴는 오키나와 특산품인 흑당이 들어간 흑당 푸딩과 빙수류가 인기다.

매운맛이 단계별로 있는 카레 전문점

아지토야_슈리성점 あじとや 首里城店 [아지토야 슈리죠-텡]

주소 沖縄県那覇市首里崎山町 1-37-3 **내비코드** 331 613 49*30 **시간** 11:00~15:00(월~수요일)/ 11:00~15:00, 17:30~20:30(목~일요일) **요금** 880엔~(카페) **전화** 098-955-5706

오키나와에서 생산하는 사탕수수로 만든 흑당과 현지 재료를 사용해 만드는 카레 전문점. 각종 현지 매체에 소개될 정도로 이색적인 맛과 분위기를 자랑한다. 재미있는 건 매운맛을 단계별로 선택할 수 있다는 것. 가게 추천 매운맛은 20~30단계며, 60단계 이상부터는 50엔을 추가해야 한다. 밥을 셀프로 먹을 수 있는 것도 매력이라면 매력이다. 치즈, 콩, 브로콜리 등 입맛에 맞게 토핑도 추가(50~100엔) 가능하고, 렌터카 이용

자라면 가게 옆에 작게나마 무료 주차 공간이 있어 편리하다. 참고로 가게 내 인기가 많은 메뉴는 대부분 수프 카레다.

전통 류큐 궁중 요리 전문점

아카타후우 赤田風 [아카타후-]

주소 沖縄県那覇市首里赤田町 1-37 **내비코드** 331 614 75*88 **시간** 18:00~23:00(예약제) **휴무** 매주 일요일 **요금** 4000엔~(1인, 코스에따라 다름) **전화** 098-884-5543

전통 류큐 코스 요리를 판매하는 궁중 요리 전문점. 코스 요리로만 판매하며, 옛 류큐국에 방문했던 귀빈에게 제공했던 궁중 요리가 주를 이룬다. 한정 판매가 기본이라 예약은 필수다.

여행자에게 더 유명한 카페

카리산팡 嘉例山房 [카리-산황]

주소 沖縄県那覇市首里池端町 9 **내비코드** 331 618 75*03 **시간** 11:00~19:00 **휴무** 매주 화, 수요일 **전화** 098-885-5017

오키나와 전통차 부크부크차를 맛볼 수 있는 곳. 현지인보다는 여행자에게 더 유명한 카페로 직접 거품을 만드는 과정을 체험하며 오키나와의 전통차를 즐길 수 있다.

2시간이면 영업 종료되는 맛집
슈리 소바 首里そば [슈리소바]

주소 沖縄県那覇市首里赤田町 1-7 **내비코드** 331 615 98*77 **시간** 11:30~재료 소진 시까지(월~토요일) **휴무일** 매주 일요일 **요금** 400엔~ **전화** 098-884-0556

오키나와 나하 지역 소바 집 랭킹에 언제나 소개되는 식당이다. 11시 30분부터 영업해 재료가 떨어지면 종료해 보통 2시간 정도만 영업을 한다. 밀가루 수타면에 두툼한 돼지고기와 가마보코(어묵)를 넣고 맛있는 육수로 마무리한다. 덜 익은 듯 끊어지는 면발이 조금 아쉽지만 현지인들에게 인기가 많다. 긴 줄은 물론 1일 한정된 양만 판매하니 참고하자.

옛 류큐 왕 별장
시키나엔 識名園 [시키나엔]

주소 沖縄県那覇市真地 421-7 **내비코드** 331 310 90*25 **위치 ❶** 슈리 성에서 도보 25분 **❷** 겐초마에(県庁前) 버스 정류장에서 2번 버스 탑승 후 시키나엔마에(識名園前) 정류장 하차 후 도보 3분 **시간** 9:00~18:00(4월 1일~9월 30일; 입장 마감 17:30), 9:00~17:50(10월 1일~3월 31일; 입장 마감 17:00) **휴무** 매주 수요일 **요금** 성인 400엔, 중학생 이하 200엔, 미취학 아동 무료

슈리 성 남쪽에 위치한 옛 류큐 왕의 별장이다. 1799년에 만들어져 류큐 왕국 왕족들의 휴식처로 쓰였다. 연못을 중심으로 자연 경치를 즐길 수 있는 정원과 목조 건물 어전 등이 보존되어 있다. 제2차 세계대전 이후 1975년에 재건된 이곳은, 슈리 성 남쪽에 있어 남원으로 불렸으며 아치형 다리, 정원 등은 중국식 건축 형태로 지어져 당시 류큐 왕국과 중국의 관계를 짐작할 수 있다. 2000년 유네스코가 지정한 세계 문화 유산에 등재됐

으며, 류큐 왕국의 역사가 궁금하다면 들러보길 추천한다.

한국인에게 인기인 소바 집
텐토텐 てんtoてん [텐토텐]

주소 沖縄県那覇市識名 4-5-2 **내비코드** 331 300 72*14 **시간** 11:30~15:00(화~일요일) **휴무** 매주 월, 일요일 **가격** 500엔~(1인 예산) **전화** 098-853-1060

슈리 소바와 함께 오키나와 소바 랭킹에서 늘 상위에 있는 전통 소바 전문점이다. 음식 메뉴는 소바와 오니기리 두 가지와 음료뿐이지만, 슈리 소바에 비해 면발이 쫄깃한 것이 특징이라 한국인에겐 슈리 소바보다 인기가 좋다.

- 잭스 스테이크 하우스 / JACK'S STEAK HOUSE
- 오키나와 나하 호텔 & 스파 / Okinawa NaHaNa Hotel & Spa
- 호텔 라이브 맥스 나하 / Hotel Live Max Naha
- 더블트리 힐튼 / DoubleTree by Hilton Naha
- 리가 로얄 그란 오키나와 / Rihga Royal Gran Okinawa
- 아사히바시역 / 旭橋駅
- 나하 버스 터미널 지역 / 那覇東京R호텔
- 쓰보가와역 / 壺川駅
- 류보백화점 Ryubo 데파트
- 모스 버거 / Moss Burger
- 나하 시청
- 오키나와 현청 / 정기 관광버스 경유지
- 카이난 초등학교 / Kainan Elementary School
- 하부 박스 / Habu Box
- 경찰서
- 오키나와 현립
- 안도 아이스 / アンドゥアイス
- 무라사키무라본점 / 紫雲館東房
- 켄초마에역 / 県庁前駅
- 郵便
- 와시타숍 본점 / わしたショップ本店
- 도라에몽 / どらえもん
- 유우난기이 / ゆうなんぎい
- 후쿠기야 / ふくぎや
- 컬튼숍인 / キャナリズスイン
- 해기점
- 홍류큐 / 琉球
- 츄라류큐 / Chura Ryukyu
- 오키나와과자어전 / 御菓子御殿
- 하테루마 / 波照間
- BLUE SEAL
- 타코스야 / Tacos-ya
- Ryoko INN Naha
- 샘스 마우이 / SAM'S MAUI
- 슈리텐로 / 首里天楼
- 포크 타마고 오니기리 본점 / C & C BREAKFAST
- 아와모리구라 / 泡盛蔵
- 도리호 / ドリホー
- 테다코크린 / てだこ食堂
- 카지야 / 海山味
- 세엔지 브런치본점
- 제1 마키시 공설 시장 / 第一牧志公設市場
- 키리라 / 키리라
- 초난오키나와 / ツバメ 牧志店
- 젤라또오키나와 / ジェラ沖縄
- 아쿠미노 사타안다기
- 단보 라멘 / ラーメン暖暮
- 스테이크 하우스 88 / STEAK HOUSE 88
- 도구바리야 / どばーま
- 한스점보 스테이크 / HAN'S JUMBO STEAK
- 마쓰야 / 塩屋
- 하나가사 / 沖縄食堂
- 카루비 플러스 Calbee PLUS
- 국제거리 포장아치코
- 호텔 로얄 오리온 오키나와 / Hotel Royal Orion Okinawa
- 마키시역 / 牧志駅
- 아사토역 / 安里駅
- 사카에마치 시장 / 栄町市場
- 크라운 프라자 ANA 오키나와 / Crowne Plaza Ana Okinawa Harborview

국제 거리 BEST COURSE

먹방 코스
주요 맛집은 모두 들러 봐야 한다는 여행자를 위한 국제 거리 대표 가게 순방 코스

 겐초마에역 1번 출구
─ 도보 5분 →
유키시오카보우
─ 도보 2분 →
후쿠기야
 ─ 도보 1분 →
하테루마

 국제 거리 포장마차촌
← 도보 3분 ─
돈키호테
← 도보 5분 ─
아케이드 상점 구경 & 사타안다기 맛보기
← 도보 5분 ─
블루 실
← 도보 1분 ─

가족 여행 코스
아이 또는 부모를 동반한 여행자를 위한 이동 거리를 최소화한 알짜 코스

마키시역 1번 출구
─ 도보 1분 →
시샤 동상 기념 촬영
─ 도보 3분 →
카루비 플러스
─ 도보 1분 →
평화 거리

 류보 백화점
← 도보 3분 ─
 오카시고텐
← 도보 1분 ─
유키시오카보우
← 도보 5분 ─
제1 마키시 공설 시장
← 도보 5분 ─

오키나와에서 가장 번화한 거리

국제 거리 国際通り [코쿠사이도오리]

주소 沖縄県那覇市久国際通り　**내비코드** 331 573 82*41(국제 거리 서쪽 끝 돈키호테)　**위치** ❶ 겐초마에 역(県庁前駅) 1번 출구에서 오른쪽으로 도보 3분 ❷ 미에바시 역(美栄橋駅) 1번 출구에서 오른쪽으로 도보 7분 ❸ 마키시 역(牧志駅) 1번 출구에서 왼쪽으로 도보 1분 ❹ 나하 버스 터미널에서 현청 방향으로 도보 7분 ❺ 20, 52, 80번 버스 탑승 후 블루 실(BLUE SEAL) 맞은편 마츠오(松尾) 정류장 하차 ❻ 7, 27, 28, 29, 32, 43, 77, 87, 92번 버스 탑승 겐초기타구치(県庁北口) 정류장 하차 후 도보 3분 ❼ 렌터카는 주변 저렴한 주차장 이용(매주 일요일 12시~18시는 문화 이벤트로 차량 진입 통제)　**시간** 상점마다 다름(늦은 시간까지 영업)

나하 현청 북쪽県庁北口에서 아사토安里 삼거리까지 이어지는 이 거리는, 1948년 거리 중간에 개관한 영화관인 '어니 더미 국제 극장'의 이름을 본 떠 '국제 시장'이라 불리게 되었다. 한적하고 조용한 도시 오키나와에서 가장 오랫동안 불이 밝혀지는 거리로 제2차 세계대전 당시 완전히 파괴되었다가 단기간에 눈부신 발전을 이뤄 '기적의 1마일'이라고도 불린다. 총 길이 약 1마일(1.6km) 양쪽으로 오키나와 특산품을 판매하는 상점과 오키나와를 대표하는 음식점을 비롯해 다양한 상점이 가득해서 밤낮 상관없이 쇼핑과 오키나와의 맛을 즐기려는 사람들로 가득하다. 오후 6시면 문을 닫는 대부분의 가게와는 달리 늦은 저녁까지 영업하는 국제 거리 주변에는 많은 상점 외에도 '오키나와의 부엌'이라 불리는 평화 거리와 제1 마키시 공설 시장이 있는 아케이드 상점가를 비롯해 쓰보야 도자기

거리 등 특색 있는 볼거리들이 모여 있어 나하 지역 여행 필수 코스로 많은 사람이 찾고 있다.

Thema Road

국제 거리 속
뜨는 핫플레이스

뉴파라다이스 거리 ニューパラダイス通り [뉴-파라다이스도오리]

조금은 한적한 곳을 좋아한다면 국제 거리에서 한 블럭 안쪽으로 들어가 보자. 뉴파라다이스 거리가 나온다. 그 길에 오래된 건물 중간중간에 조용하고 아기자기한 카페와 레스토랑이 여럿 있다. 특색 있는 인테리어를 한 가게는 물론 20~30대 젊은이들 사이에 소문난 인기 카페, 주거지역이 어우러져 일본 특유의 느낌을 사진으로 고스란히 담을 수 있다.

국제 거리 포장마차촌 国際通り屋台村 [코쿠사이도오리 야타이무라]

여행의 하루를 마무리하는 곳으로 이곳만큼 어울리는 곳이 있을까? 시원한 오리온 생맥주와 맛있는 안주가 있는 포장마차촌에는 해가 진 이후부터 하루를 마무리하는 현지인들과 여행자들로 붐비기 시작한다. 2015년 6월, 사람들의 문화 교류를 목적으로 태어난 이 거리에는 오키나와 식재료를 사용한 향토 요리는 물론, 음료와 일본 요리까지 총 21개의 매장이 영업을 하고 있다. 여행자들에게는 많이 알려져 있지 않지만 점점 핫플레이스로 변모하고 있다. 다양한 안주를 한 곳에서 맛볼 수 있으니 매일매일 다양한 맛의 향연을 느껴 보자.

www.okinawa-yatai.jp

유키시오카보우 雪塩菓房 [유키시오카보-]

주소 沖縄県那覇市久茂地 3-1-1 1F **내비코드** 331 562 06*74 **시간** 9:00~18:30(4~9월), 9:00~17:00(10~3월) **전화** 098-860-8585

미야코지마 대표 소금인 유키시오雪塩를 사용한 스위트 전문점. 가장 유명한 소금이 들어간 유키시오 아이스크림 외에도 입에 넣는 순간 달콤한 맛을 남기고 녹아내리는 머랭인 후와와ふわわ와 류큐국의 전통 과자인 친스코까지 유키시오를 넣은 푸딩, 러스크 등 다양한 제품을 판매하고 있다.

안톤 아이스 アントンアイス [안톤 아이스]

주소 沖縄県那覇市久茂地 3-2-1 **내비코드** 331 562 08*00 **시간** 12:00~22:00 **전화** 098-917-2007

국제 거리 메인에서 살짝 안쪽에 위치한 소프트 아이스크림 전문점. 부드러운 아이스크림에 고야를 포함해 골드 허브 등 오키나와 특산품을 이용한 4종 소프트 아이스크림과 블루실 아이스크림을 판매한다. 가격은 작은 사이즈는 150엔부터이고, 중간 사이즈는 300엔부터며 인기 메뉴는 골드 허브와 고야 소프트 아이스크림이다.

하부 박스 Habu Box [하부 복쿠스]

주소 沖縄県那覇市松尾 1-2-4 **내비코드** 331 561 79*47 **시간** 10:00~22:00 **전화** 098-861-7339

오키나와 의류 브랜드 매장으로, 오키나와를 주제로 한 로고, 캐릭터를 이용한 다양한 의류를 판매하고 있다. 가장 인기 제품은 티셔츠와 카리유시풍 카라 티셔츠다. 가격대가 조금 있지만 품질도 좋고 무엇보다 오키나와 특징이 잘 담겨 있어 인기다.

와시타 숍_본점 わしたショップ 本店 [와시타 숍푸 혼텡]

주소 沖縄県那覇市久茂地 3-2-22 **내비코드** 331 562 09*30 **시간** 10:00~22:00 **전화** 098-864-0555

오키나와 특산품을 모아 전국 백화점을 비롯
전국 매장에 납품, 판매하는 오키나와 현 물
산 공사沖縄県物産公社에서 운영하는 본점. 전
통차를 비롯해 건강식품, 특산품 등 오키나와
를 대표하는 다양한 제품을 판매하고 있다. 2
층에는 오키나와에서 생산되는 100종 이상
의 고급 아와모리도 판매하고 있으니 애주가
라면 강추한다.

해키 碧 [헤키]

주소 沖縄県那覇市松尾 1-2-9 **내비코드** 331 571 81*63 **시간** 11:30~15:00(런치: 주문마감 14:00) 17:00~23:00(디너: 주문마감21:00) **가격** 3000엔~(런치), 4000엔~(스테이크) **홈페이지** www.heki.co.jp **전화** 098-941-1129

파란색과 녹색이 섞인 바다색을 표현한 한자
'푸른 벽碧'을 가게 이름으로 지은 이곳은 최
고급 재료와 류큐 유리 그릇을 사용한다. 그
리고 전 조리 직원이 여성인 것으로도 유명한
철판 요리 전문점이다. 맛도 맛이지만 편안
하고 은은한 분위기와 고객을 위한 친절한 서
비스가 인상적이다. 다른 가게에 비해 가격은
조금 비싸지만 그만큼 질 좋은 서비스를 받을
수 있다. 추천 메뉴는 조금 비싼 오키나와 흑
소 스테이크다.

오카시고텐 御菓子御殿 [오카시고텡]

주소 沖縄県那覇市松尾 1-2-5 **내비코드** 331 571 50*00 **시간** 9:00~22:00 **홈페이지** www.okashigoten. co.jp **전화** 098-862-0334

오키나와 명물인 자색 고구마(베니이모)를 넣어 만든 타르트를 비롯해 류큐국 전통 과자와 소우
키 소바 등 오키나와 특산품을 판매하는 전문 매장이다. 수십 종이 넘는 종류도 좋지만 무엇보다
구매 전 맛볼 수 있는 시식 코너가 구비되어 있다. 과자와 디저트를 좋아한다면 꼭 방문해 봐야
할 스폿이다.

캡틴스인 キャプテンズイン [카푸텐즈인]

주소 沖縄県那覇市松尾 1-3-8 **내비코드** 331 572 14*77 **시간** 17:00~22:00 **가격** 1,800엔~ **홈페이지** www.captains-g.co.jp **전화** 098-862-2990

오키나와에서만 8개 브랜드, 약 17개 매장을 관리하는 캡틴 그룹에서 운영하는 철판구이 브랜드로, 품질 좋은 소고기와 각종 해산물을 주문과 동시에 요리해 준다. 인기 메뉴는 해산물과 스테이크를 함께 즐길 수 있는 코스 요리(3,400엔~)와 80분 동안 무제한으로 즐길 수 있는 타베오다이코스食べ放題コース(5,400엔)다. 런치에는 150g 안심 스테이크를 1,800엔에 야채 볶음과 스프, 찬푸루를 포함한 코스 요리를 즐길 수 있다.

후쿠기야 ふくぎや [후쿠기야]

주소 沖縄県那覇市久茂地 3-29-67 **내비코드** 331 573 08*77 **시간** 10:00~22:00 **홈페이지** fukugiya. com **전화** 098-863-8006

2011년부터 시작된 원통처럼 생긴 케이크인 바움쿠헨을 만들고 판매하는 전문점이다. 오키나와 특산품인 흑당과 고구마 등을 이용해 전용틀에 말아 1시간 정도 구워 케이크를 만든다. 부드럽고 달콤한 맛에 국제 거리 대표 케이크로 불린다.

타코스야 Tacos-ya [타코스야]

주소 沖縄県那覇市牧志 1-1-42 **내비코드** 331 573 41*17 **시간** 11:00~20:30 **가격** 180엔(타코 단품), 650엔(세트) **전화** 098-862-6080

문어를 뜻하는 타코たこ가 아닌 멕시코 전통 음식인 타코(Taco)를 판매하는 패스트푸드 전문점이다. 저렴하고 특색 있는 맛으로 식사 시간 때면 어김없이 대기를 해야 할 정도로 인기다. 특히 상시 할인 요금으로 판매하는 Tacos-ya Plate 세트는 단돈 650엔. 현지인들도 즐겨 찾는 메뉴 중 하나다. 타코를 포함해 총 4가지 메뉴를 즐길 수 있으며, 여러 곳에 매장이 있으니 참고하자.

블루 실 BLUE SEAL [부루-시-루]

주소 沖縄県那覇市牧志 1-2-32 **내비코드** 331 573 42*17 **시간** 10:00~22:30(일요일, 월~목요일), 10:00~23:00(금,토요일) **전화** 098-867-1450

오키나와에서 가장 인기 있는 아이스크림이다. 1948년 미군 납품 계약에 따라 구시카와 시에서 시작된 가게로 지금은 오키나와 원재료를 활용한 30여 종의 아이스크림을 판매하고 있다. 오키나와 전국에서 직영점을 포함한 판매점을 쉽게 볼 수 있는 블루실은 로고를 활용한 티셔츠 등 기념품도 판매할 정도로 오

키나와를 대표하는 아이스크림 브랜드다. 오키나와에 위치한 1호 오프라인 매장은 1963년에 오픈한 우라소에牧港 본점이다.

하테루마 波照間 [하테루마]

주소 沖縄県那覇市牧志 1-2-30 **내비코드** 331 573 43*41 **시간** 11:00~24:00 **가격** 800엔~(1인 예산), 500엔(공연, 1인당) **전화** 098-863-8859

옛 류큐국 분위기에 각종 향토 요리를 맛볼 수 있는 전통 식당이다. 절로 아와모리가 생각나며 음식 맛도 좋다. 무엇보다 2층 전통 공연과 라이브 민요를 들으며 전통 음식을 즐길 수 있어서 인기다.

아와모리 창고

泡盛蔵 [아와모리 구라]

주소 沖縄県那覇市松尾 2-8-5 **내비코드** 331 573 47*44 **시간** 10:00~22:00 **전화** 098-868-5252

1,500여 종에 이르는 아와모리 제품을 보유하고 있는 아와모리 전문점이다. 국제 거리를 대표하는 아와모리 전문 판매점 중 한 곳으로, 상점 한 곳에 숙성실을 따로 둘 정도로 특별한 아와모리를 만날 수 있다.

슈리텐로 首里天楼 [슈리텐로-]

주소 沖縄県那覇市牧志 1-3-60 **내비코드** 331 574 09*44 **시간** 11:00~17:00, 17:00~24:00(디너: 주문 마감 23:00) **가격** 800엔~(1인 예산), 500엔(공연, 1인당) **전화** 098-863-4091

지하부터 3층까지 류큐 전통 요리를 선보이는 국제 거리 대표 향토 음식점이다. 입구에 놓인 돌 조각상과 나무문이 예사롭지 않은 식당이다. 300명까지 수용 가능하며 전통 음식과 함께 매일 밤 19시, 20시 각 층에서 약 30분 동안 전통 무용과 라이브 공연을 진행한다.

샘즈 마우이 SAM'S MAUI [사무즈 마우이]

주소 沖縄県那覇市牧志 1-3-53 **내비코드** 331 574 42*88 **시간** 17:00~23:30 **가격** 2,400엔~(디너 코스) **홈페이지** www.sams-okinawa.jp **전화** 098-861-9595

1962년 창업해 현재 오키나와에서 8개 스테이크 브랜드를 가진 샘즈 그룹에서 운영하는 체인점이다. 국제 거리에는 마우이를 콘셉트로 한 SAM'S MAUI KUMOJI 외에도 SAILOR INN, ANCHOR INN 3개 매장을 운영하고 있다. 매장별 메뉴는 거의 같지만 인테리어는 다르니 고려해서 매장을 선택하자. 참고로 아이와 함께라면 마우이를 추천한다.

돈키호테 ドン・キホーテ [동·키호·테]

주소 沖縄県那覇市松尾 2-8-19 **내비코드** 331 573 82*41 **시간** 24시간 **전화** 098-951-2311

일본을 방문하는 여행자들이 한 번쯤은 들러 기념품을 사는 곳으로 생활용품을 비롯한 잡화, 전기·전자제품, 의류, 액세서리 등 다른 곳에 비해 저렴한 가격으로 팔고 있다. 특히 이곳은 일반 상점보다 맥주나 과자류도 저렴하니 여행 도중 간식거리를 산다면 비용을 절약할 수 있다. 외국인 여행자의 경우 여권을 지참하면 할인은 물론 사은품도 받을 수 있다.

코쿠토야 黒糖屋 [코쿠토-야]

주소 沖縄県那覇市牧志 1-3-52 **내비코드** 331 574 42*63 **시간** 11:00~22:00 **전화** 098-861-4411

오키나와 특산품인 사탕수수로 만든 흑당을 이용한 다양한 제품을 판매하는 흑당 전문점. 식품은 물론 과자, 캔디 등 미용과 건강에 좋은 오키나와 흑당을 이용해 50종 이상의 제품을 판매하고 있다. 가장 인기 제품은 순수 100% 천연 흑당. 몸에 좋은 설탕이라 불릴 정도로 효능이 좋다고 한다.

스테이스 하우스 88 STEAK HOUSE 88
[스테-키 하우스 하치쥬-하치]

주소 沖縄県那覇市牧志 3-1-6号 勉強堂ビル 2F **내비코드** 331 574 45*06 **시간** 11:00~23:00(주문 마감 20:00) **가격** 1,200엔~ **홈페이지** s88.co.jp **전화** 098-866-3760

35년 역사를 가진 스테이크 전문점. 값싼 수입산 소고기를 이용한 미국식 스테이크 외에도 오키나와, 이시가기 등 비싼 소고기를 이용한 각종 요리와 향토 요리도 판매한다. 잭스 스테이크와 비교하면 조금 더 다양한 고기를 선택할 수 있다. 맛은 비교 불가다. 인기 메뉴는 88 스테이크(200g-2,300엔), 와규 등심 스테이크(150g-5,500엔)다.

한스 점보 스테이크 HAN'S JUMBO STEAK [한즈 잠보 스테−키]

주소 沖縄県那覇市牧志 2-3-1 K 2ビル 2F **내비코드** 331 575 07*47 **시간** 11:00~15:00(런치), 15:00~23:00(디너) **가격** 1,280엔• **홈페이지** hans-steak.com **전화** 098-860-1129

패밀리레스토랑 분위기로 샐러드 바가 있어 가족 단위 여행자에게 인기가 좋은 스테이크 전문점이다. 특히 런치 메뉴(11:00~15:00 주문 가능)가 가격 대비 양도 맛도 좋아서 현지인도 많이 이용하는 식당이다. 다른 스테이크 가게와 비교하면 전통에서는 떨어지지만 넓은 공간과 시설은 단연 최고다. 특히 아이와 함께라면 복잡한 다른 가게보다는 이곳이 좋다.

카루비 플러스 Calbee PLUS [카루비−프라스]

주소 沖縄県那覇市牧志 3-2-2 **내비코드** 331 574 47*30 **시간** 10:00~21:00 **전화** 098-867-6254

허니버터칩으로 유명세를 떨친 일본 제과 기업 카루비가 운영하는 매장이다. 감자로 만든 카루비의 인기 제품을 즉석에서 만들어 먹을 수 있는 콘셉트

로, 홍콩을 포함 총 11개 매장 중 한 곳이다. 인기 메뉴는 과자로도 인기인 감자스틱이다. 즉석 제품 외에도 아이스크림 같은 여러 종류의 카루비 제품을 만날 수 있다.

소금 전문점 마스야 塩屋 マース屋 [시오야 마−스야]

주소 沖縄県那覇市松尾 3-3-16 **내비코드** 331 572 43*85 **시간** 10:00~22:00 **전화** 098-988-1111

미네랄이 풍부하기로 유명한 미야코 섬 대표 소금인 유키시오雪塩를 비롯해 전 세계 유명한 소금을 판매하는 소금 전문 매장이다. 약 130종의 오키나와 소금과 600개 이상의 다양한 상품으로 바디 케어 용품, 용기, 스위트 제품 등 상상 이상의 소금을 이용한 제품을 판매한다. 그 자리에서 시식은 물론 소금 아이스크림, 한정 제품도 판매하고 있다.

나하 숍 なはショップ [숍푸 나하]

주소 沖縄県那覇市牧志 3-2-10 **내비코드** 331 574 18*58 **시간** 10:00~22:00 **전화** 098-868-4887

나하 관광협회에서 관광 안내소와 함께 운영하는 기념품 가게다. 이 가게의 특징은 다른 상점에서는 판매하지 않는 한정 제품과 본점 외에는 지점을 내지 않는 특정 가게의 제품, 관광협회에서 인증한 다양한 기념품을 판매한다. 쇼핑 외에도 관광 정보도 얻을 수 있으니 한 번쯤 들러 보자.

류보 백화점 Ryubo デパート [류뵤학카텡]

주소 沖縄県那覇市久茂地 1-1-1 **내비코드** 331 562 03*60 **시간** 10:00~22:00(지하 식품관), 10:00~21:00(1~2층), 10:00~20:30(3~8층) **전화** 098-867-1171

나하 시 최대 규모의 백화점이다. 국제 거리 초입에 위치하며 프랑프랑, 무인양품 등 국내에도 잘 알려진 브랜드가 입점해 있다. 여행자에게 가장 인기 있는 매장은 1층 명품 손수건 매장이다. 가격도 저렴하지만 품질도 좋아 선물용으로 인기다.

토우바라마 とぅばらーま [토-바라-마]

주소 沖縄県那覇市牧志 2-7-25 **내비코드** 331 585 75*77 **시간** 11:00~24:00 **가격** 650엔~(1인당), 500엔 (공연-1인당) **전화** 098-862-3124

오키나와 전통 가옥을 테마로 꾸민 인테리어가 돋보이는 곳이다. 서민적인 분위기에 다양한 향토 음식을 즐길 수 있다. 이곳 역시 매일 밤 2층에서 라이브 공연이 열리는데, 다른 가게와는 달리 손님과 함께 춤을 추는 등 참여 공연을 진행한다. 오키나와 열대어 요리도 맛볼 수 있으니 참고하자.

잭스 스테이크 하우스 JACK'S STEAK HOUSE [쟉쿠스 스테-키 하우스]

주소 沖縄県那覇市西 1-7-3 **내비코드** 331 551 17*55 **시간** 11:00~다음 날 1:30 **가격** 900엔~ **홈페이지**
www.steak.co.jp **전화** 098-868-2408

1953년 시작된 미국식 전통 스테이크 전문점. 창업 당
시 까다로운 미군의 승인을 받을 정도로 스테이크에 대
한 철학과 원칙을 중요시 생각한 업체다. 이국적인 분
위기도 좋지만 무엇보다 좋은 건 착한가격이다. 부드럽
고 육즙이 가득한 미국식 스테이크를 저렴한 가격에 즐
길 수 있다. 인기 메뉴는 호주산 안심 스테이크(テンダー
ロインステーキ-M 2,300엔)와 찹스테이크(1,200엔)다.

단보 라멘 ラーメン暖暮 [라-멘 단보]

주소 那覇市牧志 2-16-10 1F **내비코드** 331 576 21*52 **시간** 11:00~2:00 **가격** 650엔~ **홈페이지** danbo.jp
전화 098-863-8331

국제 거리와 멀지 않아 여행자들이 많이 찾는 일본 라면
전문점이다. 후쿠오카 전통 라면으로 본토에서도 꽤 인
기 있는 라면 집이다. 고기 육수에 매콤한 베이스로 여행
자의 입맛을 사로잡았다. 오키나와 소바가 입에 맞지 않
는 여행자라면 추천한다. 일본 라면이 궁금해서 가 보고
싶다면 비추다.

미에 美榮 [미에]

주소 沖縄県那覇市久茂地 1-8-8 **내비코드** 331 562 87*17 **시간** 11:30~15:00(런치), 18:00~22:00(디너)
*예약 필수 **휴무** 매주 일요일, 부정기 **가격** 5,500엔/7,000엔(1인 런치 코스), 9,000엔/12,000엔/15,000엔(디
너 코스) **홈페이지** ryukyu-mie.com **전화** 098-867-1356

옛 전통 가옥에서 전
통 류큐 요리를 판매
하는 궁중 전문점. 식
당 내부에 정원 산책
로와 양식, 일본식 방
이 준비되어 있다.
1957년부터 지금까
지 류큐 궁중 요리만
판매할 정도로 역사와 전통을 가진 식당이다.
가격은 비싸지만 소문을 듣고 전통 궁중 요리

를 맛 보러 오는 사람들로 가득하다.

오키나와의 부엌이자 중심

국제 거리 아케이드 상점가 (평화 거리, 제1 마키시 공설 시장 포함)

주소 沖縄県那覇市牧志 3丁目 **내비코드** 331 573 82*41(아케이드 상점가 초입 돈키호테) **위치** ❶ 겐초마에 역(県庁前駅) 1번 출구에서 오른쪽으로 걷다 큰 사거리에서 좌회전 후 도보 10분 뒤 우측 방향 ❷ 미에바시 역(美栄橋駅) 1번 출구에서 오른쪽으로 도보 7분 ❸ 마키시 역(牧志駅) 1번 출구에서 왼쪽으로 도보 5분 ❹ 나하 버스 터미널에서 현청 방향으로 도보 17분 ❺ 20, 52, 80번 버스 탑승 후 블루 실(BLUE SEAL) 맞은편 마츠오(松尾) 정류장 하차 후 도보 3분 ❻ 7, 27, 28, 29, 32, 43, 77, 87, 92번 버스 탑승 후 겐초기타구치(県庁北口) 정류장 하차 후 도보 13분 ❼ 렌터카는 주변 저렴한 주차장 이용 **시간** 상점마다 다름

오키나와 부엌이자 중심인 국제 거리 아케이드 상점가다. 여러 개의 시장 골목이 모여 있는 이 거리는 국제 거리를 시작으로 약 650m로 조성된 상점가 밀집 지역이다. 옛 상점가의 분위기를 그대로 유지하고 있으며, 지붕은 아케이드로 덮여 있어 날씨와 상관없이 많은 사람으로 북적인다. 현대적 건물과 상점이 가득한 국제 거리와는 달리 향토적이며,

현지인들의 생활 모습을 볼 수 있다. 의류, 생활용품, 식료품 등 살 거리는 물론 구경거리도 가득하며, 메인 거리를 두고 중간중간 골목을 통해 다른 거리와 만나 미로같이 복잡한 것이 특징이라면 특징이다. 같은 상품도 국제 거리에 비해 가격도 저렴하니 식재료를 포함해 쇼핑을 즐기고 싶다면 꼭 한 번 들러 보자.

📷 **스페셜 가이드 국제 거리 아케이드 상점가**

무쓰미바시도리 むつみ橋通り

돈키호테

오키나와 아와모리 창고

이치바 혼도리市場本通り

아지마아

마쓰야

나하슈

헤이와도리(평화 거리)平和通り

하나가사 쇼쿠도우

제1 마키시 공설 시장

테다코테이

카자미

이치바 추오도리市場中央通り

우키시마거리 浮島通り

신텐지 이치바 혼도리新天地市場本通

타이헤이도리리太平通り

이치바 혼도리
市場本通り [이치바 혼도오리]

국제 거리 돈키호테 건물을 지나 바로 오른쪽 골목에서 시작되는 아케이드 상점가 첫 번째 거리로, 1959년에 생겼다. 초입에는 국제 거리와 비슷하게 특산품을 판매하는 상점가가 주를 이루고 안쪽에는 반찬 가게 등 식료품 가게가 주를 이룬다.

신텐지 이치바 혼도리
新天地市場本通り [신텐치 이치바 혼도오리]

시장 거리가 끝나는 지점에서 바로 연결되는 아케이드 상점가다. 의류를 전문으로 취급하던 골목으로, 한때는 잘나가는 시장이었지만 2011년 10월 대부분의 가게가 문을 닫았다. 정비를 통해 하나둘 가게가 생겨나고 있지만 주변 시장에 비해 조금은 한산한 분위기다. 입구와 만나는 우키시마 거리浮島通り 곳곳에 오래된 이발소, 상점이 여럿 있어 옛 풍경을 담기 위해 방문하는 사진가들이 종종 있다.

이치바 추오도리
市場中央通り [이치바 츄오도오리]

이치바 혼도리와 바로 연결되는 이 거리는 1965년 문을 연 상점가로, 식료품을 비롯해 의류, 건어물 가게 등 다양한 상점가들이 즐비해 있다. 이 거리에서 가장 유명한 상점은 제1 마키시 공설 시장第一牧志公設市場이다. 그 유명세 덕에 하루에도 많은 여행자가 찾아온다.

타이헤이도리
太平通り [타이헤이도오리]

야채와 반찬, 식재료를 주로 판매하는 재래시장으로, 즉석에서 먹을 수 있는 간식거리는 물론 여행자보다는 현지인이 더 많이 찾는 시장이다. 현지인이 즐겨 찾는 만큼 가격은 제일 저렴하다. 가격 대비 맛과 품질도 아주 좋으니 한번 들러 보자.

무쓰미바시도리
むつみ橋通り [무쯔미바시도오리]

이치바 혼도리와 바로 옆에 위치한 거리로, 주변 시장에 비해 폭이 좁고 가게들이 많지 않아 골목 중 가장 한적하다. 최근에는 국제 시장과 바로 연결되는 지리적 조건으로 초입에 하나둘 기념품 숍과 오키나와 특산품을 파는 가게가 생겨나고 있다.

헤이와도리 平和通り [헤-와도오리]

전쟁 직후 지역에 생겨난 노점상이 모여 지금의 시장을 형성한 곳으로, 1951년 공모에 의해 '평화 시장'이라는 이름이 붙었다. 국제 거리와 연결되는 초입에는 국제 거리와 마찬가지로 기념품 숍이 주를 이루고 안쪽에는 의류 숍, 드러그스토어, 과일 가게 등 다양한 숍이 즐비하다. 길 중간중간 다른 시장과 연결되어 있어 나하 시내에서 복잡한 거리로 손꼽힌다. 여러 시장 골목 중 가장 유명하지만 명성에 비해 다른 골목과 크게 차이가 나지 않는다.

60년 역사를 가진 전통 시장
제1 마키시 공설 시장 第一牧志公設市場 [다이이치마키시 고-세츠이치바]

주소 沖縄県那覇市松尾 2-10-1 **내비코드** 331 572 64*63 **시간** 8:00~20:00(1층 상점가), 10:00~19:00(2층 식당가) **휴무** 매월 넷째주 일요일(12월 제외), 정월, 설날, 추석 **홈페이지** kousetsu-ichiba.com **전화** 070-5498-6852

이치바 추오도리市場中央通り 입구에 위치한 가장 큰 규모를 자랑하는 상점가다. 60년 역사를 가진 전통 시장 건물로, 오키나와 근해에서 잡히는 해산물을 비롯해 열대 과일, 소고기, 돼지고기와 약초, 조미료 등 오키나와 식탁에 오르는 대부분의 재료를 판매하는 가게들로 가득하다. 2층으로 구성된 이곳은 1층이 점포, 2층이 식당가다. 2층 식당가는 다양한 음식과 더불어 1층에서 사 온 재료를 직접 조리해줘 인기다(1인 500엔). 매달 18일 전후로 열리는 '시장의 날' 이벤트는 놓칠 수

없는 볼거리다. 대신 이날은 여행자는 물론 현지인들로 가득하니 지갑 등 분실·도난에 주의하자.

쓰바메 ツバメ [쯔바메]

주소 沖縄県那覇市松尾 2-10-1 牧志公設市場 2
F **시간** 11:00~21:00(주문 마감 20:00) **휴무** 넷째
주 일요일 **가격** 650엔~ **홈페이지** www.tsubame-
shokudo.jp **전화** 098-867-8696

향토 음식을 비롯 100종 이상의 메뉴를 판매
하는 제1 마키시 공설 시장 대표 식당이다. 메
뉴가 너무 많아 전문성이 떨어지는 건 아닐까
의심하겠지만, 평타 이상의 맛을 자랑한다. 1
층에서 횟감을 구매해 와도 좋고, 바로 주문
해도 좋다. 주인장 추천 메뉴는 마늘이 들어
간 군만두 야키교자焼きギョーザ(400엔)다.

키라쿠 きらく [키라쿠]

주소 沖縄県那覇市松尾 2-10-1 牧志公設市場 2F
시간 11:00~21:00(주문 마감 20:00) **휴무** 넷째 주
일요일 **가격** 400엔~ **전화** 098-868-8564

쓰바메와 쌍벽을 이루는 대형 식당이다. 이
곳 역시 100종 이상의 다양한 메뉴를 자랑한
다. 쓰바메와 차이가 있다면 가정식 반찬류
는 가격이 저렴한 편. 맛은 비슷비슷하니 더
좋아하는 분위기의 식당으로 가자.

젤라오키나와 _마키시점 ジェラ沖縄 牧志店 [제라오키나와 마키시텡]

주소 沖縄県那覇市松尾 2-10-1 牧志公設市場 2F **시간** 11:00~21:00(주문 마감 20:00) **휴무** 넷째 주 일요일
전화 090-8708-9047

제1 마키시 공설 시장 2층에서 가장 화려한 가게다. 오키
나와 열대 과일즙을 이용해 공기 밀도가 높은 부드러운 아
이스크림을 판매한다. 꽁꽁 얼어 있지 않아 먹기에도 편하
고 맛도 좋다. 다른 아이스크림에 비해 저칼로리와 저지방
이라 식후 디저트로 인기다.

아유미노 사타안다기 歩のサーターアンダギー [아유미노 사-타-안다가-]

주소 沖縄県那覇市松尾 2-10-1 牧志公設市場 2F **시간** 11:00~21:00(주문 마감 20:00) **휴무** 넷째 주 일요일
가격 735엔(1봉지: 10개) **홈페이지** tedakonet.okinawa/ayumi **전화** 098-863-1171

제1 마키시 공설 시장 2층 한쪽에 위치한 오키나와 대표
튀김 과자 사타안다기 전문점이다. 즉석에서 반죽은 물론
기름에 튀겨 판매한다. 회전율이 빨라 포장용이 아닌 바로
만든 건 기름기가 많을 수 있으니 참고하자.

포크 타마고 오니기리 _본점 ポークたまごおにぎり本店 [포-크 타마고 오니기리 혼텐]

주소 沖縄県那覇市松尾 2-8-35 **시간** 7:00~17:30 **휴무** 매주 수요일 **요금** 230엔~ **홈페이지** porktamago.com **전화** 098-867-9550

스팸을 넣은 주먹밥 하와이안 무스비를 일본 풍으로 만든 주먹밥 전문점이다. 부드러운 계란말이와 각종 재료를 넣은 메뉴를 선택할 수 있어 인기다. 이른 아침 시장을 구경하고 들르면 좋다. 점심용으로 먹기엔 다소 부족한 양이다.

씨앤씨 브렉퍼스트 C & C BREAKFAST [시-앤드 시- 브렉쿠화-스토]

주소 沖縄県那覇市松尾 2-9-6 タカミネビル 1F **시간** 9:00~17:00(월~금요일; 주문마감 16:00), 8:00~17:00(토~일요일; 주문마감 16:00) **휴무** 매주 화요일 **홈페이지** www.ccbokinawa.com **전화** 098-927-9295

가게 건물은 허름하지만 맛은 깔끔한 브런치 카페. 많지 않은 테이블 사이로 아기자기한 소품과 편안한 분위기가 우리나라 상수동 카페와 비슷한 느낌이다. 인기 메뉴는 샌드위치와 팬케이크. 대부분의 요리에 견과류가 많이 들어가 맛이 담백하다.

류큐 과자점 류구 琉球菓子処 琉宮
[류-큐-카시도코로 류-쿠]

주소 沖縄県那覇市松尾 2-9-14 **시간** 10:00~19:00(월~토요일), 10:00~18:00(일요일) **요금** 90엔~ **전화** 098-862-6401

전통 과자 사타안다기 전문점으로, 오키나와 특산품을 이용해 다양한 맛을 개발해서 인기가 높다. 맛도 맛이지만 좋은 재료를 사용해 건강해지는 느낌이 드니 한 번쯤 맛보자.

카자미 海山味 [카자미]

주소 沖縄県那覇市松尾 2-10-29 **시간** 11:00~15:00(런치), 15:00~23:00(디너) **휴무** 부정기 **전화** 098-869-7710

오키나와 근해에서 잡은 해산물을 이용해 다양한 메뉴를 판매한다. 인기 메뉴는 매일 정해진 시간에 한정적으로 판매하는 런치 메뉴다. 가격 대비 질 좋은 해산물 요리를 맛볼 수 있다.

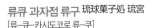

하나가사 쇼쿠도우 花笠食堂 [하나가사 쇼쿠도-]

주소 沖縄県那覇市牧志 3-2-48 **시간** 11:00~21:00 **요금** 500엔~ **전화** 098-866-6085

소바는 물론 찬푸루 등 오키나와 향토 음식과 가정 요리를 맛볼 수 있는 음식점이다. 다양한 종류도 인기지만 무엇보다 저렴한 가격 때문에 내국인들도 많이 찾는 대중 식당이다. 40년 이상 역사를 가진 식당인 만큼 맛은 보장한다. 단, 간이 안 맞을 수 있으니 참고하자.

쓰보야 도자기 거리 壺屋焼物通り [쯔보야 야키모노도오리]

주소 沖縄県那覇市 壺屋 1-9-32 **내비코드** 331 580 65*30 **시간** 상점마다 다름 **홈페이지** www.tsuboya-yachimundori.com **전화** 098-862-3761

아케이드 상점 거리가 끝나는 길에서 시작되는 도자기(야치문) 거리. 오키나와를 대표하는 도자기인 쓰보야 야키 도자기의 탄생지이기도 한 이곳은 제2차 세계대전 당시 폭격으로 완파되었지만, 복원 사업 이후 다시금 아기자기한 도자기들을 구경할 수 있는 공방촌으로 태어났다. 시끌벅적한 국제 거리와 아케이드 상점가에 비해 구불구불 뻗은 길을 따라 산책하기 좋은 곳으로 유명하다. 특색 있는 시샤와 실제 고양이들을 자주 보게 되니 사진기를 꼭 챙겨 가자.

사카에마치 시장 栄町市場 [사카에마치 이치바]

주소 沖縄県 那覇市安里 388-1 **내비코드** 331 585 65*07 **위치 ❶** 국제 거리 돈키호테에서 도보 13분 **❷** 아사토 역(安里駅) 1번 출구에서 뒤쪽 길로 도보 3분 **시간** 상점마다 다름 **홈페이지** sakaemachi-ichiba.net **전화** 098-886-3979

약 130개 점포가 늘어선 아케이드 상점가 거리다. 국제 거리와 연결된 아케이드 상점가와 달리 여행자보다 현지인이 주를 이룬다. 이 시장의 특징은 가게의 약 40%가 저녁에만 문을 여는 이자카야 식당으로 구성됐다는 것이다. 그래서 낮에는 평범한 재래시장이었다가 해가 지면 퇴근 후 하나둘 모여드는 주객들의 공간으로 변한다. 골목에 따라 낮 시간에는 문을 닫는 가게가 많아 조금은 황량한 느낌이 들지만 해가 지면 골목을 누비며 맥주 한잔 즐길 수 있는 나만의 가게를 찾는 매력이 있다.

신도심

토마린 이유마치 수산시장
泊いゆまち 泊漁港市場

토마린만카8시 油高橋
바스정류장

스포츠 데포
Sports Depot

유니클로
UNIQLO

코쿠 이불 타운점
コーブあっぷるタウン店

이자케아흐
やぇえもん

토이자러스
TOYSRUS

류보 푸드미켓

나하 시립 초등학교

더 나하 테라스
The Naha Terrace

야마다덴키
YAMADA電氣

우체국

테이다
てぃーだ

나하 메인플레이스
NAHA MAIN PLACE

오키나와 현립 박물관·미술관
沖縄県立博物館·美術館

다이소
DAISO

나하 국제 고등학교

니시마쓰야
NISHIMATSUYA

신도심 공원
新都心公園

모스 버거
Mos Burger

호텔 홋케 클럽 나하
Hotel Hokke Club Naha Shintoshin

부텐 舞天

요시자키 식당
吉崎食堂

화식 이자카야 지방
和食居酒屋 ZIPANG

파이카지
ぱいかじ

카페라도 기타무라
カフェラド·キタウムラ

츠타야
TSUTAYA

파인 트리 블레스
Pine Tree Bless

DFS T 겔러리아
DFS T GALLERIA

리브르 가든 호텔
Libre Garden Hotel

슈퍼 호텔 나하 신도신
Super Hotel Naha Shintoshin

드라그스토어

도요코 INN 나하 오모로마치 역
Toyoko INN Naha Omoromachi Station

오모로마치 역
おもろまち駅

르 비스트로 몽마르트
le Bistro Montmartre

후루시지마 역
古島駅

N W E S

신도심 BEST COURSE

커플족을 위한 코스
20~30대 커플족을 자극하는 인기 쇼핑몰을 둘러 보는 코스

⭐ 도보 1분 → 오모로마치 역 서쪽 출구

⭐ 도보 10분 → DFS T 갤러리아

⭐ 도보 5분 → 코프 애플 타운점

⭐ 오키나와 현립 박물관·미술관

⭐ ← 도보 5분 오모로마치 역

⭐ ← 도보 10분 요시자키 식당

⭐ ← 도보 8분 유니클로

⭐ ← 도보 5분 코프 애플 타운점

쇼핑족을 위한 코스
신도심 지역 주요 쇼핑몰을 전부 돌아보는 꽉 찬 코스

⭐ 도보 1분 → 오모로마치 역 서쪽 출구

⭐ 도보 5분 → DFS T 갤러리아

⭐ 도보 5분 → 나하 메인 플레이스

⭐ 야마다덴키

⭐ ← 도보 5분 오모로마치 역

⭐ ← 도보 5분 유니클로

⭐ ← 도보 3분 니시마쓰야 & 토이저러스

⭐ ← 도보 5분 코프 애플 타운점

오키나와의 문화를 한자리에

오키나와 현립 박물관·미술관

沖縄県立博物館·美術館 [오키나와 켄리쯔 하쿠부쯔캉·비쥬쯔캉]

주소 沖縄県那覇市おもろまち 3-1-1 **내비코드** 331 886 75*05 **위치** 오모로마치 역(おもろまち駅) 2번 출구에서 DFS T 갤러리아를 좌측에 끼고 도보 10분 **시간** 9:00~18:00(일~목요일, 입장 마감 17:30), 9:00~20:00(금~토요일, 입장 마감 19:30) **휴관** 매주 월요일, 연말연시 **요금** 박물관: 530엔(일반), 260엔(대학생·고등학생), 150엔(중학생·초등학생(현외))/ 미술관:400엔(일반), 210엔(대학생·고등학생), 100엔(중학생·초등학생(현외))(박물관: 상설 전시 / 미술관: 특별전 가격 변동) **홈페이지** www.museums.pref.okinawa.jp **전화** 098-941-8200

2007년 11월에 개관해 박물관과 미술관 그리고 상시 전시장으로 구성된 대형 복합 시설물이다. 오모로마치 역에 위치해 쇼핑과 문화를 즐기려는 여행자들이 많이 찾는 곳이다. 오키나와의 자연과 역사, 문화, 미술 등을 볼 수 있는 박물관을 비롯해, 오키나와 출신의 작가 중심으로 전시회가 진행되는 미술관까지, 관내 뮤지엄 숍과 카페, 외부 휴식 공간도 있어 도심을 벗어나 한가로이 오키나와의 문화를 즐기고 싶은 여행자가 있다면 들러보자. 내부에는 무료 코인 로커도 있고, 표 구매 시 모노레일 1일 승차권, 국제학생증을 제시하면 할인도 된다. 정보 센터에서는 한국어 음성 안내기도 무료로 대여해 주니 참고하자.

쇼핑 마니아의 천국

DFS T 갤러리아 DFS T GALLERIA [디-에후-에스 티-갸라리아]

주소 沖縄県那覇市おもろまち 4-1 **내비코드** 331 882 97*66 **시간** 9:00~21:00 **홈페이지** www.dfs.com **전화** 0120-782-460

나하 시내에 글로벌 면세점 브랜드 DFS T 갤러리아 오키나와점이 있다. 쾌적한 쇼핑 환경과 약 130종 이상의 브랜드가 모여 있어 쇼핑 마니아라면 꼭 한 번 들러 봐야 할 스폿이다.

🍴 스페셜 가이드 DFS T 갤러리아 인기 맛집

파인 트리 블레스 Pine Tree Bless
[파인 쯔리- 브레스]

주소 DFS T 갤러리아 3F **시간** 11:00~21:00(일~목요일; 주문 마감 20:30), 11:00~22:00(금, 토요일, 축일; 주문 마감 21:30) **가격** 1,500엔~(1인) **전화** 098-941-3335

넓은 규모와 고급 인테리어로 오키나와산 와규를 포함해 양식 메뉴와 케이크 등 디저트가 준비되어 있다. 분위기에 비해 가격은 저렴한 편이다. 쇼핑을 즐기고 식사와 디저트를 즐기기엔 제격이다.

80개의 매장이 있는 대형 쇼핑센터
나하 메인 플레이스 NAHA MAIN PLACE [나하메인프레이스]

주소 沖縄県那覇市おもろまち 4-4-9 **내비코드** 331 885 59*88 **시간** 10:00~23:00(일부 전문점은 제외) **홈페이지** www.san-a.co.jp/nahamainplace **전화** 098-951-3300

시내 면세점 DFS T 갤러리아와 멀지 않은 곳에 위치한 대형 쇼핑센터. 패션, 식품, 잡화를 비롯해 영화관과 레스토랑, 카페까지 약 80개 매장이 모여 있다. 제법 큰 규모다.

국내 직구족이 알아주는 유아용품점
니시마쓰야 西松屋 [니시마쯔야]

주소 沖縄県那覇市おもろまち 3-4-26 **내비코드** 331 888 81*14 **시간** 10:00~21:00 **전화** 098-861-8320

국내 직구족에게도 잘 알려진 유아·어린이 용품 전문점이다. 1956년 설립되어 일본 전국은 물론 중국까지 약 900개 점포를 운영하고 있다. 무엇보다 마음에 드는 건 가격이다. 국내에서 판매되고 있는 인기 영·유아용 제품보다 저렴하니 꼭 한 번 들러 보자.

일본을 대표하는 전자제품점
야마다덴키 YAMADA 電気 [야마다뎅키]

주소 沖縄県那覇市おもろまち 2-5-33 **내비코드** 331 886 38*58 **시간** 10:00~22:00 **전화** 098-851-5040

일본 최대 전자양판점인 야마다덴키. 전국 체인이 있을 정도로 일본을 대표하는 전자제품 판매점이다. 온라인 거래가 많아지면서 가격적인 메리트는 약해졌지만, 여전히 오프라인에서 직접 만져 보며 좋은 제품을 찾기 위한 사람들에게 인기다.

오키나와 특산품이 저렴한 복합 시설

코프 애플 타운점 コープあっぷるタウン店 [코–푸 압푸루타운텡]

주소 沖縄県那覇市おもろまち 3-3-1 **내비코드** 331 888 76*77 **시간** 10:00~24:00(상점마다 다름) **전화** 098-941-8020

사과 마크로 더 유명한 생활협동조합에서 운영하는 복합 상업 시설이다. 전국에서 직송된 식 재료와 오키나와 특산품을 저렴하게 판매하며, 식품점을 중심으로 건물 내부에는 카페, 레스 토랑이 있다. 이곳 타운점은 토이저러스와 붙어 있어 가족 단위 여행자들이 많이 찾는다.

🍴 스페셜 가이드 코프 애플 타운점 인기 맛집

야자에몽 やざえもん [야자에몽]

주소 沖縄県那覇市おもろまち 3-3-1 アップルタウン 2F **내비코드** 331 888 76*77 **가격** 120엔~(접시당) **시간** 11:00~22:00(평일) 11:00~22:00(토~일요일, 공휴일) **전화** 098-941-8080

코프 애플 타운점 2층에 위치한 스시 전문점 이다. 전국 13개 매장을 운영하는 브랜드 체 인으로, 이곳은 참치를 전문으로 한다. 일본 본토에서 직송한 참치와 도미 등을 이용한 가 게지만 본토보다는 약간 아쉬운 맛이다. 그 나마 오키나와에서 일본 스시다운 스시를 맛 볼 수 있다.

토이저러스 TOYSRUS [토이자라스]

주소 沖縄県那覇市おもろまち 3-3 **내비코드** 331 887 87*22 **시간** 10:00~22:00 **전화** 098-865-5566

코프 애플 타운점 1층에 있는 미국에 본사를 둔 장난감, 유아용품 전문 판매점. 착한 가격도 가격이지만 한 공간에서 아이들을 위한 다양한 제품을 만날 수 있고 무엇보다 이 지점은 베이비 전용 코너도 준비되어 있어 인기다. 국내에도 매장이 있지만 아이와 함께 방문하는 가족 여행자에게 인기 있는 스폿이다.

일본 글로벌 SPA 브랜드
유니클로 UNIQLO [유니크로]

주소 沖縄県那覇市天久 1-1-1 **내비코드** 332 180 64*58 **시간** 10:00~21:00 **전화** 098-860-9550

우리에게 너무 잘 알려진 글로벌 SPA 브랜드 유니클로(UNIQLO). 단일 브랜드 최초로 1조 매출을 달성할 정도로 편안하고 심플한 의류로 유명하다. 국내에도 매장이 있지만 국내 가격보다 저렴하고, 조금 다른 일본 스타일 의류가 있어 인기다.

스포츠 마니아를 위한 공간
스포츠 데포 SPORTS DEPO [스포-쯔 데포]

주소 沖縄県那覇市天久 1-2-1 **내비코드** 332 171 78*00 **시간** 10:00~21:00 **전화** 098-861-0460

1972년 나고야에서 시작된 알파인 그룹이 운영하는 스포츠 용품 전문 매장이다. 골프, 스키, 헬스, 야구 등 다양한 스포츠 용품을 판매하고 있다. 가격이 약간 비싸지만 스포츠 마니아에게는 천국 같은 곳이다.

수십 종의 이자카야 메뉴 전문점

부텐 舞天 [부텡] 🍴

주소 沖縄県那覇市おもろまち 4-11-1 **내비코드** 331 897 20*77 **시간** 18:00~다음 날 1:00 **가격** 1,000엔 ~(1인 예산) **전화** 098-861-7575

일본 전통 소바와 우동, 덮밥을 포함해 수십 종의 이자카야 메뉴를 판매하는 일식 전문점. 심플하면서도 일본 특유의 인테리어와 편안한 분위기 그리고 맛으로 직장인들 사이에서 괜찮은 가게라 소문이 나고 있다. 오모로마치점 외에도 국제 거리 골목 안쪽에 카이 본점回本店이 있으니 참고하자.

고급 승용차로 픽업 서비스가 가능한 식당

테이다 てぃーだ [티-다] 🍴

주소 沖縄県那覇市おもろまち 1-2-25 **내비코드** 331 885 23*55 **시간** 17:30~다음 날 1:00 **가격** 2,000엔 ~(1인 예산) **전화** 098-863-2774

현대적 심플한 인테리어에 전통 의상을 입은 직원들의 편안한 서비스를 자랑하는 류큐 & 카이세키 전문점. 식사보다는 술 한잔 즐기는 사람들이 더 많은 곳으로, 고급 승용차로 픽업 서비스도 지원한다. 가격대는 약간 비싼 편이다.

유기농 건강식을 자랑하는 가게

요시자키 식당 吉崎食堂 [요시자키 쇼쿠도-] 🍴

주소 沖縄県那覇市おもろまち 4-17-29 **내비코드** 331 885 37*00 **시간** 17:30~24:00(주문 마감 23:30) **가격** 1,000엔~(1인 예산) **전화** 098-869-8246

좋은 재료로 오키나와 향토 음식을 제공하는 가정 요리 & 이자카야. ㈜ Natural Kitchen 이 운영하는 가게로, 회사 이름처럼 특정 농가와 계약해 그곳에서 재배한 유기농 야채와 본 지역 특산품을 이용한 건강식을 자랑한다. 특히 오키나와의 3개 지점은 근해에서 잡은 생참치를 사용한다고 하니 참고하자.

일본 전통 주점

파이카지 ぱいかじ [파이카지]

🍽

주소 沖縄県那覇市おもろまち 4-8-26　**내비코드** 331 886 57*71　**시간** 17:00~다음 날 1:30　**가격** 1,200엔 ~(1인 예산)　**전화** 098-862-2397

오키나와 요리를 전문으로 하는 일본식 전통 주점이다. 나하 지역을 방문하는 연예인이 여럿 찾아올 정도로 편안한 분위기와 맛을 자랑한다. 류큐 전통 공연을 비롯해 민요를 들을 수 있어 더 인기다. 오키나와에만 6개 매장이 있고, 야외 테이블과 야외 공연이 열리는 이곳 본점이 가장 인기다. 가게 랭킹 1위 메뉴는 돼지고기 요리, 라후테ラフテー다.

프랑스를 옮긴 듯한 음식점

르 비스트로 몽마르트르 le Bistro Montmartre [르 비스토로 몽마르토르]

🍽

주소 沖縄県那覇市真嘉比 1-1-3 エリタージュK 1F　**내비코드** 331 893 02*55　**시간** 11:30~14:00(점심), 18:00~21:30(저녁), 21:00~24:00(와인 바)　**휴무** 매주 월요일　**가격** 1,000엔~(런치)　**전화** 098-885-2012

프랑스 파리에서 유학을 한 요리사가 운영하는 프랑스 요리 전문점이다. 저렴한 가격대인 런치 메뉴에 몽마르트르 수제 빵과 오늘의 생선 요리를 제공해 인기다. 런치 메뉴 외에도 가격 대비 꽤 괜찮은 프랑스 요리를 맛볼 수 있어서 인기다.

신선한 참치를 저렴하게 살 수 있는 곳

토마린 이유마치 수산 시장 泊港魚市場 [토마린 사카나이치바]

주소 沖縄県那覇市港町 1-1-18 **내비코드** 332 160 85*14 **위치 ①** 미에바시 역(美栄橋駅) 2번 출구에서 도보 25분 **②** 겐초기타구치(県庁北口) 버스 정류장에서 87번 버스 탑승 후 토마리타카하시(泊高橋) 정류장 하차 후 도보 10분 **③** 겐초마에 역(県庁前駅) 하차 후 도보 1분 뒤 팔레트쿠모지마에(パレットくもじ前) 버스 정류장에 서 11번 버스 탑승 후 토마리타카하시(泊高橋) 정류장 하차 후 도보 10분 **④** 슈리조미나미구치(首里城南口) 버스 정류장에서 7번 버스 탑승 후 토마리타카하시(泊高橋) 정류장 하차 후 도보 10분 **시간** 6:00~18:00(오전 장 사만 하는 곳이 많음) **홈페이지** www.tomariiyumachi.com **전화** 098-868-1096

오키나와 방언으로 물고기를 뜻하는 '이유いゆ'와 거리를 뜻하는 '마치まち'를 합쳐 '이유마치'라 불리는 이곳은, 나하 시내에서 접근이 편리한 토마리 항那覇·泊港에 있는 수산 시장이다. 오키나와 선어 도매 유통 협동조합에서 운영하며, 규모는 그리 크진 않지만 매일 들어오는 참치를 포함해 다양한 어종을 도·소매로 판매한다. 이곳을 찾는 가장 큰 이유는 참치와 저렴한 가격대의 음식. 이른 아침엔 참치 해체 모습과 신선한 해산물을 맛볼 수 있다. 마지막으로 최근 몰려드는 중국 관광객으로 단체 차량이 방문하는 점심 시간과 오후 시간은 피하는 것이 현명하다.

나하 국제공항

미에바시 역
美栄橋駅

겐초마에 역
県庁前駅

아사히바시 역
旭橋駅

나하 국제공항_국제선 청사 ✈

나항 국제공항_국내선청사_버스 정류장
나항 국제공항_국내선청자_LCC버스 정류장

쓰보가와 역
壺川駅

나하 국제공항_국내선 청사 ✈ 나하공항 역 那覇空港駅

오도야마 공원 역
奥武山公園駅

이온 몰
イオン那覇店 Ⓢ

오로쿠 역
小禄駅

아키미네 역
赤嶺駅

우미카지 테라스 행
무료 셔틀 타는 곳

신마치이리구치
버스 정류장

구시영업소
버스 정류장

우미카지 테라스 ♨
ウミカジテラス

세나가 섬
瀬長島

아시비나ー
あしびなー

OTS 렌터카 🚗 Ⓢ

카라카라
カラカラ

토요사키 해변
豊崎海浜

아시비나 앞
버스 정류장

마루미쓰 빙수점
MARUMITSU ZENZAI

요시모토 식당
よしもと食堂

나하 국제공항 BEST COURSE

커플족을 위한 코스
커플족을 위한 공항 근처 바다 및 데이트 장소를 돌아보는 코스

 차량 20분 ··· 차량 5분 ··· 도보 2분 ···

나하　　　　세나가 섬　　　　우미카지 테라스　　　티타임

나하　　　　토요사키 해변　　　카라카라　　　아시비나
　　　　　　　　　　　　　　　　(식사)　　　　아웃렛 몰

··· 차량 30분　　··· 차량 5분　　··· 도보 3분　　··· 차량 10분

가족 여행을 위한 코스
이동 거리를 최소화하여 인기 쇼핑몰과 명소를 둘러보는 코스

  차량 10분 ··· 차량 20분 ··· 차량 10분 ···

나하　　　　이온 몰　　　　아시비나 아웃렛 몰　　　세나가 섬

숙소　　　　나하　　　　식사　　　　우미카지 테라스

  ··· 차량 20분　 ··· 도보 3분　 ··· 차량 5분

일몰 – 데이트 코스
세나가 섬 瀬長島 [세나가지마]

주소 沖縄県豊見城市豊見城瀬長 173 **내비코드** 330 026 12*82 **위치 ①** 아키미네 역(赤嶺駅) 남쪽 출구에서 직진으로 도보 5분 후 신마치이리구치(新町入口) 버스 정류장에서 9번 버스 탑승 뒤 구시에이교우쇼(具志営業所) 정류장 하차 후 도보 15분 **②** 아키미네 역(赤嶺駅) 남쪽 출구에서 역 버스 터미널에서 우미카지 테라스(ウミカジテラス)행 무료 셔틀 버스 탑승 **③** 겐초마에 역(県庁前駅)에서 도보 3분 후 류킨본덴마에(琉銀本店前) 정류장 또는 나하 시내 버스 정류장에서 9번 버스 탑승 후 구시에이교우쇼(具志営業所) 정류장 하차 후 도보 15분

나하 국제공항과 가장 인접한 섬이다. 과거에는 사람이 살았지만, 섬 전체에 미군 시설이 들어오면서 무인도로 바뀌었다. 그 후 1997년 오키나와 섬이 일본에 반환되면서 관광 명소로 탈바꿈되었는데 이유는, 접근이 용이한 위치와 섬이 가진 아름다운 자연경관 때문이었다. 미군이 건설한 해중도로는 차로 접근하기 편하고, 무엇보다 일몰이 아름다워 커플족에게 인기였다. 머리 위로 이착륙하는 비행기도 이 섬에서 볼 수 있는 풍경 중 하나다.

유럽 분위기를 느낄 수 있는 곳
우미카지 테라스 ウミカジテラス [우미카지테라스]

주소 沖縄県豊見城市瀬長 174 番地 6 **내비코드** 330 026 05*06 **위치 ①** 아키미네 역(赤嶺駅) 남쪽 출구에서 직진으로 도보 5분 후 신마치이리구치(新町入口) 버스 정류장에서 9번 버스 탑승 뒤 구시에이교우쇼(具志営業所) 정류장 하차 후 도보 22분 **②** 아키미네 역(赤嶺駅) 남쪽 출구에서 역 버스 터미널에서 우미카지 테라스(ウミカジテラス)행 무료 셔틀 버스 탑승 **③** 겐초마에 역(県庁前駅)에서 도보 3분 후 류킨본덴마에(琉銀本店前) 버스 정류장 또는 나하 시내 버스 정류장에서 9번 버스 탑승 후 구시에이교우쇼(具志営業所) 정류장 하차 후 도보 15분 **④** 겐초마에 역(県庁前駅)에서 도보 1분 후 팔레트쿠모지(パレットくもじ)에서 무료 셔틀 버스 탑승(19시 이후 운행은 홈페이지 확인 필수) **시간** 10:00~21:00 **홈페이지** www.umikajiterrace.com **전화** 098-851-7446

세나가 섬에서 아름다운 일몰을 볼 수 있는 곳에 세워진 복합 공간이다. 남부 이탈리아 마을을 본 떠 만든 층계식 형태로, 그림 같은 건물들에 레스토랑, 쇼핑, 마사지 숍 등 약 31개 점포가 모여 있다. 눈앞에 펼쳐진 건물 풍경이 유럽 분위기를 느낄 수 있게 꾸며져 있다. 일몰 장소로 알려지면서 많은 여행자가 방문해 다소 분주하지만 운이 좋으면 야

외 테라스에서 차를 마시며 그림 같은 풍경을 한가로이 즐길 수 있다. 가장 가까운 모노레일 아키미네 역赤嶺駅에서 상시 운행하는 셔틀 버스와 저녁 시간에만 운영하는 국제거리 근처 팔레트쿠모지パレットくもじ행 무료 셔틀 버스가 운행하니 참고하자. 대신 셔틀 운행 시간이 자주 바뀌니 출발 전 홈페이지를 통해 꼭 확인하자.

일본 브랜드를 총망라한 아웃렛
이온 몰 _나하점 イオン 那覇店 [이온 나하텡]

주소 沖縄県那覇市金城 5-10-2 **내비코드** 330 951 53*71 **위치** 오로쿠 역(小禄駅)에서 바로 연결 **시간**
7:00~24:00(식품), 10:00~24:00(의류) **홈페이지** www.aeon-ryukyu.jp **전화** 098-852-1515

나하 시내를 대표하는 대형 쇼핑몰이다. 일
본 전국은 물론 오키나와에만 5개 지점이 있
을 정도로 일본을 방문하는 여행자라면 한
번쯤 들르는 종합 쇼핑센터. 나하 국제공
항과 인접해 오키나와 여행의 시작 또는 마
지막에 한 번쯤 들르는 이온 몰 나하점은 모

노레일 역과 바로 연결되어 접근성이 좋고,
총 7층 규모로 일본 본토에서 만날 수 있는
대부분의 브랜드가 있다. 택스 리펀도 가능
해 여권 지참은 필수다. 규모가 커서 한가로
이 쇼핑을 즐기고 싶은 사람에게 적합하다.

해수욕과 해양 스포츠를 동시에
토요사키 해변 豊崎海浜 [토요사키카이힝]

주소 沖縄県豊見城市字豊崎 5-1 **내비코드** 232 542 051*60 **위치** 나하 버스 터미널(那覇バスターミナル)
에서 55, 56, 88, 98번 버스 탑승 후 미치노에키토요사키(道の駅豊崎駅) 정류장 하차 **홈페이지** churasun-
beach.com **전화** 098-850-1139

아웃렛 몰 아시비나アウトレットモールあしび
なー와 가장 가까운 거리에 있는 아름다운 해
변. 나하 지역에서 멀지 않은 비치 중 해수욕
과 해양 레포츠를 즐길 수 있는 비치다. 가족
단위 여행자는 물론 해수욕을 즐기러 찾는
사람들을 위해 간이 샤워장과 코인 로커, 바
비큐 시설(예약제)까지 갖추어져 있다. 나하
지역에서 긴 이동 없이 하얀 모래가 가득한
넓은 공간을 자랑하는 토요사키 해변에서 여
름 바다를 즐기러 방문해 보자. 참고로 해수
욕이 본격적으로 시작되는 6~9월 기간 외에
는 시설 대부분이 문을 닫아 썰렁할 수 있으
니 참고하자.

오키나와를 대표하는 프리미엄 아웃렛 몰

아시비나 あしびなー [아시비나]

주소 沖縄県豊見城市豊崎 1-188 **내비코드** 232 544 541*17 **위치** ❶ 나하 국제공항 국내선 4번 버스 정류장에서 95번 버스 직행 ❷ 오노야마코엔 역(奥武山公園駅)에서 105번 버스 탑승 후 아우토렛토모루아시비나마에(アウトレットモールあしびなー前) 정류장 하차 ❸ 나하 버스 터미널(那覇バスターミナル)에서 55, 56, 88, 98번 버스 탑승 후 아우토렛토모루아시비나마에(アウトレットモールあしびなー前) 정류장 하차 **시간** 10:00~20:00 **홈페이지** www.ashibinaa.com **전화** 098-891-6000

나하 국제공항에서 10분 거리에 있는 대형 아웃렛 몰이다. 오키나와 방언으로 '사람들이 모여 노는 정원'이라는 뜻의 아시비나는 바다 바로 옆 넓은 부지에 조성되어 있다. 오키나와를 대표하는 프리미엄 아웃렛 몰로, 일본 브랜드는 물론 글로벌 브랜드 제품을 만날 수 있다. 크기와 명성에 걸맞게 다채로운 이벤트와 1년 상시 행사가 진행되어 여행자는 물론 현지인들도 즐겨 찾는 오키나와 대표 쇼핑 스폿이다.

★ 보너스 플랜 –시내 현지인 추천 식당

카라카라 カラカラ [카라카라]

주소 沖縄県豊見城市豊崎 1-1193 **내비코드** 232 544 517*00 **시간** 11:00~17:00(런치), 17:00~22:30(디너: 주문 마감 21:30) **가격** 런치: 1,463엔, 722엔(초등학생), 500엔(유아), 무료(3세 이하)/ 디너: 1,759엔(성인), 907엔(초등학생), 600엔(유아), 무료(3세 이하) **홈페이지** karakara-okinawa.com **전화** 098-840-2280

오키나와 아웃렛몰 아시비나沖縄アウトレットモールあしびなー 근처에 위치한 야채 뷔페. 오키나와에서 재배되는 야채와 과일을 중심으로 오키나와 향토 음식을 포함해 약 80종의 음식을 제공한다. 더 마음에 드는 건 가격이다. 런치는 1,463엔(세금 별도), 디너는 1,759엔(세금 별도)으로 다양한 향토 음식을 맛볼 수 있다.

마루미쓰 빙수점 MARUMITSU ZENZAI [마루미츠 젠자이]

주소 沖縄県糸満市糸満 967-29 **내비코드** 232 455 045*77 **시간** 11:00~18:00 **가격** 250엔~ **전화** 098-995-0305

1960년에 오픈한 오랜 역사를 가진 디저트 가게. 20시간 이상 직접 만든 팥을 이용한 냉단팥죽을 비롯해 수북하게 쌓인 눈꽃 얼음에 과일 소스를 부은 빙수와 오키나와 소바 & 타코라이스까지 다양한 메뉴를 선보인다. 인기 메뉴는 넘칠 정도로 가득 쌓아 올린 눈꽃 얼음에 과일로 얼굴을 만들어 놓은 각종 빙수. 달지 않은 팥과 어울려 맛도 최고다.

요시모토 식당 よしもと 食堂 [요시모토 쇼쿠도-]

주소 沖縄県糸満市照屋 756 **내비코드** 232 457 340*30 **시간** 11:00~15:00(점심), 18:00~22:30(저녁: 주문마감 20:30) **휴무** 매주 월요일 **가격** 650엔~ **전화** 098-992-0990

2011년에 오픈한 오키나와 가정식 요리 전문점. 가게인가 싶을 정도로 규모는 작지만, 엄마가 손수 해 주는 건강 가정식을 맛볼 수 있어 현지인들에게 인기다. 직접 재배한 야채와 현지 농산물을 이용해 건강한 음식을 제공한다. 자리가 많지 않아 주방이 훤히 보이는 테이블이나 좁은 다다미방을 이용해야 하고, 운이 나쁘면 1시간 정도 기다려야 한다.

OKINAWA

북부 지역

那覇

오키나와 여행의 필수 코스

오키나와 본섬의 대표 여행지이자 대자연을 만끽할 수 있는 지역이 북부다. 아열대기후로 오키나와 본섬에서 아름다운 경치와 해안, 자연림을 만날 수 있기로 유명한 곳이 많기 때문이다. 북부 지역은 모든 여행객이 방문하는 대표 스폿 추라우미 수족관을 시작으로 걷기 좋은 산책로 비세 마을 후쿠기 가로수길備瀬のフクギ並木通り이 있는 모토부 반도와 오랜 세월 자연 그대로의 모습으로 성장한 아열대 산림을 만날 수 있는 얀바루 지역, 마지막으로 나고 파인애플 파크ナゴパイナップルパーク와 오리온 해피 파크オリオンハッピーパーク, 오키나와 후르츠 랜드OKINAWAフルーツらんど 등 지역 특색을 살린 테마파크와 맛집이 즐비한 나고 지역이 있다. 다른 지역과 달리 이동 거리가 제법 되다 보니 장거리 이동 구간 곳곳에 숨겨진 맛집과 카페에서 쉬어 가면서 여행해 보자.

*오키나와 정식 지역 구별은 북부 지역에 남부와 연결되는 온나 지역이 포함된다. 그러나 이 책에서는 여행자의 이동 동선을 고려해 온나 지역은 중부 지역으로 포함했다.

교통편

나하 국제공항에서 1시간 이상 이동하는 북부 지역은 관광 명소가 늘면서 대중교통이 늘었지만, 주요 스폿을 제외하고는 대중교통을 통해 돌아보기엔 어려움이 있다. 북부 지역 여러 곳을 돌아볼 계획이라면 렌터카를 추천한다.

❶ 공항
국제선 청사에서 나와 오른쪽으로 도보 3분 → 국내선 청사 1층 공항리무진 E 노선 탑승(주요 정차 역: 나고 버스 터미널-호텔 리조넥스 나고-마하이나 웰니스 리조트-해양박 공원-로와지르 호텔-오리온 모토부 리조트/ 소요 시간: 1시간~1시간 30분 이내)

❷ 버스
나하 버스 터미널 및 시내에서 테마파크가 모여 있는 나고 시 버스 터미널행 버스(20, 77, 111, 120번)와 해양박 공원행 버스(얀바루 급행 버스)가 운행 중이다. 여러 정차 역을 들르는 만큼 나고 시까지 이동 시간은 약 2시간이며, 급행 버스도 추라우미 수족관이 있는 해양박 공원까지 2시간 정도 소요된다. 나고 시 버스 터미널을 중심으로 나고 시 테마파크와 해양박 공원, 비세 마을 후쿠기 가로수길에 정차하는 70, 76번 버스 노선과 해안가를 따라 달리는 65, 66번 버스 노선이 있으니 참고하고. 얀바루 지역은 나고 시 버스 터미널-헨토나 버스 터미널을 경유해 지역 버스를 이용해야 한다.

동선 TIP

이동 거리는 짧지만 교통 체증 등으로 이동 시간이 제법 걸리니 많은 스폿을 방문할 계획이라면 이른 아침부터 출발하거나, 중부 또는 북부 지역에 숙소를 1박 정도 이용해 일정을 계획하길 추천한다. 렌터카 여행자라면 하루 정도면 북부 지역 전체를 돌아볼 수 있지만 북서쪽인 모토부 반도 지역과 북동쪽인 얀바루 지역은 지역별 특색이 뚜렷하니 한 개 지역을 선택해 집중적으로 돌아보는 일정을 추천한다.

여행동선 대중교통을 이용하는 여행자라면 이동 시간이 길고 배차 시간이 긴 만큼 미리 방문할 스폿을 결정하고 교통 정보를 수집해 출발하자. 가장 인기 코스인 모토부 지역의 경우 이른 아침에 출발해 나고 시 버스 터미널을 시작으로 테마파크 1곳 ➡ 해양박 공원 ➡ 비세 마을 후쿠기 가로수길 또는 비치 ➡ 얀바루 급행 버스 ➡ 복귀 일정으로 계획하면 된다.

이에촌

민나 섬

모토부 지역

비세자키 備瀬崎
비세 마을 후쿠기 가로수길
備瀬のフクギ並木通り
울트라 블루 ULTRA BLUE
챵야 ちゃんや
카페 차하야브란 cafe CAHAYA BULAN
자전거 대여점
후쿠기야 フクギ屋

와루미 절벽
備瀬のワルミ

파파
Papara

에메랄드 비치
エメラルドビーチ

호텔 오리온 모토부
리조트 & 스파
Hotel Orion Motobu
Resort and Spa

이노
イノー

빈티지 센츄리온 리조트
오키나와 추라우미
VINTIGE CENTRION RESORT
Okinawa Churaumi

오키짱 극장 オキちゃん劇場
해양박 공원 & 추라우미 수족관
海洋博公園 & 沖縄美ら海水族館
오키나와 향토 마을 및 오모로 수목원
おきなわ郷土村 おもろ植物園

열대 드림 센터
熱帯ドリームセンター
파파야 ぱぱいや

카이로 海路

센단 SENDAN

모토부 우체국

마하히나 웰니스

추라우미 빌리지
美ら海ビレッジ

마린 피아자 리조트

스테이크 하우스 88
ステーキハウス 88

花人逢 카진호우
아열대 찻집
亜熱帯茶屋

포레스트 힐스 오브 얀바루
Forest Hills of Yanbaru

키시모토 식당
きしもと食堂

토구치 항 渡久地港
(민나 섬 배)

V21 모토부 슈퍼마켓
Sanei V21

모토부 노게 병원
카이센테이
海鮮亭

타운 플라자
Town Plaza

모토부 경찰서

안치비치
アンチ浜

세소코 비치
瀬底ビーチ

후 카페
Fuu Cafe

세소코 섬
瀬底島

키노가와
紀乃川

세븐 빌리지 모토부
SEVEN VILLAGE Motobu

모토부 항
이에촌 선박 본부

모토부 항 버스 정류장

1

벨 비치 골프 클럽
Bell Beach Golf Club

토토라베베 햄버거
ToTo la Bebe Hamburger

↟나키진비치 長浜ビーチ

쿠

나키진 성터
今帰仁城跡

카페 코쿠
カフェ こくう

사쿠라노모리 공원
八重岳桜の森公園

이즈미가모리
ログ喫茶・ペンショ
ンいずみが森

야치문킷사시사엔
やちむん喫茶シーサー園

야에다케 베이커리
八重岳ベーカリー

야에산

모토부 BEST COURSE

대중교통을 이용한 코스
북부 지역의 알짜 여행을 최소한의 동선으로 둘러보는 코스

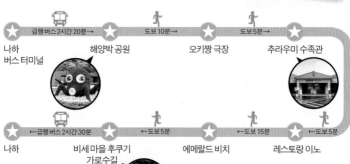

나하 버스 터미널 — 급행 버스 2시간 20분··· → 해양박 공원 — 도보 10분··· → 오키짱 극장 — 도보 5분··· → 추라우미 수족관

나하 ← ···급행 버스 2시간 30분 — 비세 마을 후쿠기 가로수길 ← ···도보 5분 — 에메랄드 비치 ← ···도보 15분 — 레스토랑 이노 ← ···도보 5분 —

렌터카를 이용한 코스
자동차를 타고 여유롭게 드라이브를 즐기며 둘러볼 수 있는 코스

나하 — 차량 70분··· → 교다 휴게소 — 차량 40분··· → 비세 마을 후쿠기 가로수길 — 도보 8분··· → 창야 (식사)

나하 ← ···차량 1시간 40분 — 추라우미 수족관 ← ···도보 5분 — 오키짱 극장 ← ···도보 10분 — 해양박 공원 ← ···차량 5분 —

북부 여행의 출발점은 휴게소?

교다 휴게소 道の駅 許田 [미치노에키 쿄다]

주소 沖縄県名護市許田 17-1 **내비코드** 206 476 705*16 **위치** 나하 버스 터미널(那覇バスターミナル)에서 43번 차탄행 버스 탑승 후 약 30분 뒤 마시키(真志喜) 정류장 하차 후 나고 버스 터미널(名護バスターミナル行)에서 120번 버스 환승 뒤 약 90분 후 쿄다(許田) 정류장 하차 후 도보 15분 **시간** 9:00~19:00 **홈페이지** www.yanbaru-b.co.jp **전화** 098-054-0880

고속도로를 이용해 오키나와 북부 모토부 지역으로 가는 길에서 만나게 되는 휴게소. 이 휴게소가 유명해진 건 교다 IC에서 모토부 지역으로 가는 길에 위치한 지리적 영향도 있지만, 휴게소 내부에서 각종 할인권을 판매하는 상점과 어느 방송 프로그램에서 아이스크림 분야 1위로 뽑힌 옵빠 아이스크림을 팔고 있어서다. 특히 입장권의 경우 온라인 또는 다른 지점에서 더 저렴하게 미리 구매했다면 패스해도 무관하지만, 최소 10% 이상 할인된 가격으로 살 수 있어 알뜰 여행자라면 꼭 들러야 할 북부 여행의 출발점이다.

안 가면 후회하는 오키나와 대표 명소

해양박 공원 & 추라우미 수족관

海洋博公園 & 沖縄美ら海水族館 [카이요-하구코-엔 & 추라우미 스이조쿠캉]

주소 沖縄県国頭郡本部町石川 424 **내비코드** 553 075 768*42 **위치 ❶** 나하 국제공항 국내선 버스 터미널에서 얀바루 급행 버스(やんばる急行バス) 탑승 후 약 2시간 20분 뒤 하차 **❷** 나하 버스 터미널(那覇バスターミナル)에서 111번 버스 탑승 후 약 90분 뒤 나고시야쿠쇼마에(名護市役所前) 정류장 하차 후 65번 버스 환승 뒤 약 50분 후 이시카와이리구치(石川入口) 정류장 하차 후 도보 3분 **시간** 8:30~20:00(3~9월), 8:30~18:30(10~2월) **요금** 1,850엔(성인), 1,230엔(고등학생), 610엔(초·중학생), 무료(6세 미만) **홈페이지** oki-park.jp.k.ms.hp.transer.com **전화** 0980-48-3748

오키나와를 대표하는 명소 중 BEST 1위. 남녀노소 불문하고 오키나와 여행 필수 스폿으로 이야기될 정도로 아름다운 바다를 배경으로 한 넓은 규모의 공원이다. 쇼와 50년(1975년) 오키나와에서 개최된 해양박람회를 기념해 설치된 국영 공원으로, 규모로는 일본에서 최대인 추라우미 수족관

과 그림 같은 배경으로 돌고래 공연을 무료로 볼 수 있는 오키짱 극장, 오키나와 향토 마을과 에메랄드 비치까지 오키나와를 즐길 수 있는 인기 스폿이 가득하다. 반나절 일정으로도 다 돌아보기 힘들 정도의 규모며 공원 내부에서 유료 차량이 상시 운행하고 있으니 참고해서 일정을 계획하자.

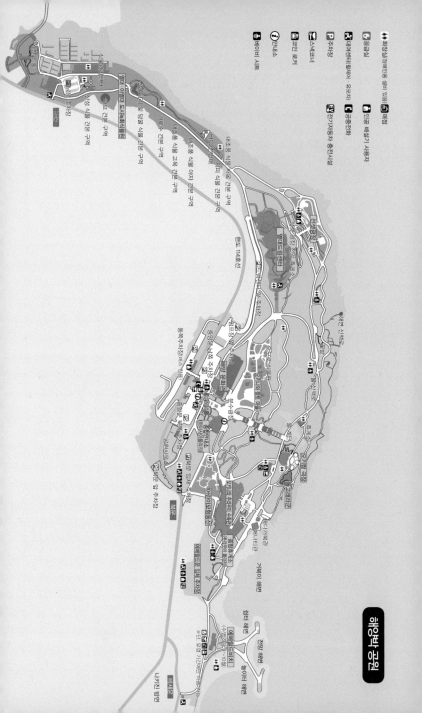

해양박 공원

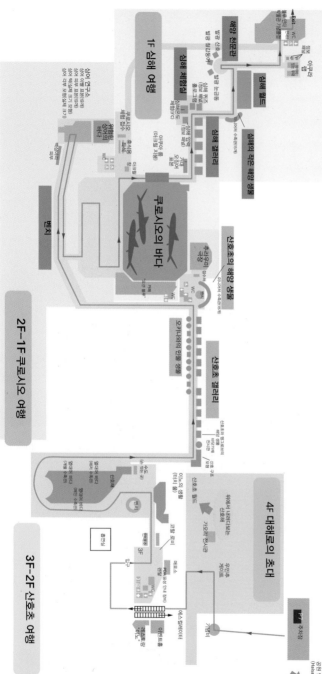

오키짱 극장 オキちゃん劇場 [오키짱 게키죠-]

시간 돌고래 쇼(4월~9월/ 20분) 11:00, 13:00, 14:30, 16:00. 17:30/ 다이버 쇼(15분) 11:50, 13:50, 15:30
휴무 12월 첫째 주 수요일과 목요일

해양박 공원을 대표하는 돌고래 공연장. 아름
다운 바다를 배경으로 조성한 공연장에 놀라
고, 즐겁고 재미있는 공연이 무료라는 사실에
또 한 번 놀라게 되는 필수 방문 스폿이다. 매
일 4회(4월~9월-5회) 열리는 돌고래 쇼는 놓
쳐서는 안 될 볼거리다. 오키짱 극장 근처에
서는 돌고래 관찰, 체험 프로그램이 수시로
열리니 참여해 보자.

오키나와 향토 마을 & 오모로 수목원

おきなわ 郷土村 おもろ 植物園 [오키나와 쿄-도무라 & 오모로 쇼쿠부쯔깡]

시간 8:30~19:00(3월~9월; 입장 마감 18:30), 8:30~17:30(10월~2월; 입장 마감 17:00) **휴무** 12월 첫째 주 수
요일과 목요일

류큐 왕국 17~19세기 무렵 오키나와 촌락을
재현해 놓은 마을이다. 무료 관람 시설로 옛
전통 가옥 건축양식을 그대로 이용해, 집은
물론 배수로, 우물 등 실제 사람이 살 것 같은
마을을 만들어 놓았다. 향토 마을에서는 모토
부 지역에 거주하는 아주머니들이 악기와 전
통 춤을 직접 체험하는 프로그램을 무료로 진

행한다. 아이와 함께한 여행자라면 참여해 보
자. 선착순 접수이니 참고하자.

열대 드림 센터 熱帯ドリームセンター [넷타이 도리-무 센타-]

시간 8:30~19:00(3월~9월; 입장 마감 18:30), 8:30~17:30(10월~2월; 입장 마감 17:00) **휴무** 12월 첫째 주 수
요일과 목요일(정비로 임시 폐관. 재오픈 일 미정) **요금** 760엔(고등학생 이상), 무료(고등학생 미만)

약 2만 평 규모의 식물원이
다. 넓은 규모의 식물원에서
약 400종이 넘는 아열대 식
물이 실제로 재배되고 있다
는 것이 인상적이다. 공원처
럼 조성해 마치 열대우림을 걷는 느낌을 받는
공간이 여럿 있으며, 푸른 잔디에서 즐기는 짧
은 골프 코스와 식물을 이용한 다양한 체험이
무료다. 그밖에 체험 학습장과 아이들을 위한

다양한 프로그램이 운영되고 있어서 가족 단
위 여행자에게 인기다.

에메랄드 비치 エメラルドビーチ [에메라루도 비-치]

주소 沖縄県国頭郡本部町 **내비코드** 553 105 407*06 **수영 기간** 4월 1일~10월 31일 **운영 기간** 8:30~19:00(4월 1일~9월 30일), 8:30~17:30(10월 1일~10월 31일) **가격** 1,030엔(3점 세트-파라솔 1, 베드 2), 515엔(단품-파라솔, 베드), 1,030엔(튜브 大), 515엔(튜브 小), 515엔(구명조끼-140cm~150cm) **전화** 0980-48-2741

해양박 공원과 연결된 비치. 이름 그대로 에메랄드 빛 바다를 볼 수 있다. 수질 분야에서 AA등급을 받아 오키나와 비치 중에서도 물놀이 즐기기에 좋은 비치로 알려져 있다. 한 가지 특이한 것은 모래사장이 여자 수영복을 입은 형태로 되어 있어, 입구를 중심으로 왼쪽은 쉼터 해변, 정면은 전망 해변, 오른쪽은 놀이터 해변으로 구성해 놓았다. 중심에 있는 비치 하우스에서는 코인 로커(100엔)와 샤워실(무료)도 준비되어 있다. 비치 주변에 자연

을 느끼며 산책을 즐길 수 있는 해안 산책길도 좋다.

이노 イノー [이노-]

주소 沖縄県国頭郡本部町石川 424 **내비코드** 553 075 797*77 **시간** 9:00~11:00(모닝 단품; 주문 마감 10:30)/ 11:30~15:30(런치; 10월~2월), 15:30~17:30(디너; 10월~2월)/ 11:30~16:00(런치; 3월~9월), 16:00~19:00(디너; 3월~9월) **가격** 런치: 1,512엔(성인), 885엔(초등학생 이상), 597엔(3~5세), 1,183엔(65세 이상) **전화** 0980-48-2745

추라우미 수족관 건물 4층에 위치한 레스토랑이다. 근처 식당이 많지 않아 선택의 폭이 많지 않은 이곳에서 고맙게도 런치 뷔페를 운영해 많은 사람이 이용하는 식당이다. 에메랄

드 비치를 바라보며 즐길 수 있는 오션 뷰도 이노 레스토랑만의 매력이라면 매력. 뷔페에는 오키나와풍 각종 메뉴와 음료, 아이스크림 등 디저트도 구성되어 있다.

스테이크 하우스 88 _추라우미점

ステーキハウス８８美ら海店 [스테-키하우스 하치쥬하치 추라우미텡]

주소 沖縄県国頭郡本部町浦崎 278-3 **내비코드** 553 017 604*63 **시간** 11:00~22:00(7월~9월; 주문 마감 22:00), 11:00~21:00(10월~6월; 주문 마감 21:00) **가격** 700엔~ **전화** 0980-51-7588

해양박 공원에서 자동차로 5분 거리의 주택 가에 자리 잡은 스테이크 전문점. 나하 국제 거리에서도 맛볼 수 있는 35년 역사를 가진 스테이크 전문점이다. 값싼 수입산 소고기를 이용한 미국식 스테이크 외에도 오키나와, 이시가기 등 비싼 소고기를 이용한 각종 요리와 향토 요리도 판매한다.

카이로 海路 [카이로-]

주소 沖縄県本部町字山川 1056-1 **내비코드** 553 045 677*66 **시간** 11:30~21:00 **휴무** 매주 화요일 **가격** 600엔~ **전화** 0980-48-2707

해양박 공원에서 자동차로 3분 거리에 있는 레스토랑. 카레, 돈가스, 오키나와 소바 등 다양한 음식을 판매한다. 해양박 공원과 연결된 도로 바로 옆, 눈에 띄는 2층 건물로, 2층 테이블에서는 바다를 보며 느긋하게 식사를 즐길 수 있다. 추천 메뉴는 카레와 타코 라이스. 가격도 만족스러운 수준이다.

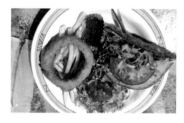

카진호우 花人逢 [카진호-]

주소 沖縄県国頭郡本部町山里 1153-2 **내비코드** 206 888 669*22 **시간** 11:30~19:00(주문 마감 18:30) **휴무** 화~수요일 **가격** 1,100엔(피자小), 2,200엔(피자大), 200엔~(음료) **전화** 0980-47-5537

바다가 보이는 언덕에 오키나와 민가를 이용한 카페 & 피자 전문점. 넓은 마당이 있는 부지에 탁 트인 전망 그리고 기대 이상의 피자 맛에 감탄사를 연발하게 하는 가게 중 하나다. 인기 메뉴는 역시 피자. 오키나와 얀바루 지역에서 나오는 샘물을 이용해 만든다는 주인장의 원칙만으로도 기대 이상의 피자 맛을 즐길 수 있다.

키시모토 식당 きしもと食堂 [키시모토 쇼쿠도-]

주소 沖縄県国頭郡本部町渡久地 5 **내비코드** 206 857 711*74 **시간** 11:00~17:30(매진되면 마감) **휴무** 매주 수요일 **가격** 500엔~ **전화** 0980-47-2887

매일 대기 줄이 생길 정도로 오키나와 북부 지역에서 인기인 소바 전문점. 해안가 마을 한쪽에 위치한 허름한 가게지만 명성답게 벽 한쪽에는 다녀간 유명인들의 사인과 사진이 가득하다. 100년 이상의 역사와 전통을 가진 식당으로, 다른 전통 소바에 비해 육수와 면 발이 한국인 입맛에도 잘 맞는다.

아열대 찻집 亜熱帯茶屋 [아넷타이차야]

주소 沖縄県国頭郡本部町野原 60 **내비코드** 206 888 578*58 **시간** 11:00~18:00 **휴무** 매주 일요일 **가격** 480 엔~ **전화** 0980-47-5360

북부 지역에서 전망과 분위기가 가장 좋기로 유 명한 카페. 언덕 위 피자 집으로 유명한 카진 호우와 가까운 거리에 있으며, 카페 주차장을 지나 아기자기한 인테리어가 돋보이는 가게 내 부를 통과해 안쪽 정원으로 나가면 그림 같은 자연 풍경이 펼쳐진다. 가장 인기 좌석은 해먹 이 걸려 있는 야외 정자 테이블이다. 정자 외에 도 아름다운 바다 풍경을 보며 차를 즐길 수 있 는 파라솔 테이블이 있다.

힐링이란 단어가 어울리는 곳
비세 마을 후쿠기 가로수길
備瀬のフクギ並木通り [비세노 후쿠기 나미키도오리]

주소 沖縄県国頭郡本部町備瀬 626 **내비코드** 553 105 654*77 **위치** 나하 버스 터미널(那覇バスターミナル)에서 111번 버스 탑승 후 약 90분 뒤 나고시야쿠쇼마에(名護市役所前) 정류장 하차 후 65번 버스 환승 뒤 약 50분 후 비세이리구치(備瀬入口) 정류장 하차 후 도보 5분 **시간** 9:00~18:00(4~9월), 9:00~17:00(10~3월) **홈페이지** www.fukugi-namiki.com **전화** 0980-48-2584

오키나와 북부 지역에서 아름다운 산책로로 손꼽히는 가로수길이다. 해양박 공원 에메랄드 비치와 바로 연결돼 북쪽으로 이어지는 약 1km 거리다. 비세 마을 입구에서부터 열대어 포인트로 유명한 비세자키(備瀬崎)까지 녹색 터널이 우거진 아름다운 길이 조성되어 있다. 류큐 왕국 때부터 오키나와 전체에 심은 후쿠기(Fukugi) 나무 약 1,000그루가 울창한 숲을 이루고 있어 '힐링'이라는 단어가 어울리는 곳이다. 바둑판 모양으로 생긴 소박한 어촌, 비세 마을에는 약 250가구가 거주하는데, 일부 민가에서는 민숙, 식당, 카페, 자전거 대여점 등 여행자를 위한 가게를 운영하고 있다. 후쿠기 가로수길을 지나 만나는 천연 해변도 놓칠 수 없는 볼거리다. 수질이 좋기로 유명한 해안으로 북쪽 열대어 포인트에서는 스노클링도 즐길 수 있으니 수영복과 장비는 필수다. 최근 몰려드는 여행자로 오후 시간에는 붐비니 이른 오전이나 늦은 오후 시간에 들르길 추천하며, 가로수길에는 민가도 여럿 있으니 주의하자.

비세 마을의
녹색 터널 속으로

자전거 대여점

비세 마을 주차장 근처의 자전거 대여점. 걸어서 돌아보는 것도 좋지만, 약 1시간 정도 소요되는 거리인 만큼 조금 편안하게 구석구석 돌아보고 싶은 여행자라면 자전거 대여를 추천한다.

주소 沖縄県国頭郡本部町備瀬 411 **내비코드** 553 105 653*63 **시간** 9:00~18:00(4월~9월), 9:00~17:00(10월 ~3월) **가격** 일반: 300엔(1시간), 500엔(2시간) / 전동: 600엔(1시간), 1,000엔(2시간) **전화** 0980-48-2584

비세자키 備瀬崎 [비세자키]

모토부 지역에서 최북단인 비세자키備瀬崎는 열대어를 볼 수 있는 포인트로도 유명한 자연 그대로의 해변이다. 희귀한 암석과 투명한 바다 그리고 그 속엔 작은 열대어가 살고 있어 스노클링을 즐기는 사람들 사이에서 유명하다. 특히 다른 해변과는 달리 투어보다는 개인 장비를 챙겨 와 즐기는 사람이 많다. 단, 조수간만의 차가 제법 있으니 주의하자. 또한 모래가 아닌 암석이 주를 이루니 아쿠아 슈즈는 필수다. 비세자키 근처 마을에 샤워 시설을 갖추고 장비와 슈트를 대여해 주는 곳도 있으니 참고하자.

위치 비세 마을 입구에서 가로수길이 있는 북쪽으로 직진(비세 마을 가장 북쪽 끝)

와루미 절벽 備瀬のワルミ [비세노 와루미]

비세 마을에서 자동차로 10분 거리에 있는 시크릿 공간. 일본 잡지에서 아름다운 곳으로 여러 번 소개될 정도로 유명하지만 아직까지 여행자들에게는 알려지지 않아 복잡한 관광지를 피해 나만의 시간을 보낼 수 있다. 산길을 지나 돌 숲이 우거진 돌계단을 따라 자연 길을 내려가다 보면 10m 높이의 절벽 가운데로 에메랄드 빛 바다와 푸른 하늘을 만날 수 있는 와루미 절벽에 도착한다. 마치 영화나 잡지 표지에서만 본 듯한 신비롭고 아름다운 풍경이 펼쳐져 있다. 넓진 않지만 산호 조각이 흩어진 하얀 모래 위에 앉아 있으면 자연의 포근함이 가슴에 와 닿는다. 사랑하는 연인과 함께라면 더욱 행복해 질 수 있는 공간이다. 여유가 된다면 오는 길에 따뜻한 커피 한잔 준비하는 센스를 발휘해 보자. 지역 주민조차 이 공간을 찾기 어려울 정도로 산길이 복잡하니 인내심은 필수다.

주소 沖縄県国頭郡本部町備瀬 2278 **내비코드** 553 136 113*85(인근) **위치** 내비코드를 검색해서 이동하지만, 좁은 논길과 산길을 지나가는 바람에 왠지 불안해진다. 슬슬 불안해질 때쯤부터 2분 정도 차를 몰고 따라가면 삼거리가 나온다. 삼거리에 주차한 후 숲 쪽을 바라보면 조그마한 오솔길이 있으니 내려가 보자. 탐험하는 기분으로 내려가다 보면 바다의 짠 내음이 나면서 장관이 펼쳐진다.

카페 차하야브란 cafe CAHAYA BULAN [카훼 차하야브랑]

주소 沖縄県国頭郡本部町備瀬 429-1 **내비코드** 553 105 714*03 **시간** 12:00~16:00(런치), 12:00~17:00(카페) **가격** 880엔~(식사), 380엔~(디저트·차) **전화** 0980-51-7272

바다 바로 옆 민가를 개조해 오키나와 음식과 스위티, 차를 판매하는 카페 & 레스토랑이다. 일몰을 즐길 수 있는 야외 테라스가 있어 연인들에게 인기다. 오키나와 향토 음식을 레스토랑 분위기에 맞게 플레이팅한 것이 인상적이다. 많지 않은 양이지만 맛이 깔끔하고 담백하다.

후쿠기야 フクギ屋 [후쿠기야]

주소 沖縄県国頭郡本部町備瀬 388-3 **내비코드** 553 105 594*85 **시간** 11:00~18:00 **가격** 600엔~ **전화** 0980-48-2265

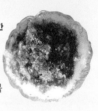

오키나와 전통 소바와 향토 음식, 빙수를 판매하는 가게다. 비세 마을 후쿠기 가로수길 초입에 위치해 가로수길 산책 전이나 후에 들러 간단한 식사와 빙수를 즐길 수 있다. 인기 메뉴는 야채와 재료를 넣고 볶은 야사이 이타메 세트다. 한국어 메뉴판도 있으니 활용하자.

창야 ちゃんや [창야]

주소 沖縄県本部町備瀬 624 **내비코드** 553 105 597*60 **시간** 11:30~14:00(점심), 17:00~22:00(저녁) **가격** 300엔~(단품), 3,200엔~(코스) **전화** 090-6862-4712

민가를 개조해 민숙과 레스토랑을 운영하는 가게다. 시골집 같은 아담한 분위기로 주변 6개 집을 독채로 대여하고, 식당에서는 소고기 요리를 비롯해 류큐 전통 음식을 판매한다. 해가 진 이후 조명이 켜진 민가는 식사도 좋지만 류큐 전통 음식과 술 한잔이 어울리는 분위기가 된다. 여유가 된다면 비세 마을에서 1박을 하면서 늦은 저녁 창야를 방문해 보길 추천한다. 참고로 영어 가능한 스태프가 상주한다.

울트라 블루
ULTRA BLUE [우루토라 브루-]

주소 沖縄県国頭郡本部町備瀬 609-2 **내비코드** 553 135 356*88 **시간** 8:30~일몰 시간(주문 마감 20:00) **가격** 700엔~(팬케이크), 4,000엔~(디너 코스) **전화** 0980-43-5584

현대식 스타일의 숙소와 유럽풍 레스토랑을 운영하는 가게. 고급 프라이빗 빌라로, 해변을 배경으로 파티와 Sunset Dinner 등을 즐길 수 있는 특별한 레스토랑이다. 오키나와 현지 식재료를 이용한 요리를 지중해풍으로 플레이팅해 제공하는데, 오키나와가 맞는지 착각할 정도로 셰프의 내공이 심상치 않다. 사랑하는 사람과 특별한 시간을 보내고 싶다면 추천한다.

천연 효모로 갓 구운 빵 판매
쿠 Coo [쿠−]

주소 沖縄県国頭郡今帰仁村今泊 3313 **내비코드** 553 111 476*63 **시간** 10:00~17:00 **휴무** 화~수요일 **가격** 300엔~ **전화** 0980-56-3308

갓 구운 빵과 각종 차를 판매하는 베이커리 & 카페. 한적한 주거지 한쪽에 위치한 가게로, 천연 효모를 이용해 빵을 만든다. 오픈된 주방에서는 환한 미소로 인사를 건네는 주인장을 볼 수 있다. 가게 한쪽은 서핑보드와 하와이안 소품으로 꾸며 놓은 것이 인상적이다. 일부 시즌엔 한정 메뉴 건강식인 약선 런치[薬膳ランチ]도 판매한다.

현지인, 여행자 누구나 좋아하는 음식점
카페 코쿠 カフェ こくう [카훼 코쿠−]

주소 沖縄県国頭郡今帰仁村諸志 2031-138 **내비코드** 553 053 127*41 **시간** 11:30~18:00 **휴무** 일~월요일 **가격** 1,200엔(코쿠 정식) **전화** 0980-56-1321

바다가 보이는 언덕에 자리 잡은 카페. 나무로 만든 건물에 붉은색 기와를 올린 오키나와 전통 가옥을 개조해 차와 건강한 음식을 판매한다. 테이블을 비롯해 바닥과 소품, 창문까지 나무로 만들었으며, 오키나와 작가들이 만든 도자기를 사용해 그만의 독특한 분위기를 낸다. 엄선된 식재료로 깔끔한 맛을 자랑해 이미 여행자뿐만 아니라 현지인들도 즐겨 찾을 정도로 인기다.

일본 100대 성 중 하나
나키진 성터 今帰仁城跡 [나키진 죠−세키]

주소 沖縄県国頭郡今帰仁村今泊 5101 **내비코드** 553 081 587*77 **위치 ❶** 나고 버스 터미널(名護バスターミナル)에서 65, 66번 버스 탑승 후 약 40분 뒤 나키진조세키이리구치(今帰仁城跡入口) 정류장 하차 후 도보 15분 **❷** 추라우미 수족관에서 자동차로 약 10분 후 65, 66번 버스로 환승 뒤 약 10분 후 나키진조세키이리구치(今帰仁城跡入口) 정류장 하차 후 도보 1분 **시간** 8:00~18:00(9~4월), 8:00~19:00(5~8월)(입장 마감 18:30) **요금** 400엔(성인), 300엔(초·중·고등학생), 무료(초등학생 미만) **홈페이지** nakijinjoseki.jp/ko/guide/ **전화** 0980-56-4400

일본 100대 성 중 하나이자 2002년 세계 문화 유산에 등재된 옛 성터. 류큐 왕국이 생기기 이전 지금의 오키나와 북부 지역과 주변 섬, 아마미 제도 남부 지역을 지배했던 야마키타 왕국[山北王国](또는 호쿠잔)이 있었던 곳이다. 류큐 왕국이 생기면서 패망했지만 류큐 왕국의 중요한 입지로 1609년 일본의 정복 전쟁의 첫 격전지가 된 곳이기도 하다. 오키나와에 남은 성터 중 성벽과 돌담이 가장 잘 보존되어 있고, 오키나와에서 두 번째로 큰 규모며 지금도 복원 작업이 진행되고 있다. 매년 1월~2월이면 벚꽃과 라이트업으로 유명하다.

벚꽃으로 유명한 공원
사쿠라노모리 공원 桜の森公園 [사쿠라노모리 코-엔]

주소 沖縄県国頭郡本部町字並里 921番地 **내비코드** 260 830 666 **위치** 나하 버스 터미널(那覇バスターミナル)에서 111번 버스 탑승 후 약 90분 뒤 나고시야쿠쇼마에(名護市役所前) 정류장 하차 후 76번 버스 환승 뒤 약 30분 후 야에다케이리구치(八重岳入口) 정류장 하차 후 도보 10분 **시간** 1월 중순~2월 상순(벚꽃 축제) **요금** 무료 **전화** 0980-47-6688

오키나와 북부 지역에서 벚꽃으로 유명한 공원이다. 드라이브 코스로도 유명한 이곳은, 매년 1월부터 2월 초까지 공원을 중심으로 산 정상과 연결되는 도로에 분홍색 벚꽃이 활짝 핀다. 도로 중간에 바다가 보이는 뷰 포인트도 있어 차를 세우고 걸으며 봄을 즐기는 사람도 많다. 매년 1월 말에서 2월 초에 벚꽃 축제가 열리니 참고하자.

수제 팥빙수가 유명한 집
이즈미가모리
ログ喫茶・ペンション いずみが森 [로그킷사・펜숀 이즈미카모리]

주소 沖縄県国頭郡本部町伊豆味 1010 **내비코드** 206 832 316*06 **시간** 11:00~18:00 **가격** 500엔(빙수), 400엔~(차) **전화** 0980-51-6003

오전에는 카페를, 오후에는 펜션으로 운영되는 곳. 통마루로 만들어진 집에서 직접 만든 팥을 이용한 빙수가 유명하며 그 밖에 케이크와 각종 차를 판매한다. 한적한 언덕 위에 자리 잡고 있어 한가로이 시간을 보내기 좋다. 다른 카페와는 달리 실제가정집에 방문한 듯 편안한 느낌이다.

산 중턱의 산악 카페

야치문킷사 시사엔 やちむん喫茶 シーサー園 [야치문킷사 시-사-엔]

주소 沖縄県国頭郡本部町伊豆味1439 **내비코드** 206 803 726*71 **시간** 11:00~19:00 **휴무** 월, 화요일 **가격** 400엔~ **전화** 0980-47-2160

오래된 민가를 개조해 각종 차를 판매하는 카페다. 산 중턱에 있는 산악 카페로, 사계절 자연을 즐기며 느긋한 시간을 보낼 수 있다. 인기 메뉴는 제철 채소를 사용한 오키나와풍 오코노미야키인 히라야치ひらやーちー와 미네랄이 풍부한 천연수를 사용한 에스프레소, 이 외에도 흑당을 넣은 우유와 제철 과일을 이용한 과일 주스가 인기다.

수제 버거 전문점

토토라베베 햄버거 ToTo la Bebe Hamburger [토토라베베 함바-가-]

주소 沖縄県本部町崎本部 16 **내비코드** 206 766 081*41 **시간** 11:00~15:00(재료 소진 시 종료) **휴무** 목요일 **가격** 760엔, 1,200엔(스페셜 버거) **전화** 0980-47-5400

두 청년과 한 명의 여성 CEO가 운영하는 가게로, 허름한 건물이지만 일본과 서양 느낌을 잘 믹스해 꾸민 내부 공간에서 1층은 수제 버거를, 2층은 각종 소품을 판매한다. 주 품목은 수제 버거. 햄버거에 사용되는 빵은 물론 베이컨, 패티, 피클, 소스 등 야채를 제외한 모든 재료를 직접 만들어 사용하는 진정한 수제 버거 전문점이다. 원하는 토핑을 무료로 요청할 수 있어 자신만의 수제 버거를 주문해 먹을 수 있다.

북부 지역의 그곳, 섬에 빠지다

세소코 섬 瀬底島 [세소코지마]

해양박 공원에서 자동차로 15분 거리에 있는 섬이다. 오키나와 본섬과 연결된 세소 대교를 지나면 작지만 아담한 어촌 마을 풍경과 섬 곳곳 스노클링을 즐길 수 있는 투명한 바다를 만날 수 있다. 하나둘 조용한 곳을 찾아서 오는 여행자들로 숙박 시설과 카페 그리고 비치 주변 해양 레저 업체도 생겨난 세소코 섬. 가장 인기 비치였던 세소코 비치가 상업적인 공간으로 변해 물가가 많이 올랐으니 스스럼없이 바다를 즐기고 싶으면 다리 건너 초입에 있는 안치 비치アンチ浜나 섬 남부 도로 주변의 자연 해변을 추천한다.

주소 沖縄県国頭郡本部町瀬底 2631-1(안치 비치 레저 업체 주소) **내비코드** 206 825 391*82 **위치** 나하 버스 터미널(那覇バスターミナル)에서 111번 버스 탑승 후 약 90분 뒤 나고시야쿠쇼마에(名護市役所前) 정류장 하차 후 76번 버스 환승 뒤 약 40분 후 이차하(石嘉波) 정류장 하차 후 도보 10분 **요금** 무료 **전화** 0980-47-7355(안치 비치 레저 업체 연락처)

이에촌 伊江村 [이에손]

해양박 공원이 위치한 모토부 지역에서 북서쪽으로 9km 떨어진 곳에 위치한 섬이다. 모토부 항에서 페리로 약 30분 남짓이면 접근할 수 있어 조용한 공간을 찾는 여행자들이 늘고 있다. 섬 대부분은 농업과 어업으로 이루어져 있으며, 섬 면적의 약 35%가 주일미군의 보조 비행장인 이에지마 공항으로 사용되고 있다. 이에촌 여행 포인트는 일몰과 아름다운 자연경관. 섬 남쪽에는 해수욕장이, 북쪽 해안에는 높이 60m에 이르는 해안 절벽 등 자연을 즐길 수 있는 공간이 여럿 있다. 최근에는 현지에서 자전거를 대여하거나(TAMA 자전거 대여점: 0980-49-5208) 자전거나 오토바이를 가지고 들어가 이에촌을 일주하는 여행족이 늘고 있다.

주소 沖縄県本部町字崎本部 5232(모토부 항 사무소 주소: 本部港管理事務所) **위치 ❶** 세소코 섬 맞은편 이에촌 선박 본부에서 페리로 이동(이동 시간 약 30분)-자전거, 오토바이, 자동차도 운반 가능(육로 이동 불가) **❷** 나고 시에서 65, 66번 버스 탑승 후 약 20분 뒤 모토부코(本部港) 정류장 하차 후 도보 3분(모토부 항에서 페리로 약 30분) **선박 운항 시간** 9:00, 11:00, 15:00, 17:00(오키나와-이에촌)/ 8:00, 10:00, 13:00, 16:00(이에촌-오키나와) *기상 변화에 따라 수시로 변동되니 홈페이지 확인 필수 **요금** 12세 이상 성인 720엔(편도), 1,370엔(왕복)/ 6세~12세 소아 360엔(편도), 690엔(왕복)/ 자전거 590엔(편도), 1,180엔(왕복) **홈페이지** www.iejima.org.k.qz. hp.transer.com **전화** 0980-47-4200(모토부항 연락처)

민나 섬 水納島 [민나지마]

산호 해변과 스노클링으로 유명한 작은 섬이다. 거주하는 인구는 50명 남짓하지만, 섬 주변은 에메랄드 빛 바다와 산호초로 유명해 스노클링 등 해양레저를 즐기려는 사람이 많이 찾는다. 비치 주변은 물이 깊지 않아 해수욕하기에도 적합하다. 조금만 나가면 바닷물 아래 산호초와 열대어가 가득한 바닷속 풍경을 즐길 수 있다. 해양 레저가 가능한 기

© OCVB

간은 4월~10월 말. 기상 변화에 따라 가능 여부가 수시로 달라지니 계획 시 날씨 상황을 꼭 체크하자. 스노클링 장비를 챙겨 가도 좋다. 바비큐, 장비 대여, 레저를 즐기려면 아래 업체를 이용하자.

주소 沖縄県本部町字谷茶 29 番地(토구치 항 주소) **위치 ❶** 해양박 공원에서 자동차로 10분 거리에 있는 토구치 항(渡久地港)에서 페리로 이동(이동 시간 약 15분)−자전거, 오토바이, 자동차도 운반 가능(육로 이동 불가) **❷** 나고 시에서 65, 66, 70, 76번 버스 탑승 후 약 30분 뒤 단차(谷茶) 정류장 하차 후 도보 5분(토구치 항에서 페리로 약 15분) **선박 운항 시간** 10:00, 13:30, 17:00(오키나와−민나 섬) / 8:30, 13:00, 16:00(민나 섬−오키나와) *기상 변화, 계절에 따라 수시로 변동되니 홈페이지 확인 필수 **요금** 12세 이상 성인 900엔(편도), 1,710엔(왕복) / 6세~12세 소아 450엔(편도), 860엔(왕복) **홈페이지** www.motobu-ka.com **전화** 0980-47-5179(토구치 항 연락처)

민나 섬 해양 레저 업체(4월~10월 말까지 운영)

민나 비치(水納ビーチ) www.minna-beach.com: 토구치 항에서 예약 가능(전화: 0980-47-5572)

오션스타일(Ocean Style) www.oceanstyle-okinawa.com: 홈페이지에서 사전 예약

© OCVB

오션 브리즈
Ocean Breeze

호텔 카바
Hotel Cava

INN CAFE

후쿠루비Cafe
フクルビ

코우리 오션 타워
古宇利オーシャンタワー

나키진 비치
長浜ビーチ

KAYA RESORT
古宇利

코우리 섬
古宇利島

요시카
YOSHIK

도예 공방 해변 카페
카페・しまやど 陶芸工房
t&c とうらく

무라노차야
むらの茶屋

코우리 항만
チグヌ浜

슈림프 왜건
Shrimp wagon

나키진 스포츠 공원

웃파마 비치
ウッパマビーチ

카페 코쿠
カフェ こくう

코우리 대교
古宇利大橋

츄라 테라스
美らテラス

Chillma

그린 룸 카페
Green Room Cafe

우미오카 INN
海の丘 Umioka Inn

야가지 섬

이즈미가모리
ログ喫茶・ペンションいずみが森

농가의 식탁
農家の食卓

야치문킷사시사엔
やちむん喫茶シーサー園

NEL 비치 호텔 & 카페
NEL BEACH Hotel & Cafe

아라시야마 전망대
嵐山展望台

아라시야마
골프 클럽

오키나와 후르츠 랜드
OKINAWA フルーツらんど

메이오다이가구입구 버스 정류장
名桜大学入口

나고 파인애플 파크
ナゴパイナップルパーク

우후야
うふやー

네오파크 오키나와
ネオパークオキナワ

Cooksonia

고야 하우스
ゴーヤーハウス

젤라토 카페 릴리
Gelato Cafe Lily

오키타 초등학교
Okita Elementary School

만미
満味

호텔 리조넥스 나고
Hotel Resonex Nago

파인 드 카이토
Pain de Kaito

마에다 식당
前田食堂

캡틴 캥거루
Captain Kangaroo

미야자토 소바
宮里そば

모토나리
もとなり

탄포포
たんぽぽ

난구스쿠 공원
名護城公園

21세기의 숲 비치
21世紀の森ビーチ

나고 어항 수산물 직판소
名護漁港水産物直販所

오리온 해피 파크
オリオンハッピーパーク

나고 지역

나고 BEST COURSE

대중교통을 이용한 코스

북부 지역의 어트랙션 포인트와 맛집 탐방을 즐길 수 있는
코스(*버스 동선의 제한으로 택시를 추천한다)

⭐ 버스이동… ⭐ 택시 10분… ⭐ 택시 10분… ⭐

숙소   나고   나고 파인애플 파크 or   해수욕하기
     버스 터미널   오키나와 후르츠 랜드   (21세기 숲 비치)

⭐ 버스이동… ⭐ 택시 10분… ⭐ 택시 10분… ⭐ ←도보 10분

숙소   나고   오리온 해피 파크   나고 어항
     버스 터미널   수산물 직판소

렌터카를 이용한 코스

해안도로를 따라 자연과 도시의 아름다움을 만끽할 수
있는 코스

⭐ 차량이동… ⭐ 차량 30분… ⭐ 차량 3분… ⭐

숙소   교다 휴게소   코우리 섬   코우리 오션 타워

⭐ ←차량이동 ⭐ ←차량 17분 ⭐ ←차량 20분 ⭐ ←차량 10분

숙소   오리온 해피 파크   나고 파인애플 파크 or   슈림프 왜건 or
         오키나와 후르츠 랜드   츄라 테라스(식사)

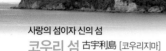

사랑의 섬이자 신의 섬

코우리 섬 古宇利島 [코우리지마]

주소 沖縄県国頭郡今帰仁村古宇利 **내비코드** 485 692 187*47 **위치** 나고 버스 터미널(名護バスターミナル)에서 72번 버스 탑승 후 운텐바르(運天原) 정류장 하차 후 약 3km 도보 **홈페이지** kourijima.info **전화** 098-056-5785

오키나와 북부 지역에서 다리로 연결된 사랑의 섬이자 신의 섬으로 불리는 섬이다. 세소코 섬과 비슷한 크기의 작은 산호초 섬으로, 섬 모양이 원형에 가까워 자동차로 한 바퀴 도는 데 30분 정도면 충분하다. 코우리 섬으로 가기 위해서는 야가지 섬屋我地島을 지나 코우리 대교(길이 1.96km)를 지나야 하는데, 같은 섬이지만 야가지 섬屋我地島에 비해 좋은 해안가와 뷰를 가지고 있어 대부분의 여행자는 코우리 섬에서 시간을 보낸다. 코

우리 섬의 매력은 아름다운 해변가에서 보는 석양과 별 그리고 섬 중간중간에 자리 잡은 카페. 북부 지역 다른 명소에 비해 한적해서 함께 온 사람들과 조용한 시간을 보내기에 딱이다. 작은 섬이지만 섬 내부에 하트 모양의 돌로 유명한 Heart Rockハートロック이 티누하마ティーヌ浜 비치를 포함 5개의 비치에 있다. 코우리 섬 도민 대부분은 농업에 종사하고 있으며 코우리 특산품으로는 사탕수수와 붉은 고구마, 성게가 있다.

📷 스페셜 가이드 -코우리 섬 주변 볼거리

츄라 테라스 美らテラス [츄라 테라스]

주소 沖縄県名護市済井出大堂 1311 **내비코드** 485 601 860*30 **시간** 10:00~21:30 **전화** 0980-52-8082

코우리 대교 앞 언덕에 자리 잡은 지중해 요리 전문 레스토랑 & 카페. 가든 레스토랑으로 편안한 테이블에서 코우리 대교와 에메랄드빛 바다 풍경을 감상하며 식사를 즐길 수 있다. 타코 라이스와 스테이크, 해산물 등 다양

한 요리와 음료 외에도 블루 실 아이스크림도 있다. 코우리 근처에서 너무 유명한 식당이라 한국어 메뉴판도 준비되어 있으며 식당 외에도 기념품 상점과 전기 자전거도 대여(1시간-800엔)해 주니 참고하자.

슈림프 왜건 Shrimp wagon [슈림프 와공]

주소 沖縄県国頭郡今帰仁村古宇利 348-1 **내비코드** 485 662 041*33 **시간** 11:00~17:00 **가격** 1,000엔(오리지널 갈릭), 1,200엔(매운 갈릭) **전화** 0980-56-1242

코우리 대교를 지나 바로 우회전하면 만날 수 있는 푸드 트럭이다. 외국인 여행자들이 뽑은 코우리 근처 식당 중 1위에 오를 정도로 여행자들에게 사랑받는 음식점이다. 저렴한 가격에 새우 요리를 포함해 감자튀김, 나하 규규이, 소라구이와 Hawaian Sun 캔음료(300엔), 하이네켄과 코로나 2종의 맥주(600엔)을 즐길 수 있다.

코우리 대교 古宇利大橋 [코우리 오오하시]

주소 沖縄県国頭郡今帰仁村古宇利 **내비코드** 485 632 818*74 **전화** 098-056-5785

야가지 섬屋我地島과 코우리 섬古宇利島을 연결하는 1.96km에 이르는 대교. 2005년 2월에 개통된 코우리 대교는 길이도 유명하지만 걷거나 자전거로 건널 수 있는 명소로 더 유명하다. 1년 내내 따사로운 햇살이 비치는 오키나와지만 시간과 계절에 상관없이 두 섬을 연결한 코우리 대교 위에는 아름다운 풍경을 찾아 걷는 사람들로 가득하다.

코우리 오션 타워 古宇利オーシャンタワー [코우리 오-샨 타와-]

주소 沖縄県国頭郡今帰仁村古宇利 538 **내비코드** 485 693 484*28 **시간** 9:00~18:00 **요금** 800엔(성인), 600엔(중·고등학생), 300엔(초등학생), 무료(어린이) **전화** 0980-56-1616

360도 전망대로 유명해진 코우리 명소. 푸른 바다를 조망할 수 있는 언덕 위에 위치한 이곳은, 전망대를 비롯해 레스토랑, 조개 전시관, 상점가로 구성되어 있다. 입장권을 구매하면 무인차로 타워까지 연결해 주는 서비스가 있어 가족 단위 여행자에게 인기다. 타워 안 베스트 스폿은 야외에서 바다를 보며 가마에서 구운 나폴리 피자를 즐길 수 있는 레스토랑 오션 블루와 각 층마다 연결된 360도 전망대를 뽑는다. 물론 조개 전시관과 상점가에도 다양한 볼거리가 준비되어 있다.

시골 폐교가 웰빙 식당으로 탄생

농가의 식탁 農家の食卓 [노-카노 쇼쿠타쿠] 🍴

주소 沖縄県国頭郡今帰仁村湧川 369 **내비코드** 206 868 367*22 **시간** 11:00~15:00 **가격** 1,500엔(중학생 이상), 800엔(6~12세), 400엔(유아), 1,200엔(65세 이상) **전화** 0980-51-5111

시골 폐교를 숙박 시설과 농장 체험 학습장으로 개조해 운영하고 있는 아이아이팜あいあいファーム이 문을 연 식당. 이름에서도 알 수 있듯이 직접 재배한 채소를 포함해 지역 유기농 농가에서 매일 배달되는 재료로 건강 식단을 제공하는 웰빙 식당이다. 매일 11시부터 15

시까지만 운영하는 점심시간에는 20개 단품 메뉴들 중 하나를 결정하면 신선한 채소가 가득한 샐러드 바를 무제한 이용할 수 있다. 인기 메뉴는 천연 간수로 만든 수제 두부와 효모빵, 샐러드 바에 있는 각종 채소는 믿고 먹을 수 있는 건강 반찬이다.

파인애플의 모든 것을 볼 수 있는

나고 파인애플 파크
ナゴパイナップルパーク [나코야 파이납푸루 파-쿠] 📷

주소 沖縄県名護市為又 1195 **내비코드** 206716467*85 **위치** ❶ 나고 버스 터미널(名護バスターミナル)에서 70, 76번 버스 탑승 후 약 25분 뒤 메이오다이가쿠이리구치(名桜大学入口) 정류장 하차 후 도보 2분 ❷ 추라우미 수족관에서 자동차로 약 25분 후 70번 버스로 환승 뒤 약 40분 후 메이오다이가쿠이리구치(名桜大学入口) 정류장 하차 후 도보 2분 **시간** 9:00~18:00 **요금** 850엔(16세~성인), 600엔(13세~15세), 450엔(초등학생), 무료(초등학생 미만) **홈페이지** www.nagopine.com/ko/access **전화** 0980-53-3659

오키나와를 대표하는 열대 과일 파인애플을 테마로 한 농장 & 테마파크. 한국어 음성 가이드가 나오는 파인애플 형태의 전동차를 타고 실제 농장을 둘러보며 오키나와에서 재배하는 다양한 품종의 파인애플을 볼 수 있다. 우거진 숲 사이로 실제 자라는 모습을 보면

서 파인애플에 대해 알 수 있는 시간을 제공한다. 농장을 자유롭게 관람할 수는 없지만 관람이 끝나면 파인애플 시식과 매일 7차례 로봇 댄싱 쇼가 열리는 로봇 홀, 조개 전시관, 파인애플과 와인을 맛볼 수 있는 기념품 숍이 준비되어 있다.

아이들에게 인기인 열대 과일 테마 농원

오키나와 후르츠 랜드

OKINAWA フルーツらんど [오키나와 후르-쯔 란도]

주소 沖縄県名護市為又 1220-71 **내비코드** 206 716 585*30 **위치** ❶ 나고 버스 터미널(名護バスターミナル)에서 70, 76번 버스 탑승 후 약 25분 뒤 메이오다이가쿠이리구치(名桜大学入口) 정류장 하차 후 도보 1분 ❷ 추라우미 수족관에서 자동차로 약 25분 후 70번 버스로 환승 후 약 40분 뒤 메이오다이가쿠이리구치(名桜大学入口) 정류장 하차 후 도보 1분 **시간** 9:00~18:00 **요금** 1,000엔(대인; 고등학생 이상), 500엔(소인; 4세 이상~중학생) **홈페이지** www.okinawa-fruitsland.com **전화** 0980-52-1568

열대 과일을 주제로 한 테마 농원. 나고 파인애플 파크 근처에 있는 열대 농원으로, 트로피컬 왕국 탐험이라는 동화 같은 스토리를 중심으로 퀴즈도 풀고 스탬프도 채워 가며 열대 농원을 관람하는 코스로 구성되어 있다. 규모는 크지 않지만 아이들이 좋아하는 각종 소품이 있어 아이들에게 인기 명소 중 하나다.

내부는 과일존, 나비존, 버드존으로 나뉘며, 과일존은 실제 열대 과일이 나오는 식물과 나무가 자라고 있어 시기가 맞으면 사진으로만 보던 열대 과일을 만날 수 있다. 아이들에게 맞춰진 공간이라 어른들은 지루할 수 있다. 관람이 끝나는 곳에 있는 기념품 숍과 카페에는 어린이 전용 놀이방도 있다.

토종 흑돼지 요리 전문점

우후야 うふやー [우후야]

주소 沖縄県名護市中山 90 **내비코드** 206 745 056*82 **시간** 11:00~17:00(런치; 주문 마감 16:30), 18:00~22:00(디너; 주문 마감 21:00) **가격** 980엔~(런치), 3,980엔~(디너; 아구 샤브샤브), 3,150엔~(코스) **전화** 0980-53-0280

100년이 넘는 전통 가옥을 개조해 오키나와 전통 음식과 토종 흑돼지인 아구アグー 요리를 판매하는 향토 음식 전문점이다. 총 8개의 건물 안에서 폭포를 비롯해 자연 소리와 풀내음을 맡으며 식사를 즐길 수 있는 북부 대표 식당이다. 점심 메뉴는 단품으로 토종 흑돼지를 사용한 소바 세트(인기)와 아구 생강구이 덮밥(추천), 돈가스를 즐길 수 있으며, 저녁 시간에는 샤브샤브, 우후야 정식 등 높은 가격대의 세트 메뉴를 판매한다.

규니쿠 소바가 유명한 집
마에다 식당 _나고점 前田食堂 名護店 [마에다 쇼쿠도 나고시텡]

주소 沖縄県名護市宮里 6-9-5 **내비코드** 206 657 551*25 **시간** 11:00~18:00(평일), 11:00~20:00(토~일요일·공휴일) **휴무** 매주 화요일 **가격** 500엔~ **전화** 0980-54-0331

오키나와 여러 지역에 지점이 있는 인기 소바 식당인 이곳은, 여러 메뉴 중 구운 소고기와 모야시를 볶은 규니쿠 소바牛肉そば가 유명하다. 저렴한 가격도 한몫 했지만 무엇보다 맛이 훌륭하다. 다른 소바 전문점에서는 맛볼 수 없는 꽤 괜찮은 메뉴다.

중독성 강한 전통 카레 전문점
탄포포 たんぽぽ [탐포포]

주소 沖縄県名護市大南 1-11-7 **내비코드** 206 627 559*44 **시간** 11:00~15:00(평일 런치), 18:00~22:30(평일 디너), 11:00~22:30(주말 디너) **휴무** 매주 화요일 **가격** 950엔~ **전화** 0980-53-4073

오키나와 북부 지역에서 카레 음식점 하면 손꼽히는 식당이다. 건물 외관은 촌스러운 모양새지만 내부엔 바를 포함해 분위기와는 어울리지 않는 전통 카레와 양식을 판매한다. 당연 인기 메뉴는 카레. 7단계 매운맛을 선택할 수 있는 이 가게의 카레는 우리에게 알려진 카레보다 맛이 진하고 풍미가 가득해 한 번 맛보면 끊기 어려운 중독성을 가지고 있다.

고기 모둠이 인기인 흑돼지 요리 전문점
만미 満味 [맘미]

주소 沖縄県名護市伊差川 251 **내비코드** 485 360 190*41 **시간** 17:00~23:00(주문 마감 22:00) **휴무** 매주 화요일 **가격** 1,500엔~(1인) **전화** 0980-53-5383

오키나와 야키니쿠やきにく 전문점. 오키나와 토종 흑돼지인 아구ァグー의 개량종인 얀바루 흑돼지やんばる島豚를 사용하는 가게로, 샤브샤브를 포함해 갈비, 목심, 항정살과 호르몬(내장), 일본산 와규를 판매한다. 고기를 포함 야채도 좋은 재료를 사용하겠다는 주인장의 원칙에 따라 신선한 음식을 맛볼 수 있다. 인기 메뉴는 여러 부위가 나오는 고기 모둠お肉の盛り合わせ이다. 우리에게는 익숙하지 않은 샤브샤브와 돼지 혀豚タン도 인기다.

일본식 라멘 중화 소바로 유명한 집
모토나리 もとなり [모토나리] 🍴

주소 沖縄県名護市大南 1-12-27 **내비코드** 206 627 619*47 **시간** 11:00~22:00 **가격** 650엔~ **전화** 0980-53-7074

전통 소바 천국 오키나와에서 일본식 라멘 중화 소바中華そ
ば로 현지인들의 입맛을 사로잡은 식당이다. 오키나와에만
5개 지점이 있을 정도로 진한 돼지 뼈로 우려낸 육수에 현
지 채소를 사용한 오키나와 스타일의 라멘ラーメン 전문점
이다. 일본식 라멘을 좋아한다면 한 번쯤 맛보고 비교해 봐
도 좋을 듯. 전통 소바면과는 달리 익숙한 면을 사용해 여행
자에게 인기다.

여행자들이 뽑은 최고의 수제 버거 전문점
캡틴 캥거루 Captain Kangaroo [캅푸텐 캉가루-] 🍴

주소 沖縄県名護市字宇茂佐 183 **내비코드** 206 625 846*22 **시간** 11:00~20:00 **휴무** 마지막 주 수요일 **가격**
800엔(타코 라이스), 800엔~(수제 버거 세트) **전화** 0980-54-3698

오키나와 북부 지역에서 여행자들이 뽑은 최고의 식당.
입이 쩍 벌어질 정도로 큰 수제 버거와 타코 라이스를 판
매한다. 크지 않은 내부에 컨트리 스타일의 인테리어가
인상적이다. 무엇보다도 주문과 동시에 조리되어 나오
는 햄버거 맛이 기대 이상이다. 워낙 유명해서 현지인은
물론 여행자들이 찾는 곳이다. 주말 및 식사 시간만 잘
피해 가면 느긋하게 가성비 좋은 수제 버거를 즐길 수 있
다. 오사카에도 가게가 있으니 참고하자.

늘 대기 줄이 있는 유명 맛집
미야자토 소바 宮里 そば [미야자토 소바] 🍴

주소 沖縄県名護市宮里 1-27-2 **내비코드** 206 626 741*63 **시간** 10:00~20:00 **휴무** 매주 수요일 **가격** 500
엔~ **전화** 0980-54-1444

북부 지역에서 가장 유명한 소바 전문점이다. 그래서 오픈
부터 마감까지 늘 대기 줄이 끊임없을 정도로 현지인은 물
론 여행자들에게도 유명하다. 이곳의 인기 메뉴는 연한 돼
지고기를 썰어 뜨거운 국수에 얹어 먹는 소우키 소바ソー
キそば다. 두껍게 썰어 올린 돼지고기와 육수의 조합이 일
품이다. 가격도 착해 더 괜찮은 북부 지역 대표 식당이다.

오리온 맥주의 모든 것을 체험

오리온 해피 파크 オリオンハッピーパーク [오리온 합파-파-쿠]

주소 沖縄県名護市東江 2-2-1 **내비코드** 206 598 867*44 **위치 ❶** 나고 버스 터미널(名護バスターミナル)에서 20, 120번 버스 탑승 후 약 10분 뒤 난구스쿠이리구치(名護城入口) 정류장 하차 후 도보 5분 **❷** 추라우미 수족관에서 자동차로 약 35분 후 65, 66번 버스로 환승 뒤 약 60분 후 난구스쿠이리구치(名護城入口) 정류장 하차 후 도보 5분 **견학 접수 시간** 9:20~16:40 **요금** 무료 **홈페이지** www.orionbeer.co.jp **전화** 0980-52-2138/0980-54-4103(예약 전용)

오키나와에서 생산하는 지역 맥주인 오리온 맥주 생산 과정을 볼 수 있는 곳이다. 오키나와를 대표하는 오리온 맥주는 전체 생산량의 90%가 오키나와에서 소비될 정도로 다른 도시에서는 맛보기 힘든 맥주다. 그만큼 오키나와 시민은 물론 여행자들에게 인기다. 맥주를 실제 만드는 과정에서부터 시음까지 오리온 맥주의 모든 것을 체험할 수 있으며, 더 좋은 건 견학 후 즐길 수 있는 무료 시음이다. 유통 과정 없이 바로 만든 신선한 생맥주를 무료로 즐길 수 있다. 견학 코스는 공장 견

학 40분, 시음 20분이 소요된다. 미성년자에게는 맥주가 아닌 음료를 제공해 준다.

각종 신선한 해산물이 한자리에

나고 어항 수산물 직판소

名護漁港水産物直販所 [나고 교코- 스이산부쯔 쵸쿠항쇼]

주소 沖縄県名護市城 3-5-16 **내비코드** 206 598 873*41 **시간** 11:00~19:00 **가격** 800엔~ **전화** 0980-43-0175

신선도 좋은 생선을 비롯해 각종 해산물을 판매하는 곳이다. 규모는 기대 이하지만 저렴한 가격은 물론 바로 옆에 위치한 식당에서 해산물 덮밥과 생선 요리를 즐길 수 있다. 다소 심심한 오키나와 음식이 지겨워 일식

을 즐기고 싶은 여행자라면 강추. 두껍게 썰어 올린 덮밥은 물론 스시까지도 준비되어 있다. 추가로 직판소 건물 바로 옆에는 튀김 판매점도 있다.

빵 마니아들의 순례지
파인 드 카이토 Pain de Kaito [팡 드 카이토]

주소 沖縄県名護市宇茂佐の森 4-2-1 **내비코드** 206 655 743*55 **시간** 8:00~19:00 **가격** 120엔~ **전화** 0980-53-5256

오키나와 북부 지역에서 맛있는 빵으로 유명한 베이커리 전문점이다. 오키나와 과학기술 대학원대학교(OIST)에 지점이 생기면서 입소문으로 유명해졌고, 화려해 보이면서도 소박한 인테리어와 무엇보다 빵이 충실해 보이는 가게로 더 유명하다. 나름 빵 마니아들 사이에서는 순례지로 여겨 놓치지 않고 들르는 필수 스폿이 됐다.

자연 속에서 즐기는 달콤한 젤라토
젤라토 카페 릴리 Gelato Cafe Lily [제라토 카페 리리-]

주소 沖縄県名護市字屋部 918 **내비코드** 206 683 455*25 **시간** 11:00~19:00 **휴무** 월, 화요일 **가격** 350엔~ **전화** 0980-53-8727

2012년 4월 바다가 보이는 언덕에 오픈한 이탈리아식 아이스크림 젤라토 전문점. 신선한 재료로 만든 젤라토 50종 중 시즌에 따라 각기 다른 18종을 판매한다. 푸른 잔디와 녹지로 둘러싸인 자연 속에 위치한 가게에서 편안하게 달콤한 젤라토를 즐길 수 있다. 단, 바다가 조망되는 야외 테이블이 많지 않다. 젤라토 외에도 각종 차와 치즈 케이크도 준비되어 있다.

해도 곶
辺戸岬

다이세키린잔
大石林山

하토바 식당
波止場食堂

AI 비치 캐빈 오쿠마
AI Beach Cabin Okuma

오쿠마 비치 리조트
Okuma Beach Resort

유이유이쿠니가미
道の駅 ゆいゆい国頭

야마가와켄
やまかわ軒

쿤짱소바
くんじゃんそば

히지오오타키 캠핑장
比地キャンプ場

강조맵

오쿠마 비치 리조트
Okuma Beach Resort

AI 비치 캐빈 오쿠마
AI Beach Cabin Okuma

오쿠마 비치
オクマビーチ

하토바 식당
波止場食堂

유이유이쿠니가미
道の駅 ゆいゆい国頭

야마가와켄
やまかわ軒

쿤짱 소바
くんじゃんそば

히지오오타키 캠핑장
比地キャンプ場

히지 폭포
比地大瀑

가지만로
がじまんろー

마에다 식당
前田食堂

히가시무라
후레아이 히루기공원
(맹그로브 숲 공원)
東村ふれあいヒルギ公園

히가시 우체국

아이우에오 あいうえお

안바루 자연학당 やんばる自然塾

안바루 클럽 やんばる クラブ

안바루 로하스 Yanbaru-lohas

우파마 힐링샵 ウッパマ

우파마 비치
ウッパマビーチ

아리만 비치
有銘湾ビーチ

강조맵

히가시무라 후레아이 히루기공원
(맹그로브 숲 공원)
東村ふれあいヒルギ公園

안바루 자연학당
やんばる自然塾

아이우에오
あいうえお

안바루 클럽
やんばる.クラブ

우파마 힐
ウッ

우파마 비
ウッパマ

아리만 비치
有銘湾ビーチ

안바루 로하스
Yanbaru-lohas

얀바루 BEST COURSE

연인을 위한 렌터카 코스
오키나와만의 열대우림과 시원한 바다와 함께하는
아름다운 드라이브 코스

 숙소 차량이동→ 해도 곶 차량 10분→ 다이세키린잔 차량 25분→ 하토바 식당

 숙소 ←차량이동 히가시무라 후레아이 히루기 공원 ←차량 35분 가지만로 카페 ←차량 25분 해수욕하기 (오쿠마 비치) ←차량 5분

가족 여행을 위한 렌터카 코스
해안도로를 따라 자연과 도시의 아름다움을 만끽할 수 있는 코스

 숙소 차량이동→ 야마가와켄 (식사) 차량 10분→ 히지 폭포 주차장 도보 40분→ 히지 폭포 산책로

 숙소 ←차량이동 해도 곶 ←차량 10분 다이세키린잔 ←차량 35분 히지 폭포 주차장 ←도보 40분

천혜 자연 속 드라이브 코스

해도 곶 辺戸岬 [해도미사키]

주소 沖縄県国頭郡国頭村辺戸 973 **내비코드** 728 736 204*03 **위치** 나고 버스 터미널(名護バスターミナル)에서 67번 버스 탑승 후 약 1시간 30분 뒤 헨토나바스타미나루(辺土名バスターミナル) 정류장 하차 후 OKU버스로 환승 후 약 35분 뒤 해도미사키이리구치(辺戸岬入口) 정류장 하차

오키나와 최북단의 해도 곶. 오키나와 북부 지역 중심인 나고 시에서 해안도로를 따라 약 1시간가량 달려야 도착할 수 있다. 푸른 빛의 망망대해와 거친 파도 그리고 바다가 만든 아름다운 절벽이 감동을 준다. 다른 지역에 비해 주변 관광 명소가 없어 조금은 한가롭다 보니 드라마에서나 나올 것 같은 풍경과 분위기에 저절로 명상에 잠기게 되는 매력적인 곳이다. 날씨가 좋으면 22km 떨어진 작지만 아름다운 섬 요론초与論町를 조망할 수 있다. 멋진 드라이브 코스와 얀바루 지역의 천혜 자연 코스를 돌아보는 여행 일정을 계획한다면 강추다.

치유가 어울리는 아열대 낙원

다이세키린잔 大石林山 [다이세키린잔]

주소 沖縄県国頭郡国頭村字宜名真 1199 **내비코드** 728 705 084*52 **위치** 나고 버스 터미널(名護バスターミナル)에서 67번 버스 탑승 후 약 1시간 15분 뒤 오쿠마비치이리구치(奥間ビーチ入口) 정류장 하차 후 OKU 버스 환승 후 약 45분 뒤 헤도미사키이리구치(辺戸岬入口) 정류장 하차 후 도보 약 20분 **시간** 9:30~17:30(입장 마감16:30) **요금** 1,200엔(어른), 550엔(어린이), 900엔(65세 이상)(*할인 쿠폰 출력 www.sekirinzan.com/info/coupon.html) **홈페이지** www.sekirinzan.com **전화** 0980-41-8117

다듬어지지 않은 울창한 열대 숲을 만날 수 있는 곳이다. 천혜 자연 그대로의 모습을 보자면 '치유'라는 단어가 저절로 떠오른다. 아열대 낙원이라는 말이 어색하지 않은 이곳은 석회암층이 융기해 생긴 열대 카르스트 지형으로 각양각색의 기암과 거석, 거대한 뱅골보리수와 아열대 수목이 가득한 숲을 비롯해 그림 같은 뷰 포인트가 여럿 있다. 총 4개의 산책 코스가 준비되어 있으며 코스마다 류큐신화에 관한 주요 포인트를 지나간다. 성별,

나이에 상관없이 자연 속에서 트레킹을 즐길 수 있다. 주차장 옆 매표소에서 표를 구매한 후 셔틀 버스를 타고 약 5분을 이동해 도착하는 휴게소가 4개 트레킹 코스의 출발점이다. 트레킹을 좋아하는 사람들은 코스가 무난해서 아침부터 시작하면 4개 코스 모두를 돌아볼 수 있다.

TIP 코스 소개

베리어프리 코스 バリアフリーコース
(거리 600m, 소요 시간 20분)
완만한 경사와 정리된 길로 노약자나 어린이도 쉽게 즐길 수 있는 코스. 이 코스의 포인트는 2억 년 전 석회암층이 융기하여 생긴 까마귀 모자 바위帽子岩와 부부 바위夫婦岩

추라우미 전망대 코스 美ら海展望コース
(거리 700m, 소요 시간 30분)
태평양과 동중국해가 만나는 망망대해 풍경을 볼 수 있는 코스. 석회암으로 이루어진 바위산悟空岩과 돌 사이를 세 번 지나가면 환생한다고 전해지는 환생석生まれ変わりの石, 하늘과 땅의 신들이 모인다는 석림벽石林の壁까지 성지가 여럿 있다.

암석·돌의 숲 감동 코스 巨岩·石林感動コース
(거리 1km, 소요 시간 35분)
2억 년 전 석회암층이 융기해 생긴 열대 카르스트 지형을 자세히 볼 수 있는 코스. 각양각색의 기암과 거석은 물론 나무와 공존한 자연 그대로의 모습이 특징이다. 이 코스에는 달마 바위 등 건강과 행복을 기원하는 스폿이 여럿 있다.

아열대 자연림 코스 亜熱帯自然林コース
(거리 1km, 소요 시간 30분)
뱅골보리수인 반얀나무를 포함해 아열대 수목이 만든 숲을 돌아보는 코스. 가장 인기 있는 코스로 신의 영역에 와 있는 듯한 자연 모습을 만날 수 있다. 현지인들도 가장 추천하는 코스다.

밀림 같은 곳에서 떨어지는 폭포
히지 폭포 比地大滝 [히지오오 타키]

주소 沖縄県国頭村字比地 781-1 **내비코드** 485 771 741*30 **위치** 나고 버스 터미널(名護バスターミナル)에서 67번 버스 탑승 후 약 1시간 10분 뒤 오쿠마비치이리구치(入口オクマビーチ) 정류장 하차 후 도보 20분 **시간** 9:00~16:00(4월~10월: 입장 마감 16:00/ 폐문 18:00), 9:00~15:00(11월~3월: 입장 마감 15:00/ 폐문 17:30) **요금** 500엔(대인), 300엔(소인)/ 2,000엔(캠프장 텐트: 1동 1박당/ 총 20동) **홈페이지** http://hiji.yuiyui-k.jp/(캠핑장 사이트) **전화** 0980-41-3636(캠핑장)

아열대 우림 속에서 만나는 자연 폭포다. 낙차 25.7m로 오키나와에서 가장 큰 규모를 자랑한다. 힘차게 흘러내리는 모습도 멋지지만 폭포를 보기 위해 걸어야 하는 약 40분 거리의 산책로가 인기다. 아시아 국가라는 것이 믿기지 않을 정도로 아열대 수목으로 우거진 밀림 같은 곳으로, 폭포를 향해 잘 정비된 산책로를 걷다 보면 지친 몸과 마음이 치유되는 느낌을 받을 수 있다. 지역 명소로 입구에는 히지오오타키 캠핑장比地キャンプ場(예약 필수)을 비롯해 취사장과 식당 & 매점까지 준비되어 있으니 캠핑과 트레킹을 좋아하는 여행자라면 강추한다.

일본풍 중화 요리 전문점
야마가와켄 やまかわ軒 [야마카와켄]

주소 沖縄県国頭郡国頭村半地 9-1 **내비코드** 485 830 071*25 **시간** 11:00~14:00(점심), 17:00~21:00(저녁) **가격** 500엔 **전화** 0980-41-2458

북부 지역 오쿠마 비치 オクマビーチ 근처에 자리 잡은 중화 요리 전문점. 전통 소바 가게로 가득한 오키나와에서 일본풍 라멘인 중화 소바와 튀김 만두, 볶음밥 등 중화 요리를 선보이는 가게다. 간이 약하고 재료 본연의 맛을 살린 오키나와 건강식이 약간 지겹다고 생각하는 여행자라면 추천한다. 특별한 맛은 없지만 현대인의 입맛에 잘 맞는 가게다.

할머니의 푸짐한 인심이 담긴 맛집

하토바 식당 波止場食堂 [하토바 쇼쿠도─]

주소 沖縄県国頭村辺土名 186 **내비코드** 485 891 110*85 **시간** 11:00~19:00 **휴무** 매주 수요일 **가격** 700엔
~(돈가스 덮밥) **전화** 0980-41-2551

도로가에 위치한 작고 허름한 식당. 할머니
가 운영하는 평범한 가정식을 제공하지만 풍
부한 양과 맛이 좋아 여행자들 사이에서 북
부 지역 맛집으로 손꼽힌다. 인기 메뉴는 넘
칠 정도로 가득 담아 주는 돈가스 덮밥과 계
란에 햄, 돼지고기를 구워 밥과 함께 나오는
포크다마 정식. 가격도 착하고 맛도 괜찮고
무엇보다 할머니의 마음이 느껴지는 푸짐한
양이 참 괜찮다.

북부 지역 58번 국도에 있는 휴게소

유이유이쿠니가미 ゆいゆい国頭 [유이유이쿠니가미]

주소 沖縄県国頭郡国頭村奥間 1605 **내비코드** 485 830 346*60 **시간** 9:00~18:00 **전화** 0980-41-5555

북부 지역 해안선을 달리는 58번 국도에 있
는 휴게소道の駅다. 내부에는 레스토랑과 베
이커리 카페, 지역 특산품과 기념품을 판매
하는 가게가 여럿 있다. 농가 직매소에서 재
배한 신선한 채소와 과일을 저렴한 가격으로
살 수 있다. 손으로 만든 가마보코(어묵-350
엔)와 팥이 들어간 빙수(250엔)가 휴게소 상
점 내에서는 인기다. 지역 제철 재료로 만든
스위트로 유명한 유니 카페도 있다.

오키나와 가정식 전문점
쿤짱 소바 くんじゃんそば [쿤장 소바]

주소 沖縄県国頭郡国頭村浜 521-1 **내비코드** 485 799 225*63 **시간** 11:00~18:00 **휴무** 목요일 **가격** 650엔~
전화 0980-41-3121

안바루 지역에서 꽤 알려진 오키나와 가정식
전문점이다. 지역 주민들도 즐겨 찾는 가게
로, 소박해 보이면서도 푸짐한 양을 자랑한
다. 인기 메뉴는 규니쿠 소바牛肉そば다. 같은
메뉴로 유명한 마에다 식당前田食堂과 같은
비주얼이지만 맛은 약간 차이가 있다. 먹는
사람마다 호불호가 갈리니 시간 여유가 있다
면 두 가게의 규니쿠 소바牛肉そば 맛을 비교
해보는 것도 좋을 듯하다.

해안도로 58번 국도에 있는 소바 집
마에다 식당 _안바루점 前田食堂 山原店 [마에다 쇼쿠도- 얌바루 시텡]

주소 沖縄県国頭郡大宜味村津波 985 **내비코드** 485 521 816*30 **시간** 11:00~17:00 **휴무** 매주 수요일 **가격**
500엔~ **전화** 0980-44-2025

드라이브 코스로 유명한 안바루 지역 해안도
로 58번 국도에 위치한 소바 전문점이다. 오
키나와 여러 지역에 지점이 있지만 이곳은,
특히 구운 소고기와 모야시를 볶은 규니쿠
소바牛肉そば가 유명하다. 저렴한 가격도 한
몫하지만 무엇보다 맛이 훌륭하다. 다른 소
바 전문점에서는 맛볼 수 없는 맛이다.

깊은 산속 아담한 카페
가지만로 がじまんろー [카지만로-]

주소 沖縄県国頭郡大宜味村大宜味 923-3 **내비코드** 485 675 079*22 **시간** 11:00~17:00 **휴무** 금~일요일
가격 500엔~(음료) **전화** 0980-44-3313

북쪽 산속 깊은 곳에 자리 잡은 아담한 카페.
넓은 정원과 주변의 숲과 나무로 마치 산장
에 있는 듯한 느낌을 받는다. 가게 주변에서
재배하고 키운 재료를 이용한 차와 디저트,
간단한 음식을 판매한다. 종종 주인장의 공
연과 이벤트도 열리니 참고하자.

오키나와에서 가장 큰 맹그로브 숲을 만나는 곳

히가시무라 후레아이 히루기 공원(맹그로브 숲 공원)

東村ふれあいヒルギ公園 [히가시무라 후레아이 히루기코-엔]

주소 沖縄県国頭郡東村字慶佐次 **내비코드** 485 377 093*03 **위치** 나고 버스 터미널(名護バスターミナル)에서 78번 버스 탑승 후 약 1시간 뒤 게사시(慶佐次) 정류장 하차 **요금** 무료 **전화** 0980-51-2655

물고기 산란 장소이자 은신처인 호수가 있으며, 열대우림인 맹그로브 숲과 인접한 공원이다. 아마존처럼 열대우림 옆으로 물줄기가 흐르고 있는 자연 공간 맹그로브 숲을 만날 수 있는데, 이 맹그로브 숲은 오키나와의 몇 곳 중에서 규모가 가장 커서 오키나와를 포함해 북부 지역 명소로 손꼽힌다. 공원 내부에는 맹그로브 숲을 볼 수 있는 뷰 포인트와 서식하고 있는 천연기념품 맹그로브(히루기나무) 3종을 가까이에서 볼 수 있다. 또 공원 근처에는 맹그로브를 가까이에서 즐길 수 있는 액

티비티 업체가 여럿 있어 열대기후의 천혜 자연을 만나기에 가장 적합하다. 가장 인기 있는 액티비티는 맹그로브 숲을 탐험하는 카누와 트레킹. 가격대가 제법 있지만 오키나와에서 즐길 수 있는 꽤 괜찮은 프로그램이다.

공원 주변 업체정보
안바루 자연 학원やんばる自然塾
gesashi.com
안바루 클럽やんばるクラブ
www.yanbaru-club.com
인기 코스
카누 맹그로브 코스: 성인 기준 4,000엔~
맹그로브 트레킹: 성인 기준 2,000엔~

지역 생선 요리가 으뜸인 집

아이우에오 あいうえお [아이우에오]

주소 沖縄県国頭郡東村慶佐次 56-1 **내비코드** 485 347 825*47 **시간** 11:30~15:00(런치), 17:00~22:00(디너) **휴무** 매주 수요일 **가격** 650엔~ **전화** 0980-43-2566

맹그로브 숲 근처 히가시무라 후레아이 히루기 공원에서 가까운 음식점. 로컬 업체인 안바루 클럽에서 추천하는 식당이다. 지역 생선을 이용한 대표 메뉴 외에도 스파게티 등 양식을 판매한다. 특별한 맛은 아니지만 식당이 많지 않은 지역이고, 지역 생선을 이용한 조금 독특한 음식을 맛볼 수 있다.

중부 지역

那覇

휴식과 관광, 두 마리 토끼를 잡다

관광이면 관광, 휴식이면 휴식, 레저면 레저 모든 여행자의 오감을 만족시킬 다양한 모습이 숨 쉬는 지역이다. 또한 오키나와 전통 문화와 미국 문화가 혼합된 색다른 모습도 엿볼 수 있다. 주일 미군기지의 70% 이상이 집중된 이 섬에서는 우리나라와 마찬가지로 현지인들과의 마찰이 끊임없이 일어나지만, 그만큼 많은 미국 문화가 오키나와에 유입되어 왔다. 그중 중부 차탄 지역의 아메리칸 빌리지는 미군들의 휴식처이자 이국적인 관광지로 여행자들에게 큰 인기를 끌고 있다. 이 외에도 푸른 동굴에서의 스노클링과 스쿠버다이빙, 미야기 섬으로 가는 해중도로 등 다양한 매력의 명소들이 여행자들을 기다리고 있으니 시간을 투자해서 둘러보는 걸 추천한다. 나하 시내에서 중부까지 자동차로 1시간 내외, 버스로 지역에 따라 2시간 정도 걸리니 참고하자.

*오키나와 정식 지역 구별은 북부 지역에 남부 지역과 연결된 온나 지역이 포함된다. 이 책에서는 여행자의 이동 동선을 고려해 온나 지역은 중부 지역으로 포함했다.

대중교통이 취약한 오키나와에서 중부 지역으로 가는 방법은 다양하지 않다. 렌터카 이용을 추천하지만, 상황이 여의치 않다면 숙박 지역의 전략적 선택이 중요하다. 해변과 리조트가 많은 중부 지역 특성상 가격별, 유형별 숙소 선택지가 많은 편이니 이 점을 유의하여 북부와 중부 지역 여행을 공략해 보자.

❶ 공항
국제선 청사에서 나와 오른쪽으로 도보 3분→국내선 청사 1층에서 공항리무진 A, B, C, D 노선 탑승

❷ 버스
나하 버스 터미널 및 시내에서 각종 볼거리가 몰려 있는 중부 지역으로 가는 버스는 그리 많지 않다. 아메리칸 빌리지를 비롯한 차탄, 요미탄, 온나 지역은 58번 국도를 따라가는 20, 28, 29, 120번 버스를 환승 없이 쉽게 도착할 수 있다(소요 시간 약 1시간~1시간 30분). 문제는 중·동부 지역과 우루마 시를 포함한 그 외 지역은 환승이 기본일 정도로 버스 터미널을 기점으로 분산되니 참고하자. 이케이 섬을 비롯한 중·동부 해안을 따라 올라가는 33번 버스와 내륙을 관통하는 23, 31, 77번 버스가 주요 버스니 기억하자.

세로로 긴 지형을 가진 오키나와에서 중부 지역 여행은 상대적으로 동선이 잘 나오는 곳이다. 주요 볼거리가 해변에 몰려 있어 58번 국도를 따라 남쪽이나 북쪽으로 가다 보면 중부 지역 명소의 70%는 완성. 특히 렌터카 여행이라면 해중도로와 이케이 섬 일정을 추천한다. 오키나와 서쪽의 케라마 제도와는 다른 풍광을 목격할 수 있기 때문이다. 좌측통행을 하는 일본에서 58번 국도를 남에서 북으로, 동부 해안 도로에서는 북에서 남으로 이동해야 바로 옆 바다를 끼고 드라이브를 즐길 수 있다.

여행 동선 대중교통을 이용하는 여행자라면 이동 시간이 길고 배차 시간이 긴 만큼 미리 방문할 스폿을 결정하고 교통 정보를 수집해서 출발하자. 차탄 지역의 아메리칸 빌리지를 시작으로 잔파곶 ▶ 류큐 무라 ▶ 만좌모 ▶ 복귀 일정을 추천한다.

스나베바바 공원
고디스
Gordie's

하스 카페
HEARTH cafe

씨사이드 호텔 더 비치
Seaside Hotel The Beach

피자 인 오키나와
Pizza in Okinawa

트랜짓 카페
Transit Cafe

하마야 浜屋
미야기 해안
宮城海岸

오키나와 오션 프론트
Okinawa Ocean Front

CC's Chicken&Waffles

차탄 지역

SanA 마트

밧텐스시
ばってん

힐튼 오키나와 차탄 리조트
Hilton Okinawa Chatan Resort

구르메관
グールメ館

카니발 파크 미하마
カーニバルパークーミ

빌리지 하우스
ビレッジハウス

디스토션 패션 빌딩
ディストーションファ

시사이드 스퀘어
シーサイドスクエア

오크 패션 빌딩
オークファッションビル

지바고 커피 웍스
ZHYVAGO COFFEE WORKS

관광 안내소

아메리칸 데포

차탄 외곽 지역

아메리칸
빌리지

아메리칸 데포

이온몰 오키나와 라이콤
AEONMALL OKINAWA RYCOM

데포 아일랜드
Depot Island

레드 랍스터
レッドロブスター

주차장

더 비치 타워 오키나와
The Beach Tower Okinawa

이온몰
Aeon Mall

차탄 공원 선셋 비치
北谷公園サンセットビーチ

후텐마 궁·후텐마 동굴
普天間宮·普天間洞穴

츄라유 온천
Chula-u 温泉

JA 천연 온천 아로마
天然温泉アロマ

트로피컬 비치
トロピカルビーチ

나카구스쿠 성터
中城城跡

아라하 비치
アラハビーチ

라구나 가든 호텔 오키나와
Laguna Garden Hotel Okinawa

차탄 BEST COURSE

대중교통을 이용한 코스
뚜벅이 여행자를 위한 차탄 지역 추천 여행 일정

⭐ 나하 — 버스 40분··· → ⭐ 아메리칸 빌리지 — 도보 5분··· → ⭐ 카니발 파크 미하마 — 도보 5분··· → ⭐ 류빙 (디저트)

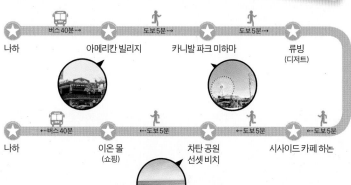

⭐ 나하 — 버스 40분 → ⭐ 이온 몰 (쇼핑) — ···도보 5분 → ⭐ 차탄 공원 선셋 비치 — ···도보 5분 → ⭐ 시사이드 카페 하논 — ···도보 5분

렌터카를 이용한 코스
렌터카로 차탄 주요 스폿을 돌아보는 일정

⭐ 나하 — 차량 30분··· → ⭐ 쇼핑하기 (메가돈키호테) — 차량 15분··· → ⭐ 고디스 햄버거 — 차량 10분··· → ⭐ 카니발 파크 미하마 (식사)

⭐ 나하 — ···차량 30분 → ⭐ 레드 랍스터 — ···차량 5분 → ⭐ 차탄 공원 선셋 비치 — ···차량 5분 → ⭐ 데포 아일랜드 (볼거리 & 쇼핑) — ···도보 5분

미국 같은 오키나와 복합 엔터테인먼트 시설

아메리칸 빌리지 アメリカンビレッジ [아메리칸 비렛지]

주소 沖縄県中頭郡北谷町 15-69 **내비코드** 335 264 52*52 **위치** 나하 버스 터미널(那覇バスターミナル)에서 28번 버스 탑승 후 군뵤인마에(軍病院前) 정류장 하차 후 도보 8분 **시간** 11:00~22:00(상점마다 다름) **홈페이지** www.okinawa-americanvillage.com **전화** 098-926-3222

각종 오락과 쇼핑을 즐길 수 있는 복합 엔터테인먼트 지역이다. 1981년 해안을 따라 조성되었던 미군 비행장과 그 주변 매립지가 일본으로 반환된 후 새롭게 형성됐다. 한적하고 여유로운 오키나와 분위기와는 다르게 각종 오락 시설로 활기찬 분위기를 느낄 수 있다. 이곳의 랜드마크는 뭐니뭐니해도 최정상 높이 60m의 스카이 맥스 60. 오키나와의 유일한 관람차이자, 멋진 뷰 포인트를 제공해 주어 많은 여행자가 즐겨 찾는 장소이기도 하다. 이 외에도 쇼핑과 맛집이 몰려 있는 데포 아일랜드 등 대형 건물들이 저마다의 매력을 뽐내고 있다. 근처에 미군 기지들이 몰려 있어 가끔은 미국인지 일본인지 헷갈릴 정도로 많은 미국인을 볼 수 있는 곳이기도 하다.

스테이크 캡틴즈인 🍴
소바야 치루과 🍴
이치방테이 🍴
장장 뷔페 🍴
벨 시스템 24
ベルシステム 24
구르메관
グールメ館
더블덱커 🍴
선라이즈 🍴
제타 버거 마켓 🍴
런 오키 ⓢ
하야테마루 🍴
톤큐호텔 🍴
메이크맨
メイクマン美浜店
시사이드 카페 하눙 🍴
알 카페 🍴
오가닉 & 아로마 페타루나 🍴
바움쿠헨 전문점 🍴
SUN~tommy
오크 패션 빌딩
オークファッションビル
at's chatan ⓢ
시사이드 스퀘어
シーサイドスクエア
빌리지 하우스
ビレッジハウス
디스토션 패션 빌딩
ディストーションファ
류빙 🍴
포케 팜 🍴
아메리칸 데포
アメリカンデポ
드래곤 팰리스
ドラゴンパレス ⓢ
카니발 파크 미하마
カーニバルパークーミハマ ⓢ
스카이 맥스 60 🍴
파티 랜드 🍴
A&W 카니발 파크 🍴
다이코쿠 드러그스토어
하카타멘 🍴
암마테이 🍴
클라이맥스 커피 ☕
이치겐야 🍴
디스토션 해변의 빌딩
オークファッションビル ⓢ
데포 아일랜드
Depot Island ⓢ
Vessel hotel
Campana Okinawa 🏨
B C D
A
E
FASHION
PLAZA F
AKARA
키니무나 🍴
스테이크 하우스 BB 🍴
관광 안내소 ⓘ
미하마 7PLEX
ミハマ7プレックス
P
주차장
이온몰 Aeon Mall ⓢ
쓰키지 긴다코 🍴
하나마루 우동 🍴
ABC 마트
슈퍼마켓
더 비치 타워 오키나와 🏨
ザ ビーチタワー沖縄

이온 몰 Aeon Mall [이온 모-루]

주소 沖縄県中頭郡北谷町美浜(字)字美浜8-3 **내비코드** 33 526 212*25 **시간** 7:00~24:00(식품), 10:00~24:00(의류) **홈페이지** www.aeon-ryukyu.jp **전화** 0989-82-7575

선셋 비치에서 도보 10분 정도에 떨어져 있는 인기 만점의 쇼핑 몰. 우리가 생각하는 일반 몰과 크게 다른 점이 없지만, 합리적인 가격으로 식사와 쇼핑을 동시에 해결할 수 있다. 맛있는 식당과 더불어 이곳의 식료품 코너에서는 다양한 종류의 튀김, 스시, 도시락을 저렴한 가격에 판매하고 있어 알뜰한 여행자들에게 특히 사랑받고 있다. 아메리칸 빌리지 근처에 머무는 여행자들이 자주 들르는 곳 중 하나다.

쓰키지 긴다코 築地銀だこ [쓰키지 긴다코]

가격 600엔~(타코야키 6개)

이미 일본 전역에서 타코야키의 맛과 품질로 선두주자를 달리고 있는 쓰키지 긴다코. 맛과 품질의 균일화로 일본 어느 지역에서도 거의 같은 맛을 느낄 수 있는 타코야끼계의 스타벅스다. 홍콩, 상하이, 대만 등 해외에도 체인점을 둘 정도로 인기니 시도해 보자.

ABC 마트 [에-비-시- 마-토]

이미 우리나라에도 너무나 익숙한 ABC 마트. 특정 사이즈를 할인해서 판매하는 특가 행사를 상시 진행하니 한 번쯤 들러 볼 만하다. 무엇보다 해변 특성상 산호가 많으니 아쿠아 슈즈 착용이 필요할 때가 많은데, 렌트보다는 장기적으로 저렴한 가격과 괜찮은 품질의 아쿠아 슈즈를 장만해도 나쁘지 않다.

하나마루 우동 はなまるうどん [하나마루 우동]

가격 500엔~(하나마루 우동 中)

소바에 질린 여행자에게 추천하는 사누키 우동이다. 우동으로 유명한 사누키 지역은 탱탱한 면발로 일본 내에서도 그 명성이 자자하다. 소바의 면이 툭툭 끊어지는 느낌이라면 사누키 우동은 탱글탱글한 면발이 포인트. 우리나라에서는 익숙하지 않은 냉우동도 한국인 입맛에 맞으니 냉우동으로 뜨거운 햇살을 이겨내 보자. 다만, 한국인에게는 조금 짤 수도 있으니 참고하자.

슈퍼마켓 SUPERMARKET [스-파-]

시원한 호텔에서 맥주와 함께 즐길 안주와 야식을 찾는다면 바로 이곳이 적격. 꼬치, 튀김, 초밥 등 뷔페만큼 다양한 메뉴가 저렴한 가격으로 낱개 판매하고 있어, 고르는 즐거움과 맛보는 즐거움 두 마리 토끼를 동시에 잡을 수 있다. 알뜰한 여행족들에게도 푸짐한 한 끼를 해결해 주는 곳이니 꼭 들러 보자. 계산한 음식은 계산대 밖 입구 쪽 공용 테이블에서 먹으면 된다.

데포 아일랜드 Depot Island [데포 아이루란도]

주소 沖縄県中頭郡北谷町美浜(字)字美浜 8-3　**내비코드** 33 526 212*25　**시간** 7:00~24:00(식품), 10:00~24:00(의류)　**홈페이지** www.aeon-ryukyu.jp　**전화** 0989-82-7575

패션이면 패션, 휴식이면 휴식, 맛집이면 맛집 여행자들의 오감을 만족시키는 아메리칸 빌리지의 핫 스폿 데포 아일랜드. A동부터 E동까지 각자 다른 건물들이 아기자기한 골목과 특색 있는 건물들로 여행자를 색다른 세상에 온 것 같은 기분으로 만들어 준다. 저녁이 되면 각종 공연과 이벤트가 열리니 확인하고 참여해 보자.

🍔 아메리칸 데포 빌딩 인기 상점

포케 팜 Pocke farm [포케 파무]

위치 아메리칸 데포 B 빌딩　**가격** 700엔~(타코라이스)

미국인들이 즐겨 먹는 타코를 일본 식문화에 접목시켜 만든 타코 라이스가 이 집의 주요 메뉴다. 칠리 소스와 치즈 그리고 밥이라는 조화가 자칫 어색할 수 있지만, 의외로 한국 여행자들 사이에 마니아층이 있을 정도로 한국인 입맛에도 딱이다. 이곳의 감자튀김과 버거 그리고 오리온 생맥주도 타코 라이스와 함께라면 금상첨화다.

류빙 琉氷 [류-핑]

위치 아메리칸 데포 B 빌딩　**가격** 1,000엔(트로피칼 빙수: 2~3인분)

각종 열대 과일 토핑이 듬뿍 들어간 아이스크림과 빙수가 이곳의 주 메뉴다. 열대 과일 토핑을 선택할 수 있고, 그 위에 아이스크림과 연유가 올라가 더위에 지친 여행자에게 달콤한 기분을 느끼게 해 주는 최고의 디저트 중 하나로 유명하다. 이곳 외에도 온나 미치노에키 휴게소에도 매장이 있으니 참고하자.

키니무나 きじむなあ [키지무나아]

위치 데포 아일랜드 C 빌딩 **가격** 680엔~(타코 라이스)

아메리칸 무라에 있는 또 하나의 타코 라이스 맛집이다. 포케 팜은 실외 매장이라 더운 날에는 조금 먹기 힘들지만, 이곳 매장은 에어컨이 빵빵한 실내에서 맛있는 타코 라이스로 여행자들을 유혹하고 있다. 주문자의 입맛에 맞게 순한 맛과 매운맛 선택이 가능하니 입맛과 취향에 따라 골라먹어 보자.

스테이크 하우스 BB

STEAK HOUSE BB [스테-키 하우스 비비]

위치 데포 아일랜드 A 빌딩 **가격** 2,500엔~(1인당)

아메리칸 빌리지에서 스테이크가 빠질 수 없다. 여행자들에게 사랑받는 스테이크 하우스 BB. 일본 3대 소고기 중 하나인 고베규의 원조라고 알려진 이시가키 규 스테이크는 이 집의 최고 인기 메뉴다. 이 외에도 오키나와의 소울푸드 타코 라이스와 랍스터 등 다양한 메뉴를 즐길 수 있다.

시사이드 카페 하농

Seaside Cafe Hanon [사-사이도 카훼 하농]

가격 380엔~(팬케이크)

흰색과 파란색으로 가게를 장식한 해변 카페 하농. 마치 그리스 산토리니를 옮겨 온 것만 같은 인테리어에 기분도 상쾌해진다. 가게와 연결된 테라스에서 해변을 바라보며 즐기는 여유는 이 집의 매력 포인트. 인기 메뉴는 직접 만든 아이스크림과 팬케이크다.

알 카페 R cafe [아-루 카훼]

가격 400엔~(아이스 커피)

프렌치토스트와 에그 베네딕트가 메인 메뉴인 알 카페. 멋진 해변을 조망하며 커피 한잔의 여유를 느낄 수 있는 곳으로, 특이하게 소시지와 오리온 생맥주를 팔기도 한다. 아기자기한 소품으로 꾸며진 카페를 둘러보는 것도 이곳의 매력 중 하나다.

오가닉 & 아로마 페타루나
[오-가닉쿠 안도 아로마 페타루-나]

가격 상품마다 다름

오키나와의 전통 오가닉 화장품과 아로마 오일을 파는 상점이다. 현지인들과 일본인들의 많은 사랑을 받고 있는 화장품 브랜드이기도 한 이곳은, 점원 모두가 관련 분야 자격증을 소지하고 있어 취향에 맞는 상품을 추천해 준다. 민감성 피부에 바르는 로션月桃花水은 이곳의 가장 인기 상품이다.

바움쿠헨 전문점 SUN-tommy
[바우무쿠-헨 센몬텡 산토미-]

가격 1,200엔(바움쿠헨 한 롤)

현지인들에게 인기가 많은 바움쿠헨 전문점이다. 우유와 물을 사용하지 않고 오직 숙성 버터와 계란으로 진한 맛을 살린 이곳의 바움쿠헨은 현지인들에게 인기 만점이다. 오픈한 지 얼마되지 않아 여행자들에게는 많이 알려져 있지 않지만, 선물용으로 사가기 좋은 상품이니 눈여겨보자.

🏛 디스토션 패션 빌딩 **인기 상점**

제타 버거 마켓 JETTA BURGER MARKET
[젯타 바-가- 마-켓또]

가격 700엔~(햄버거 단품)

100% 소고기 수제 패티로 풍부한 육즙과 맛을 자랑하는 오키나와 태생의 버거 전문점이다. 가게 안이 이국적인 소품으로 인테리어 되어 있어 마치 하와이에 온 것 같은 기분을 느끼게 해 준다. 이곳의 인기 메뉴는 'Texas Extra Burger'로 두툼한 패티와 베이컨, 계란까지 모든 게 푸짐하며, 여자 두 명이 먹어도 충분히 배부를 정도로 엄청난 양을 자랑한다.

런 오키 RUN OKI [란 오키]

가격 상품마다 다름

I ♥okinawa가 씌어진 티셔츠가 식상하고 스타일이 살지 않는다면 바로 이곳을 들러 보자. 힙합 그룹 런 디엠씨(Run D.M.C)에서 영감을 얻어 만들어진 RUN OKI는 그 기원(?)에 걸맞게 센스 있는 아이템과 로고로 스타일과 기념품의 의미 두 가지 모두를 만족시킬 수 있다. 티셔츠부터 후드까지 일상복으로도 전혀 손색없는 핏과 디자인으로 오래도록 입을 수 있다는 것이 이곳만의 장점이다.

더블덱커 ダブルデッカー [다부루덱카ー]

가격 900엔~(점심), 1,200엔~(저녁)

영국에서 가져온 2층 버스를 개조해 만든 레스토랑 겸 PUB이다. 이곳의 메인 메뉴는 오므라이스와 함께 마시는 맥주와 칵테일. 이색적인 분위기와 함께 원래 버스의 아이템들을 그대로 살려 놔서 특별한 느낌을 준다. 저녁에 친구와 간단한 안주와 함께 술 한잔하기 좋은 곳이니 한 번 들러 보자.

선라이즈 サンライズ [산라이즈]

가격 500엔~(기본 샌드위치)

미국 남부의 전형적인 맛을 느끼고 싶다면 바로 이곳으로. 미국적인 인테리어처럼 그 맛도 미국인들의 입맛에 딱 맞게 맞춰져 있다. 이곳은 우리나라 여행자에게는 조금 느끼하고 짤 수 있지만 많은 사람이 찾는 곳이기도 하다. 이곳의 메인 메뉴는 필라델피아 치즈 스테이크. 빵 안에 담겨진 푸짐한 스테이크는 특히 맥주를 부르는 맛이다.

하야테마루 追風丸 [하야테마루]

가격 730엔~(미소 라멘)

홋카이도에서 넘어온 미소 라멘 하야테마루. 이제 우리나라에서도 심심치 않게 볼 수 있는 라멘 중에 하나이기도 하다. 이 라멘은 한국인 입맛에는 조금 짜다고 느낄 수 있다. 미리 주방장에게 말하면 덜 짜게 만들어주니 참고하자.

톤큐호테 豚牛放題 [톤큐호테]

가격 990엔(1인당)

1인당 990엔에 샤브샤브를 무제한으로 즐길 수 있는 **톤큐호테**. 돈키호테와 헷갈리지만 이곳은 엄연히 다른 집이다. 가게의 내부 인테리어는 크게 대단치 않지만 가성비가 좋은 음식점으로 주로 현지인들에게 인기가 많다.

스테이크 캡틴즈인 キャプテンズイン [캅푸텐즈인]

가격 런치 1,800엔(150g)~, 저녁 2,600엔(180g)~

눈 앞에서 지글지글 익어가는 스테이크와 함께 눈과 혀과 호강하고 싶다면 바로 이곳으로. 커다란 철판 앞에서 전속쉐프가 주문한 스테이크와 해산물들을 직접 요리해줘 먹는 맛 뿐만 아니라 보는 맛도 만족시켜 준다. 철판요리 스테이크로 유명한 오키나와에서도 손에 꼽히는 맛집이니 한번 시도해 보자.

소바야 치루과 そば家 鶴小 [소바야 치루과-]

가격 700엔~

아메리칸 무라의 유명한 소바집이다. 깔끔한 일본식 내부와 감칠맛 나는 오키나와 소바는 이 집의 자랑이다. 소바 외에도 돈부리와 로스가스도 인기 메뉴 중 하나다.

이치방테이 一番亭 [이치방테-]

가격 130엔~(접시당)

열대어가 많은 오키나와에서 초밥은 일본 본토에 비해 많이 약한 편이다. 아메리칸 빌리지에 위치한 이곳은 다른 회전 초밥집에 비해 합리적인 가격과 맛으로 유명하다. 주 고객층 중 하나가 미국인이어서 색다른 스시도 많으니 한 번 시도해 보자.

쟝쟝 뷔페 じゃんじゃん バイキング [쟝쟝 바이킹그]

시간 11:30~15:00(런치), 17:00~다음 날1:00(디너) **가격** 런치: 1,280엔(성인: 중학생 이상), 780엔(초등학생), 380엔(유아: 4세이상) / 디너: 1,800엔(성인: 중학생 이상), 1,300엔(초등학생), 700엔(유아: 4세 이상)

오키나와 전통 음식부터 일식, 양식 그리고 디저트까지 무제한으로 맛볼 수 있는 뷔페 집이다. 일반적인 일본의 뷔페와는 달리 시간제한 없이 마음껏 음식을 맛볼 수 있는 것이 이곳의 매력 포인트다. 70종의 음식을 맛보다 보면 어느새 오키나와에서 먹을 수 있는 음식을 한 번씩은 다 맛보는 셈이다.

스카이 맥스 60
SKY MAX 60 [스카이 막쿠스 로쿠쥬-]

가격 500엔(대인), 300엔(소인)

아메리칸 빌리지를 대표하는 랜드마크 스카이 맥스 60. 최고 높이 60m에서 내려다보는 아메리칸 빌리지는 마치 놀이동산에 온 것 같은 착각을 줄 정도로 아기자기하다. 한 바퀴 도는 데 소요되는 시간은 15분 정도. 가족과 연인들에게 추천한다.

파티 랜드 PARTY LAND [파-티- 란도]

가격 550엔~ (한 컵; 토핑마다 다름)

요거트 아이스크림 마니아라면 한 번쯤 들러 볼 만한 프로즌 요거트 전문점이다. 요거트 종류와 그 위에 올라갈 토핑을 취향대로 골라 먹을 수 있어 내가 원하는 최고의 요거트를 만드는 재미도 있다. 맛집이 많은 아메리칸 빌리지에 어울리는 괜찮은 디저트집이다.

A & W 카니발 파크 A & W カーニバルパーク [에- 안도 다브류- 카-니바루파-쿠]

가격 500엔~ (세트 메뉴)

일본에서 최초로 생긴 패스트푸드 체인점은 맥도날드라고 생각하기 쉽지만, 1963년 오키나와에 처음 오픈한 A & W가 원조다. 당시 오키나와는 미국령이었기 때문에 카운트되지 않고 일본 본토에 널리 퍼지진 못했다. 지금도 미국과 캐나다에서는 자주 볼 수 있는 A & W의 주력 메뉴는 햄버거다. 그리고 파스향이 나는 오묘한 맛의 루트비어가 이곳의 간판 메뉴이기도 하다. 호불호가 극명하게 갈리는 음료이니 모두가 루트비어를 시키는 모험은 말리고 싶다.

다이코쿠 드러그 스토어
[다이코쿠 도락쿠 스토아]

아메리칸 빌리지에 놀러 온 여행자들을 위해
마련한 드러그 스토어. 가성비가 좋은 물건과
한국보다 훨씬 저렴한 물건 등 가격으로 여행
자를 유혹하는 곳이다. 기본적으로 여행자들
은 면세이니, 여권을 꼭 지참하자.

하카타멘 博多麺 [하카타멘]

가격 620엔~

진한 육수와 탱글탱글한 면이 일품인 하카타
멘. '후쿠오카'라는 뜻을 가진 하카타는 이름
그대로 후쿠오카에서 나온 면이다. 진하게 끓
여낸 돼지 육수에 다양한 토핑을 선택할 수 있
으니, 취향에 맞게 골라 먹도록 하자.

암마테이 アンマー亭 [암마-테-]

가격 630엔~ (오키나와 소바)

오키나와 전통 음식을 맛보고 싶다면 이곳을
방문해 보자. 오키나와 소바, 고야 찬푸루, 지
마미 두부 등 감칠맛 나는 전통 음식들로 여행
자들을 유혹한다. 이미 여행자들에게도 많이
알려졌으니 한 번쯤 들러 보자.

클라이맥스 커피
CLIMAX COFFEE [쿠라이막쿠스 코-히-]

가격 300엔~ (아이스커피)

오키나와에만
있는 커피 체인
점 클라이맥스
커피. 디저트
문화가 잘 발달
해 있는 일본에
서는 커피 맛도 상향 평준화되어 있어 기본 이
상의 맛을 자랑한다. 대관람차 스카이 맥스
60을 타고 난 후 달콤한 디저트와 커피 한잔
하기 좋은 위치니 참고하자.

이치겐야 いちげん屋 [이치겐야]

가격 680엔~ (오코노미야키)

줄서서 먹는 아메
리칸 빌리지의 맛
집이다. 철판요리
전문점답게 가장
인기 메뉴는 바로

오코노미야키. 쉐프가 철판에서 만들어 주는
오코노미야키는 재료를 직접 선택할 수 있어
나만의 주문이 가능하다. 시원한 생맥주와 잘
어울리는 이 집은 점심과 저녁 시간에는 붐비
니 그 시간을 최대한 피해 여유롭게 먹어 보는
것을 추천한다.

지바고 커피 웍스 ZHYVAGO COFFEE WORKS [지바고 코-히- 와-쿠스]

주소 沖縄県中頭郡美浜 9-46 ディストーションシーサイドビル 1F **내비코드** 465 827 853*28 **시간** 9:00~
일몰 시까지 **홈페이지** zhyvago-okinawa.com **전화** 098-989-5023

멋진 일몰을 감
상할 수 있는 전
망 좋은 최고의
카페 중 하나인
지바고 커피.
폐점 시간을 일몰 시까지라고 정해 놓을 정도
로 많은 현지인과 여행자에게 인기 만점이다.
깔끔한 디자인과 맛있는 커피로 오키나와의
일몰을 이곳에서 즐겨 보자.

레드 랍스터 Red Lobster [렛도 로부스타-]

주소 沖縄県中頭郡北谷町美浜 8-10 **내비코드** 33 525 298*85 **시간** 11:00~24:00(주문 마감 23:30) **가격**
9,200엔(2인-랍스터 정식 코스) **전화** 098-923-0164

분위기 있는 곳에서 가족, 연인과 함께 랍스
터를 먹고 싶다면 이곳으로 가 보자. 신선한
랍스터와 깔끔하고 맛있는 해산물 파스타 등
다양한 메뉴로 오키나와의 이국적인 분위기
를 충분히 느낄 수 있을 것이다. 한 가지 흠이
있다면 가격이 1인당 5,000엔 정도로 조금
부담스러울 수 있다.

밧덴스시 ばってん [밧텐]

주소 沖縄県中頭郡北谷町美浜 2-5-8 **내비코드** 33 526 729*11 **시간** 11:30~14:30(런치; 주문 마감 14:00),
17:00~23:00(디너; 주문 마감 22:00) **가격** 1,600엔(밧덴스시 모둠 10pcs) **전화** 098-921-7270

여행자 사이에서 가장 많은 입소문을 탄 밧덴
스시. 이곳은 단품으로 파는 스시와 더불어
주인장이 추천하는 메뉴로 구성된 '주인장 추
천 모둠 스시'가 인기다. 어떤 스시를 먹어야
할지 모르겠다면 이곳에서 설계(?)해 놓은 다
양한 모둠 스시 중에서 골라 봐도 좋다.

일몰이 아름다운 해변
차탄 공원 선셋 비치 北谷公園サンセットビーチ
[챠탄코–엔 산셋토비–치]

주소 沖縄県中頭郡北谷町美浜 2丁目 **내비코드** 33 525 205*63 **개장 기간** 4월~10월 **시간** 8:00~18:00(수영 가능 시간) **가격** 입장료 무료, 주차료 무료, 5,000엔(B.B.Q), 1,500엔(파라솔), 1,000엔(비치베드: 선베드), 100 엔(샤워장: 3분) **전화** 098-936-0077

일몰이 아름다운 해변인 선셋 비치. 수영 구역의 수심이 낮아 가족들과 함께 물놀이하기에 좋다. 다른 해변에 비해 사람이 조금 많고, 아메리칸 빌리지에 위치해서 서양인들도 많이 보인다. 해변 주변으로 산책로와 바비큐도 할 수 있어 가족끼리 온 여행자와 커플 여행자들에게는 좋은 추억을 만들 수 있다.

오키나와에 몇 안 되는 천연 온천
츄라유 온천 Chula-u 温泉 [츄라유 온센]

주소 沖縄県中頭郡北谷町美浜 2番地 **내비코드** 33 525 117*03 **시간** 7:00~23:00(목욕: 입장 마감 22:00), 10:00~22:00(야외 시설) **요금** 아침(7:00~9:00): 600엔(성인 & 어린이)/ 평일: 1,200엔(성인), 800엔(어린이), 토~일요일·공휴일: 1,500엔(성인), 800엔(어린이)

더 비치 타워 오키나와 선셋 비치 옆에 위치한 오키나와에 몇 안 되는 천연 온천이다. 노천탕과 외부 풀장, 사우나, 자쿠지 등 다양한 시설을 갖춘 이곳은, 여행의 피로를 해소하기 위해 찾는 여행자들에게 인기가 높다. 특히 이곳 자쿠지에서 저물어 가는 일몰을 바라보는 것은 여행의 끝판왕이니 한 번 들러 볼만하다.

미국적이며 고즈넉한 해변

아라하 비치 アラハビーチ [아라하비-치]

주소 沖縄県中頭郡 北谷町北谷 2-21 **내비코드** 33 496 157*14 **위치** 나하 버스 터미널(那覇バスターミナル)에서 28번 버스 탑승 후 차탄(北谷) 정류장 하차 후 도보 7분 **시간** 9:00~18:00(수영 가능 기간 4월 13일~10월 31일 *계절에 따라 다름) **요금** 무료 **전화** 098-936-0077

해변 앞에 실제 크기의 범선이 인상적이다. 아메리칸 빌리지 남쪽에 위치한 이곳은 미군 거주 지역이 근처에 있어, 일본인보다 미국인을 더 많이 볼 수 있다. 조용하고 고즈넉한 분위기의 해변이지만 주변 분위기는 확실히 미국적이다. 아메리칸 빌리지의 북적함이 싫다면 이곳의 해변에서 조용히 수영을 즐기는 것을 추천한다.

일몰에 꼭 한 번 걷고 싶은 해변

미야기 해안 宮城海岸 [미야기카이강]

주소 沖縄県中頭郡 北谷町宮城 2宮城海岸 **내비코드** 33 584 015*60 **위치** ① 나하 버스 터미널(那覇バスターミナル)에서 52번 버스 탑승 후 야케나バスターミナル(屋慶名バスターミナル) 정류장 하차 후 228번 오모로마치선(読谷おもろまち線) 환승 후 고쿠타이이리구치(航空隊入口) 정류장 하차 후 도보 11분 ② 아메리칸 빌리지 선셋 빌리지에서 해안가를 따라 도보 30분 **시간** 상시 개방 **요금** 무료 **전화** 098-926-5678

중부 지역 해변을 고즈넉하게 산책하고 싶다면 이곳으로 가자. 아메리칸 빌리지 북쪽에 위치한 미야기 해변은 근처에 숙소와 예쁜 카페가 많아 만족도 높은 휴식을 취할 수 있다. 아메리칸 빌리지에서 도보 30분 거리이기 때문에 해변을 따라 아메리칸 빌리지로 가는 길에 둘러보기 좋다. 수영할 수 있는 모래사장 대신 콘크리트로 반듯하게 닦인 산책로가 있

으니 아메리칸 빌리지나 미야기 방면에 머무는 여행자는 일몰 시간에 꼭 한 번 걸어 보자.

현지인에게 더 인기인 소바 집
하마야 浜屋 [하마야] 🍴

주소 沖縄県中頭郡北谷町宮城 2-99 **내비코드** 33 584 046*00 **시간** 10:30~20:30(주문 마감 20:00) **가격** 550엔~(하마야 소바) **전화** 0989-36-5929

현지인들에게 더 인기 있는 소바 맛집. 간장을 사용하지 않고, 오직 소금으로만 간을 한 이 집 소바는 가장 기본 메뉴인 하마야 소바가 메인 메뉴다. 아메리칸 빌리지와는 조금 떨어져 있어서 뚜벅이 여행자에게는 조금 찾아가기 힘드니 렌터카 여행자에게 추천한다. 주차 공간이 따로 없으니, 근처에 있는 호텔이나 아파트 주차장에 잠시 세워 두고 걸어가는 것이 마음 편하다.

미국에서도 맛볼 수 있는 햄버거
고디스 GORDIE'S [고-디-즈] 🍴

주소 沖縄県中頭郡北谷町砂辺 100 **내비코드** 33 584 568*36 **시간** 11:00~21:30(주문 마감 21:00) **가격** 850엔~(기본 햄버거 콤보) **전화** 098-926-0234

미국인들이 많이 거주하는 중부 차탄 지역에서 맛으로 인정받은 햄버거 고디스(GORDIE'S). 차탄 지역에 사는 미국인들이 점심시간이면 찾기 때문에 사람이 많아서 기다려야 한다. 전체적인 메뉴 구성은 특별한 것이 없지만 미국에서 맛볼 수 있는 햄버거를 맛보려면 이곳에 가 보자. 주차 구역이 협소하니, 가능하면 조금 멀리 떨어진 곳에서 걸어오는 것을 추천한다.

오키나와에서 가장 북적이는 해변
트로피컬 비치 トロピカルビーチ [토로피카루 비-치]

주소 沖縄県宜野湾市大山 7-7-1 **내비코드** 33 403 135*47 **위치** 나하 버스 터미널(那覇バスターミナル)에서 88, 112번 버스 탑승 후 기노완콘벤슌센터마에(宜野湾コンベンションセンター前) 정류장 하차 후 도보 2분 **시간** 9:00~19:00(유영 기간 4월 15일~10월 31일) **홈페이지** www.ginowankaihinkouen.jp/information/ **전화** 098-897-2751

오키나와 해변에서 가장 북적이는 트로피컬
비치. 전체적으로 오키나와 해변은 조용하고
정적인데에 비해 주말에 트로피컬 비치는 마
치 마이애미 해변에 있는 듯한 착각을 느끼
게 할 정도로 파티 분위기다. 기노완 해변 공
원과 오키나와 컨벤션 센터가 위치해 있어서
현지인, 여행자 가리지 않고 많은 인파로 가
득하다. 많은 미군 기지가 위치한 기노완 지
역답게 미군들도 많이 볼 수 있다는 점이 특
징. 인파가 많은 만큼 깨끗한 수질을 기대할
순 없지만, 해수욕을 즐기기엔 충분하니 기
분 좋게 즐겨 보자.

노천탕이 유명한 온천
JA 천연 온천 아로마 JA 天然温泉アロマ [텐넨온센아로마]

주소 沖縄県宜野湾市大山 7-7-1 **내비코드** 33 434 112 **위치** 나하 버스 터미널(那覇バスターミナル)에서 23, 28번 버스 탑승 후 약 30분 뒤 이사(伊佐) 정류장 하차 후 도보 14분 **시간** 7:00~23:00 **요금** 1,500엔(대인), 750엔(중학생) **홈페이지** www.aroma1126.com **전화** 098-898-1126

지하 1,300m에서 끌어올린 온천수로 여행
의 피로를 풀어 주는 휴식 스폿. 일본 본토와
는 달리 온천수가 잘 나지 않는 오키나와에
서 아메리칸 빌리지 방면의 츄라우 온천과
더불어 이곳도 온천을 기대하는 여행자들이

자주 찾는 곳이다. 이곳의 자랑은 바로 노천
탕. 일본식 정원 스타일로 꾸며진 노천탕에
서 하루를 마감하면 다음 날 상쾌한 기분으
로 여행을 시작할 수 있다.

옛 류큐 왕국의 신앙심이 가득한 곳

후텐마 궁·후텐마 동굴

普天間宮·普天間洞穴 [후텐마구─·후덴마도─케쯔]

주소 沖縄県宜野湾市普天間 1-27-10 **내비코드** 33 438 614*17 **위치** 나하 버스 터미널(那覇バスターミナル)에서 23번 버스 탑승 후 약 30분 뒤 이사(伊佐) 정류장 하차 후 도보 10분 **시간** 9:30~18:00 **요금** 무료 **홈페이지** futenmagu.or.jp **전화** 098-892-3344

류큐 왕국 신앙의 중심지 후텐마 궁과 동굴이다. 동굴 안에 후텐마 여신이 살고 있다고 믿었던 당시 류큐국의 사람들은 이곳에 절을 지어 소원과 기원의 장소로서 많은 사람이 찾아갔다고 한다. 류큐국 사람들에게 동굴이란 삶과 죽음을 가르는 통로와 같은 곳이었다고 한다. 후텐마 궁에 도착하면 '이곳에 동굴이 있다고?' 생각할 정도로 멋지게 지어진 궁밖에 안 보이지만, 오전 10시부터 무녀를 따라 궁 옆 작은 문을 통해 동굴 안에 들어가

볼 수 있으니 궁만 보지 말고 동굴까지 관람해 보자.

오키나와의 걸작이라 여김

나카구스쿠 성터 中城城跡 [나카구스쿠 죠-세키]

주소 沖縄県中頭郡北中城村大城 503 **내비코드** 33 411 738*63 **위치** 나하 버스 터미널(那覇バスターミナ
ル)에서 30번 버스 탑승 후 약 1시간 뒤 토마리(泊) 정류장 하차 후 도보 17분 **시간** 8:30~17:00(10~4월),
8:30~18:00(5~9월) **요금** 400엔(성인; 단체 300엔), 300엔(중·고등학생; 단체 200엔), 200엔(초등학생; 단체
100엔) **전화** 098-935-5719

유네스코 세계 문화 유산으로 지정된 또 하나
의 오키나와 걸작인 나카구스쿠 성터. 14세
기 중반에 완공된 이 성은 류큐 왕국이 생기기
전인 삼산시대 중산국의 유물이다. 시대를 거
쳐 오면서 계속 증축되어 지금은 수려한 곡선
미와 뛰어난 전경을 조망할 수 있어 일본 내에
서도 유명하다.

오키나와 최신, 최대의 멀티플렉스 백화점

이온 몰 오키나와 라이콤
AEONMALL OKINAWA RYCOM [이온모-루 오키나와 라이카무]

주소 沖縄県中頭郡北中城村アワセ土地区画整理事業区域内 4街区 **내비코드** 33 530 406*45 **위치** 나하 버
스 터미널(那覇バスターミナル)에서 77번 나고 히가시선 버스 탑승 후 약 15분 뒤 히가시시라(比嘉西
原) 정류장 하차 후 도보 5분 **시간** 10:00~22:00(매장), 11:00~23:00(5층 식당) *매장마다 다름 **홈페이지**
en.aeonmall.global/mall/okinawarycom-aeonmall **전화** 098-930-0425

2015년에 갓 완공된 오키나와 최대 규모의
백화점이다. T 갤러리아를 제외하고는 대형
백화점이 전무한 오키나와에서 중부 쇼핑의
중심지로 거듭났다. 쇼핑의 천국 일본 여행에
서 오키나와는 쇼핑 쪽이 취약해서 아쉬웠던
여행자에게는 희소식이다. 1층에 위치한 대
형 수조에는 상어와 열대어 등이 유유히 헤엄
치고 있어, 보는 재미도 더한다. 드러그 스토
어부터 각종 명품 숍까지 면세 혜택을 받을 수

있는 상점들이 많으니 쇼핑을 좋아하는 여행
자에게 강력 추천한다.

라이콤 빌리지 Rycom Village [라이카무 비렛지]

전망 좋은 카페와 식당에서 에어컨 바람을 쐬며 편하게 쉬고 싶다면 이곳으로 가자. 고지대에 위치한 라이콤 빌리지는 식당 위치에 따라 탁 트인 테라스에서 수평선을 바라보며 먹을 수 있다. A부터 E동까지 총 5동에 11개의 음식점이 있으니 취향에 맞게 즐겨 보자.

고메이 월드 Gourmet World [구루메 와-루도]

이름 그대로 세계의 음식을 맛볼 수 있는 콘셉트로 만들어진 푸드 코트다. 일식부터 한식, 양식까지 다양한 나라의 대표 음식을 취향에 맞게 즐길 수 있다. 라이콤 빌리지와 최고 층에 위치한 Rycom Sky Dinner보다 가격이 저렴한 편이니 부담없이 먹어도 좋다.

요미탄 지역

残波ビーチ
残波みさき

オキナワ御菓子御殿
残波岬

ミンタマ

座喜味城跡

ホテル 닛코 알리빌라
요미탄 리조트 오키나와
Hotel Nikko Alivila
Yomitan Resort OKINAWA

요미탄 도자기 마을
読谷村やちむんの里

琉球村
류큐 무라

피체리아 다 엔조
pizzeria da ENZO

真栄田岬
마에다 곶

르네상스 오키나와 리조트
Renaissance
Okinawa Resort

스테이크 류
ステーキ琉

山田水車屋
야마다스이샤야

비오스의 언덕
ビオスの丘
Okinawa Royal Golf Club
오키나와 로열 골프 클럽

카데카루 카페
Cadecaru Cafe
カフェ가데카루

なかゆくい市場
온노에키 나가유쿠이 시장

리잔 시 파크 호텔 탄차 베이
Rizzan Sea Park Hotel Tancha Bay

셰라톤 선 마리나 호텔
Sheraton Sun Marina Hotel
카푸 리조트 후차쿠 콘도 호텔
Kafuu Resort Fuchaku Condo hotel

호텔 몬트레이 스파 & 리조트 오키나와
Hotel Monterey spa & resort Okinawa

호텔 문 비치
Hotel Moon Beach

켄 호스텔
Ken Hostel

BONES

요미탄 BEST COURSE

대중교통 코스
대중교통으로 중부 지역 대표 스폿을 돌아보는 일정

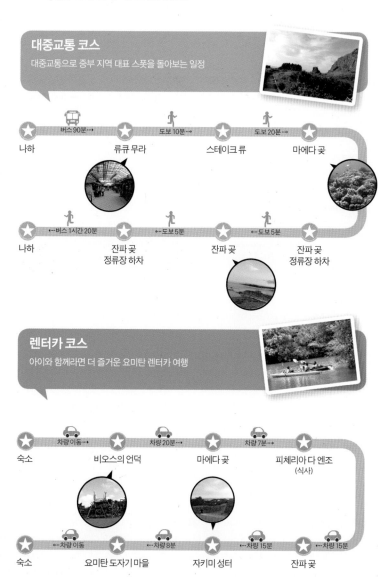

나하 ──버스 90분──▶ 류큐 무라 ──도보 10분──▶ 스테이크 류 ──도보 20분──▶ 마에다 곶

나하 ◀──버스 1시간 20분── 잔파 곶 정류장 하차 ◀──도보 5분── 잔파 곶 ◀──도보 5분── 잔파 곶 정류장 하차

렌터카 코스
아이와 함께라면 더 즐거운 요미탄 렌터카 여행

숙소 ──차량이동──▶ 비오스의 언덕 ──차량 20분──▶ 마에다 곶 ──차량 7분──▶ 피체리아 다 엔조 (식사)

숙소 ──차량이동── 요미탄 도자기 마을 ◀──차량 8분── 자키미 성터 ◀──차량 15분── 잔파 곶 ◀──차량 15분──

일몰이 환상적인 해안 곳

잔파 곳 残波岬 [잔파미사키]

주소 沖縄県中頭郡読谷村字宇座 1233 番地 **내비코드** 1005 685 380*00 **위치** 나하 버스 터미널(那覇バスターミナル)에서 28번 버스 탑승 후 요미탄바스타미나루(読谷バスターミナル) 정류장 하차 후 도보 30분 **시간** 상시 개방 **요금** 무료 **전화** 098-982-9216

흰색 대형 등대와 거대한 시사 상으로 많이 알려져 있는 오키나와 최서단의 잔파 곳. 우리나라에서도 흥행했던 일본 영화 〈눈물이 주룩주룩〉에 나왔던 장소로 많이 알려져 있다. 오키나와 3대 해안 곳 중 하나라는 타이틀에 걸맞게 탁 트인 청록색 바다와 등대로 유명한 이곳은 길이 2km, 높이 30m의 절벽으로 탁 트인 시야와 아찔함을 제공한다. 오키나와 최서단에 위치했기 때문에 이곳에서 보는 일몰은 환상적이니, 때가 맞다면 이곳에서 일몰을 즐기기를 추천한다.

바다와 산이 만나는 곳

자키미 성터 座喜味城跡 [자키미 죠-세키]

주소 沖縄県中頭郡'読谷村座喜味 708-6 **내비코드** 33 854 486*41 **위치** 나하 버스 터미널(那覇バスターミナル)에서 29번 버스 탑승 후 약 1시간 10분 뒤 자키미(座喜味) 정류장 하차 후 도보 10분 **시간** 상시 개방 **요금** 무료 **전화** 098-958-3141

바다와 산이 만나는 곳에 세워진 세계 문화유산 자키미 성터. 당시 류큐 왕국 제일의 축성가 고사마루護佐丸에 의해 완성된 이곳은 류큐 시대의 석회암으로 만들어진 가장 오래된 아치형 문으로 유명하다. 제2차 세계대전 당시 미군의 폭격으로 많은 부분이 훼손되었지만 복원 작업을 거쳐 지금은 무료로 개방하고 있으니 부담없이 들러 보자. 이곳 성벽 위에서 보는 케라마 제도는 중부 지역 최고의 뷰라 해도 손색이 없다.

유명 도자기 장인들이 만든 마을

요미탄 도자기 마을 読谷村やちむんの里 [요미탄손 야치문노사토]

주소 沖縄県中頭郡読谷村座喜味 2653-1 **내비코드** 33 855 411*82 **위치** 나하 버스 터미널(那覇バスターミナル)에서 29번 버스 탑승 후 오야시(親志) 정류장 하차 후 도보 10분 **시간** 9:00~18:00 **요금** 입장 무료(그외 상점마다 다름) **전화** 098-958-4468

나하 시에 쓰보야 도자기 거리가 있다면 중부 지역에는 요미탄 도자기 마을이 있다. 입구에 들어서자마자 커다란 대형 가마가 하늘을 향해 솟아 있는 모습이 보인다면 제대로 찾아온 것이다. 1970년대 전쟁으로 인해 파괴된 도자기 공방의 대안지를 찾아서 떠난 도자기 장인들이 모여 세운 곳으로, 당시 나하 시에서 활동하던 유명 장인들이 대거 참여해 생성된 마을이다. 도자기 제작에 어울리는 토양과 환경에 맞아 세우게 된 이곳은 대형 공동 가마를 중심으로 곳곳에 퍼져 있는 도자기 공방들을 둘러보는 재미가 있다.

장인들이 손수 만든 도자기들은 실제 오키나와뿐만 아니라 다른 나라에서도 많이 찾는 편이다. 다만, 프라이빗 갤러리의 경우 제작자에게 허가를 받아야 하기 때문에 무작정 사진을 찍는 것은 삼가자. 다른 관광지에 비해 한산한 편이고 마을 규모도 크지 않아서 둘러보는 데 1시간 정도 걸리니, 중간에 동선이 겹친다면 한 번 들러 보는 것을 추천한다. 예쁜 도자기 그릇에 담긴 시원한 빙수를 파는 카페에서 잠시 휴식하는 것도 이곳만의 매력이니 눈여겨보자.

오키나와 전통 체험장

류큐 무라 琉球村 [류-큐-무라]

주소 沖縄県国頭郡恩納村山田1130 **내비코드** 206 033 067*77 **위치** 나하 버스 터미널(那覇バスターミナル)에서 120번 버스 탑승 후 약 70분 뒤 류큐무라(琉球村) 정류장 하차 후 도보 10분 **시간** 8:30~17:30(입장 마감 17:00), 9:00~18:00(7월 1일~9월 30일, 입장 마감 17:30) **요금** 1,200엔(대인: 16세 이상), 600엔(6세~15세), 무료(5세 이하)(하브[뱀] 쇼 관람료 포함) **홈페이지** www.ryukyumura.co.jp.k.ls.hp.transer.com **전화** 098-965-1234

류큐 왕국의 과거를 가장 잘 재현해 놓았다는 평을 받는 류큐 무라. 오키나와 전통 체험을 하고 싶다면 이곳으로 가자. 시샤 만들기, 사탕수수로 주스 만들기, 오키나와 전통 의상 입어 보기 등 각종 체험을 할 수 있게 마련해 놓았다. 류큐 왕국의 전통춤 에이사, 뱀 쇼 등 다양한 공연을 진행하기 때문에 둘러볼 거리가 많고, 이 외에도 류큐 무라 한정 기념품 등 각종 상품도 판매하니 목적에 맞게 구매해 보자.

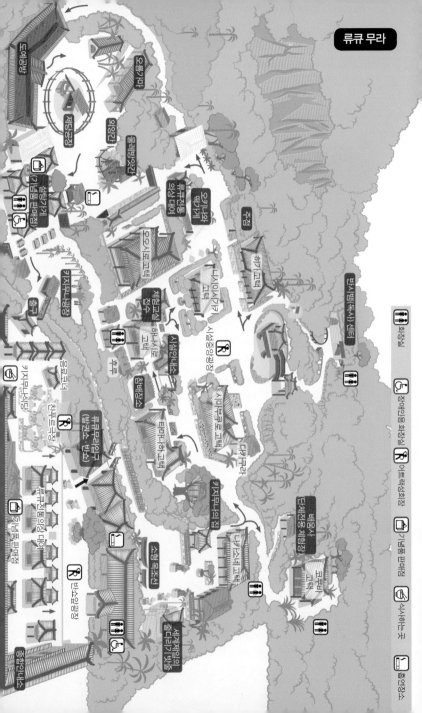

류큐 무라

도예공방
오룡기와
재료공장
오이리
유메무라잇깐
오키나와 의상 대여
사쓰키
주점
하가 고택
산토가기게 (기념품 판매점)
가지무시공방
입구
오오시로 고택
차학교실 접수
시설중앙광장
하나시로 고택
하가 고택
시마부쿠로 고택
반시점(독사) 센터
가지무시상점
음료코너
친쿠루장
시설안내소
참배장소
류큐무라입구 (발권소 · 매점)
테마파크 고택
다라라
시마부쿠로 고택
기념품 판매점
류큐전통예술 대예
키지무시의 집
매점사 (단체전용 체험장)
반쇼입광장
나가소네 고택
종합안내소
소한 목조선
세계제일의 종다라기 빗물
고후쿠 고택

호점실
장애인용 화장실
어른 택시승차장
기념품 판매점
식사하는 곳
휴엽장소

일본 가옥에서 먹는 고급 스테이크 전문점

스테이크 류 ステーキ 琉 [스테-키 류-]

주소 沖縄県国頭郡恩納村山田 2681-1 **내비코드** 206 033 382*71 **시간** 17:00~23:00(주문 마감 22:00) **휴무**
매주 수요일 **가격** 5,000엔~15,000엔(기본 코스-2인) **전화** 098-965-3883

일본식 정원으로 둘
러싸인 가옥에서 철
판 스테이크를 먹을
수 있는 곳이다. 오키
나와에서 나오는 식재료만으로 요리하는 이
곳은 다른 스테이크 집에 비해 가격이 비싼
편이다. 이곳의 메인 메뉴는 오키나와 토종
돼지인 아구와 이시가키 섬에서 키운 이시가
키 규 철판 스테이크. 여유 있는 여행자라면
그간 먹었던 스테이크와는 다른 맛의 향연으
로 빠져 보자.

범상치 않은 주인의 범상치 않은 전통 소바

야마다미즈쿠루마야 山田水車屋 [야마다미즈쿠루마야]

주소 沖縄県国頭郡恩納村山田 1309-1 **내비코드** 206 003 854*11 **시간** 10:00~일몰 시 **가격** 700엔~(오키나
와 소바), 750엔~(미니 바이킹) **전화** 098-965-4757

보기에도 범상치 않은 60
대 아저씨가 운영하는
이곳은 입구부터 거대
한 물레바퀴와 미니 바
이킹으로 여행자들의 시
선을 끈다. 이미 일본TV에
서도 수제 바이킹으로 이름이 알려져 일본

여행자들이 자주 찾는 맛집 겸 관광지로 통
한다. 이곳의 메인 메뉴는 돼지고기 연골이
들어간 오키나와 전통 소바. 이 외에도 고야
찬푸루나 일본인이 아닌, 오키나와인이라는
자부심으로 가득 찬 이곳의 주인장은 분위기
에 따라 오키나와 전통 악기 산신을 직접 연
주하며 노래까지 불러 주니 한번 청해 보자.

해양 스포츠를 즐기는 사람들로 가득한 곳

마에다 곶 真栄田岬 [마에다미사키]

주소 沖縄県国頭郡恩納村真栄田 469-1 **내비코드** 206 062 717 **위치** 나하 버스 터미널(那覇バスターミナル)에서 120번 나고 서쪽 공항선(名護西空港線) 버스 탑승 후 쿠라하(久良波) 정류장 하차 후 도보 10분 **시간** 7:00~19:00 **요금** 100엔(주차장: 1시간), 200엔(샤워장: 1분 30초), 100엔(개인 로커) **홈페이지** www.maedamisaki.jp **전화** 098-982-5339

오카나와 본섬 최고의 다이빙 스폿으로 잘 알려진 푸른 동굴을 품은 마에다 곶. 오키나와에서도 손에 꼽히는 절경 중 하나다. 아침부터 스쿠버다이버들과 스노클링을 즐기려는 사람들로 가득하다. 중부 지역의 전망 스폿은 좋은 곳이 너무 많으니, 수영할 계획이 없다면 이곳은 패스해도 무방하다.

📷 스페셜 가이드 마에다 곶

푸른 동굴

전 세계에서도 유명한 다이빙 스폿인 이곳 푸른 동굴은 전문 다이버뿐만 아니라, 마에다 곶 절벽 아래 바다로 이어지는 계단부터 약 30m 정도 들어가면 동굴 안으로 진입할 수 있다. 그곳은 바닷물의 투명도가 높기 때문에 입구로 들어오는 빛이 수중을 통과해 푸른색 빛으로 물든 동굴 안 절경을 보게 되는데, 그 모습이 다른 세계에 온 것 같은 착각을 느끼게 할 정도로 환상적인 빛깔을 뿜어내 여행자들에게 멋진 추억을 선사해 주고 있다.

> 📍 **TIP** 파도가 많고, 바다로 진입하는 방법이 특이한 이곳은 수시로 수영 가능 상황을 알려 주는 라이브캠 서비스를 실시 중이다. 아래의 주소로 들어가면 화면 중앙에 위치한 깃발의 색깔로 수영 가능 여부를 판단할 수 있다.
> **청색** 수영 가능
> **노란색** 수영 주의(다이빙 업체 및 강사 인솔하에 수영 가능)
> **빨간색** 수영 금지
> **주황색** 해일주의·경보(경보 발령 시 즉시 수영 금지)
> **홈페이지** www.maedamisaki.jp

스노클링

기본적으로 스노클링의 경우, 전문 업체를 끼지 않아도 가능하다. 그러나 수심이 깊어 구명조끼 등 적절한 안전 장치가 없다면 자칫 위험할 수 있으니, 초심자들은 얕은 해변에서 스노클링을 즐기는 것을 추천한다. 바다에서 동굴까지의 거리는 30m. 동굴 안으로 들어가면 약 40m 깊이의 바닷속에서 형형색색의 새우나 게들을 볼 수 있다. 열대어의 경우 오히려 얕은 바다가 좀 더 많으니, 물고기를 보고 싶다면 해안으로 이동하자.

스쿠버다이빙

다이버들의 성지이기도 한 푸른 동굴은 의외로 날씨에 크게 영향을 받지 않는다. 비나 바람이 불어도 바닷속은 고요하기 때문에, 다이빙하는 날에 비가 온다고 너무 상심하지 말고 해당 업체에 연락해서 확인해 보는 것이 필수다. 푸른 동굴 스쿠버다이빙이 가장 인기지만, 마에다 곶 근처에도 다른 다이빙 스폿들이 있으니 참고하자.

고래상어

추라우미에서 유리창을 통해 보는 고래상어가 아쉽다면 이곳으로 떠나 보자. 스노클링과 스쿠버다이빙을 하면서 눈앞에서 고래상어가 먹이를 먹는 장면을 볼 수 있다. 업체를 통해야 하고 다이빙의 특성상 가격적으로 다른 다이빙에 비해 비싸다.

전망이 좋은 이탈리안 레스토랑
피체리아 다 엔조 pizzeria da ENZO [핏쩨리아 다 엔조]

주소 沖縄県国頭郡 恩納村真栄田塩焼原 715-3 **내비코드** 206 031 806*41 **시간** 11:30~15:00(런치: 주문 마감 14:30), 17:30~22:00(디너: 주문 마감 21:30) **가격** 1,350엔~(마르게리타 피자) **전화** 098-923-5924

마에다 곶에서 도보 7분 거리에 있는 전망 좋은 이탈리안 레스토랑이다. 가마에서 구워 낸 이탈리안 스타일의 피자와 와인과 함께 하루를 마무리하기에 최고의 입지를 갖춘 이곳은 바로 앞에 바다가 있어 멋진 일몰을 감상할 수 있다. 깔끔하고 고급스러운 내부와 그에 준하는 이탈리안 음식으로 여행자들에게 강력 추천한다.

시장이 있는 휴게소
온나노에키 나카유쿠이 시장
おんなの駅 なかゆくい市場 [온나노에키 나카유쿠이 이치바]

주소 沖縄県国頭郡恩納村字仲泊 1656-9 **내비코드** 206 035 798*58 **시간** 10:00~19:00 **가격** 상점마다 다름 **전화** 098-964-1188

잔파 곶과 만좌모 사이 58번 국도에 위치한 휴게소이자 시장이다. 우리나라 휴게소처럼 커다란 스케일은 아니지만, 휴게소 한 켠에 시장과 식당이 있어 현지인과 여행자들로 항상 북적인다. 오키나와산 각종 채소와 음식들을 파니 출출하다면 한 번쯤 들러 보는 걸 추천한다. 이곳의 망고 빙수와 오니기리는 특히 한국 여행자들에게 유명하다.

생명력이 넘치는 낙원 같은 곳

비오스의 언덕 BIOS ビオスの丘 [비오스노오카]

주소 沖縄県うるま市石川嘉手苅 961-30 **내비코드** 206 005 114*41 **위치** 나하 버스 터미널(那覇バスターミナル)에서 120번 버스 탑승 후 나카도마리(仲泊) 정류장 하차 후 도보 50분 또는 택시로 약 10분 **시간** 9:00~18:00 **요금** 일반: 1,700엔(성인), 900엔(어린이) / 입장료+승선 세트: 1,000엔(성인), 500엔(어린이) **홈페이지** www.bios-hill.co.jp **전화** 098-965-3400

아열대 자연을 가장 쉽고 재밌게 만날 수 있는 곳이다. 그리스어로 '생명'을 뜻하는 비오스는 이름 그대로 생명력이 넘치는 다양한 식물 군락들과 동물들이 뛰노는 작은 낙원 같은 곳이다. 스릴 넘치는 액티비티를 기대하면 금물. 가족과 연인과 함께 아열대 자연을 누비며 고즈넉한 시간을 갖는 것이 이곳만의 매력이다. 특히 아이들이 좋아하는 스탬프 랠리가 있으니 아이를 동반한 가족들에게 추천한다. 모든 놀이터 시설이 나무로 만들어져

있고, 곳곳에 멋진 조경수들이 늘어져 있어 기념사진 찍기에 좋은 장소 중 하나다. 이곳에 조성되어 있는 인공 호수에서 보트나 카약 혹은 패들보트를 타고 이동하거나 물소차를 타고 둘러볼 수 있다.

아와모리를 시음할 수 있는 곳

카미무라 주조 神村酒造 [카미무라슈조-]

주소 沖縄県うるま市石川嘉手苅 570 **내비코드** 206 007 192*41 **위치** 나하 버스 터미널(那覇バスターミナ
ル)에서 111번 나고 버스 터미널행 버스 탑승 후 약 50분 뒤 이시카와(石川)IC 정류장 하차 후 도보 30분 또는
택시 10분 **시간** 10:00~17:00 **휴무** 12월 30일~1월 3일 **요금** 견학 무료 **홈페이지** www.kamimura-shuzo.
co.jp **전화** 098-964-7628

1882년에 개업하여 지
금까지 오키나와 아와
모리의 전통을 이어가
는 카미무라 주조. 일
본뿐만 아니라 세계 술
품평회에서도 상을 받는
등 맛과 품질면에서 우수한 곳이다. 주조 장
인이 직접 안내하는 아와모리 공장이 현지
인들 사이에서 특히 호평이니 일본어를 할
줄 안다면 신청해 보자. 공장 옆에 있는 직영
점에서는 다양한 종류의 아와모리를 시음할
수 있는 시음 공간이 있으니 운전을 하지 않
는 사람은 꼭 한 번 시음해 보자. 이 외에도
아이들이 먹을 수 있는 무알콜 음료도 있으
니, 가족 여행자들도 너무 걱정하지는 말자.

아나 인터콘티넨탈
만좌 비치 리조트 ◫
ANA InterContinental
Manza Beach Resort

만좌모
万座毛 ◫
万座毛

이쿠아루체 예배당 ⛪
Aqualuce Chapel
인터콘티넨탈
만자비치 신혼전
Aqualuce Chapel

스테이크 하우스
ゼロ・ZERO ◫
ゼロ・ZERO

스테이크 하우스
ゼロ・ZERO

하와이안 팬케이크
하우스 파니라니
Hawaiian Pancakes
House Paanilani
하와이안 팬케이크 하우스 파니라니

세라가키 비치 ⛵
瀬良垣ビーチ

오가시코렌 온나점
御菓子御殿 恩納店 ◫
御菓子御殿 恩納店

오가시고렌 온나점
御菓子御殿 恩納店

온나 해변 나비 비치 ♨
ナビービーチ
恩納海浜ナビービーチ

온나 해변 나비 비치
ナビービーチ

나카무라소바 ◫
なかむらそば
なかむらそば

누지
ぬーじ ◫
ぬーじ

류큐명과 미쓰야혼포
琉球銘菓 三矢本舗 ◫
琉球銘菓 三矢本舗

온나 인터콘티넨탈
만좌 비치 리조트 ◫
아나 인터콘티넨탈 만좌 비치 리조트

BBQ RIB HOUSE
비치지 なんちち ◫
BBQ RIB HOUSE
비치지 なんちち

온나 해변 나비 비치
恩納海浜 三矢本舗 🏨

부세나 해중공원
ブセナ海中公園
해중 전망대

키세 비치 팰리스
Kise Beach Palac
키세 비치
喜瀬ビーチ ⛵

오키나와 메리어트
리조트 & 스파 🏨
Okinawa Marriott
Resort & Spa

온나 지역

온나 BEST COURSE

대중교통 코스

나하 버스 터미널에서 120번 버스를 타고 편하게 둘러볼
수 있는 온나 지역 주요 스폿 일정

 버스 1시간 40분··· ⭐ 도보 5분··· ⭐ 도보 15분··· ⭐

나하 　　　 온나 버스 정류
장 하차 만좌모 　　　 온나 해변 나비 비치

⭐ ···도보 10분+버스 1시간 50분 ⭐ 버스 15분··· ⭐ ···도보 2분 ⭐ 버스 5분···

나하 　　　 부세나 해중 공원 하와이안 팬케이크
하우스 　　　 세라카키 비치 앞
정류장 하차

렌터카 코스

아름다운 해변과 인기 상점을 돌아보는 렌터카 일정

⭐ 차량 이동··· ⭐ 차량 10분··· ⭐ 차량 5분··· ⭐

숙소 　　　 부세나 해중 공원 　　　 오카시고텐 온나점 　　　 레스토랑 누지
(식사)

⭐ ···차량 이동 ⭐ ···차량 5분 ⭐ ···차량 5분 ⭐ ···차량 10분

숙소 　　　 만좌모  하와이안 팬케이크
하우스 　　　 온나 해변 나비 비치

코끼리 머리를 닮은 바위로 유명한 곳

만좌모 万座毛 [만자모–]

주소 沖縄県国頭郡恩納村恩納 **내비코드** 206 312 039*17 **위치** 나하 버스 터미널(那覇バスターミナル)에서 120번 버스탑승 후 100분 후 온나(恩納) 정류장 하차 후 도보 10분 **시간** 상시 개방 **요금** 무료 **전화** 098-966-1280

18세기 류큐 왕국의 쇼케이 왕이 이 벌판을 보고 '만 명이 앉아도 넉넉한 벌판'이라고 감탄한 데서 유래한 '만좌모'는 이름 그대로 넓게 깔린 잔디밭으로 탁 트인 시야를 자랑한다. 이곳의 주요 포인트는 코끼리 머리를 닮은 바위. 지리적 특성상 바람이 많이 불어 절벽에 부딪힌 파도가 또 하나의 장관을 이룬다. 산호초가 융기되어 생성된 지역인 만큼 뾰족하게 돌출된 지형이 곳곳에 있으니 넘어지지 않게 주의하자. 만좌모 정면에 보이는 온나 해변 나비 비치恩納海浜ナビービーチ에서는 만좌모를 배경으로 해양 스포츠를 즐길 수 있으니 한 번 도전해 보자.

만좌모 앞까지 스노클링이 가능한 곳
온나 해변 나비 비치 恩納海浜ナビービーチ [온나카이힝 나비-비-치]

주소 沖縄県国頭郡恩納村恩納 419-4 **내비코드** 206 283 574*44 **위치** 나하 버스 터미널(那覇バスターミ
ナル)에서 120번 버스 탑승 후 100분 뒤 만자비치마에(万座ビーチ前) 정류장 하차 후 도보 2분 **수영 시간**
9:00~18:00(4~6월, 10월), 9:00~19:00(7~9월) **요금** 무료 **홈페이지** www.nabee.info **전화** 098-966-
8839

만좌모의 절경을 바라보며 가족이나 연인이 함께 해수욕을 즐길 수 있다. 청량감 넘치는 조용한 해변에서 멋진 풍경이 포인트며, 만좌모 바로 앞까지 바나나 보트를 타고 둘러볼 수 있다. 스노클링을 즐기려는 여행자는 바나나 보트를 타고 신나게 즐긴 후, 스노클링 포인트에서 가이드와 함께 즐길 수 있으니 꼭 시도해 보자.

바다를 바라보며 먹는 소바 집
나카무라 소바 なかむらそば [나카무라소바]

주소 沖縄県国頭郡´恩納村字瀬良垣1669-1 **내비코드** 206 314 302*06 **시간** 10:30~17:00(주문 마감 17:00)
가격 800엔~ **전화** 098-966-8005

58번 국도를 타고 에메랄드 빛 해변을 끼고 이동하다 보면 마주치는 나카무라 소바 집. 맛도 유명하지만, 창가 쪽에 앉아서 바다를 바라보며 먹는 소바는 또 다른 매력 포인트다. 통삼겹이 올려진 산마이니쿠 소바가 이 집의 인기 메뉴다.

하와이안풍 팬케이크 전문점
하와이안 팬케이크 하우스 파니라니 Hawaiian Pancakes House Paanilani
[하와이안 팡케-키 하우스 파니라니]

주소 沖縄県国頭郡恩納村瀬良垣 698 **내비코드** 206 314 567*52 **시간** 7:00~17:00 **가격** 800엔~(팬케이크),
300엔 추가 시 세트 메뉴(음료 추가) **전화** 098-966-1154

아침 먹을 곳이 많지 않은 오키나와에서 커피와 팬케이크로 우아한 아침을 시작할 수 있는 곳이다. 입구에 들어서자마자 '알로하'라는 인사와 함께 하와이안 분위기가 물씬 풍긴다. 이곳의 메인 메뉴는 넛츠넛츠 팬케이크. 이 외에도 다양한 종류의 팬케이크들이 여행자의 선택을 기다리고 있으니, 취향에 맞게 골라 먹자.

자색 고구마 타르트가 맛있는 집

오카시고텐 _온나점 御菓子御殿 恩納店 [오카시고텐 온나텡]

주소 沖縄県国頭郡恩納村瀬良垣 100 　**내비코드** 206 315 289*33 　**시간** 8:30~19:30(10~7월), 8:30~21:00(8~9월) 　**가격** 제품마다 다름 　**전화** 098-982-3388

오키나와 명물인 자색 고구마(베니이모)를 넣어 만든 타르트를 비롯해 류큐국 전통 과자와 소우키 소바 등 오키나와 특산품을 판매하는 전문 매장이다. 수십 종의 상품도 좋지만 무엇보다 구매 전 맛볼 수 있는 시식 코너가 구비되어 있어서 더욱 좋다. 유명 관광지 곳곳에 위치해 있으니, 마지막 날 들러서 기념품을 사는 일정을 추천한다.

신혼여행 커플들이 애용하는 곳

누지 ぬーじ [누-지]

주소 沖縄県国頭郡恩納村瀬良垣 79-1 　**내비코드** 206 315 077*88 　**시간** 11:30~14:00(런치), 18:00~22:00(디너) 　**가격** 약 3,000엔~(1인) 　**전화** 098-966-1611

일본 드라마 〈꽃보다 남자〉에서 열연했던 오구리 슌과 야마다 유가 결혼식을 올린 장소로 유명한 오리엔탈 힐스. 오키나와에서도 유명한 풀빌라인 이곳은 멋진 전망과 분위기로 신혼여행 온 커플들이 애용하는 곳이기도 하다. 이곳의 자랑인 누지 레스토랑은 멋진 전망과 깔끔한 음식으로 인기 만점이다. 위치와 분위기만큼 가격대가 상당하다는 점이 조금 부담이 될 수도 있다.

바닷속 탐험의 모든 것
부세나 해중 공원 ブセナ海中公園 [부세나 카이츄-코-엔]

주소 沖縄県名護市喜瀬 1744-1 **내비코드** 206 442 076*60 **위치** 나하 버스 터미널(那覇バスターミナル)에서 120번 버스 탑승 후 약 120분 뒤 부세나리조토마에(ブセナリゾート前) 정류장 하차 후 도보 10분 **시간** 해중 전망탑: 9:00~18:00(4월~10월; 입장 마감 17:30), 무료 셔틀버스: 비치 하우스→해중 전망탑 앞(매 시간)10분, 20분, 40분/ 해중 전망탑 앞 → 비치 하우스(매 시간)05분, 25분, 45분 **요금** 유리바닥 보트: 1,560엔(어른), 1,250엔 (고교생, 대학생), 780엔(어린이, 청소년)/ 세트 요금(유리바닥 보트 + 해중 전망탑): 2,100엔(어른), 1,670엔(고교생, 대학생), 1,050엔(어린이, 청소년) **홈페이지** www.busena-marinepark.com **전화** 0980-52-3379

★부세나 글래스 보트
열대어는 보고 싶지만 물이 무섭다? 아이를 데리고 와서 스노클링과 스쿠버다이빙을 못하는 여행자들에게 추천하는 부세나 해중 공원. 배 밑이 투명한 유리로 되어 있어 바닷속을 거니는 열대어를 앉아서 편하게 감상할 수 있다. 또한 부세나 글래스 보트가 이곳 해중 공원의 매력. 부세나 리조트가 관리하는 이곳은 리조트 투숙객이 아니어도 이용할 수 있으니 편하게 방문하자.

★해중 전망대
부세나 글래스 보트를 타고 난 후 선착장에서 조금 걸어가다 보면 마주치는 부세나 해중 전망대가 있다. 그곳에서 바다 위를 감상한다고 생각하면 오산이다. 수심 약 5m에서 보는 동그란 창문으로 바닷속에서 거닐고 있는 열대어를 볼 수 있는데, 아이들에게 인기 만점이다. 들어가기 전 입구에서 물고기 밥은 100엔에 판매하니, 다리 위에서 물고기 밥을 주며 열대어를 봐도 좋다. 관광이 끝난 후에는 낮은 수심의 깨끗한 수질을 자랑하는 부세나 비치에서 아이들과 함께 해수욕을 즐긴다면 반나절의 만족스러운 오키나와 휴식이 완성된다. 특히, 아이를 동반한 가족들에게 추천한다.

AJ 리조트 아일랜드 이케이
AJリゾートアイランド伊

이케이
伊計

이케이 비치
伊計ビーチ

미야기 섬
宮城島

류안+시마이로
瑠庵+島色

헨자 섬
平安座島

호누 카페 Honu Cafe
브런치카페 야마시타
ブランジェリーカフェ ヤマシタ

아지케
味華

← 가쓰렌 성터
勝連城跡

하마히가 대교
浜比嘉大橋

바다의 역 아야하시관
海の駅あやはし館

해중도로
海中道路

테라무워
てぃーらぐい

하마히가 비치
浜比嘉ビーチ

산토리니
サントリーニ

하마히가 섬
浜比嘉島

우루마 시 BEST COURSE

대중교통 코스
버스 타고 떠나는 우루마 시 섬 여행 일정

⭐ 숙소 →버스이동→ ⭐ 적도 사거리 버스 정류장 하차 →환승버스 12분→ ⭐ 가쓰렌 성터 앞 버스 정류장 하차 →도보 1분→ ⭐ 가쓰렌 성터

⭐ 숙소 ←버스이동← ⭐ 헨자 섬 ←차량 15분← ⭐ 해중도로 ←차량 5분← ⭐ 구시카와 버스 터미널 하차 ←버스 15분←

렌터카 코스
아름다운 길 해중도로를 건너 우루마 시 주요 섬 일주

⭐ 숙소 →차량이동→ ⭐ 해중도로 →차량 5분→ ⭐ 바다의역 아야하시관 →차량 5분→ ⭐ 헨자 섬 (드라이브)

⭐ 숙소 ←차량이동← ⭐ 이케이 비치 ←차량 10분← ⭐ 미야기 섬 ←차량 10분← ⭐ 거리 카페 들르기 ←차량 20분←

다양한 뷰를 제공하는 문화 유산지
가쓰렌 성터 勝連城跡 [카쯔렌 죠—아토]

주소 沖縄県うるま市勝連南風原 3908 **내비코드** 499 570 140*14 **위치** 나하 버스 터미널(バスターミナル)에서 52번 버스 탑승 후 약 1시간 40분 뒤 가쓰렌죠세키마에(勝連城跡前) 정류장 하차 후 도보 4분 **요금** 무료 **홈페이지** katsurenjo.jp **전화** 098-978-7373

15세기 초대 성주인 가쓰렌의 이름을 따서 명명된 가쓰렌 성은 태평양을 마주보고 있으며, 당시 명나라의 도자기가 다수 발굴된 것으로 보아 무역의 요충지로 번영을 누렸던 것으로 추정된다. 세계 문화 유산으로 등록된 또 하나의 성으로 무시할 수 없을 멋진 풍광을 보여 준다. 홈페이지에는 스카이뷰나 360도 뷰를 제공해 주며 각 포인트마다 설명해 주니 이용해 보자(모바일로도 가능).

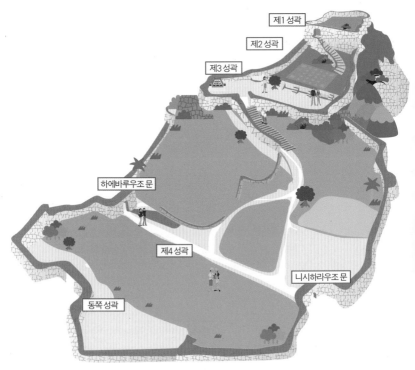

제1 성곽

제2 성곽

제3 성곽

하에바루우조 문

제4 성곽

니시하라우조 문

동쪽 성곽

만조 때 최고의 드라이브 코스

해중도로 海中道路 [카이츄-도-로]

홈페이지 sio.mieyell.jp

렌터카를 타고 가족 또는 연인과 함께하는
드라이브는 오키나와가 가진 매력 포인트다.
주로 북부 지역에 위치한 58번 국도와 코우
리 대교 코스가 유명하지만 이곳 해중도로에
서는 해변을 가로지르는 듯한 착각이 드는
기분을 여행자들에게 선사해 준다. 오키나와
현 유일의 석유 저장 기지가 위치한 헨자 섬
은 걸프사가 세운 이 저장 기지에 대한 보상
으로 1971년에 본섬과 잇는 해중도로가 개
통되었다. 4.75km에 달하는 이 도로를 가장
잘 즐길 수 있는 시간은 바로 만조 때다. 만조
와 간조의 해수면 차이로 인해 보이는 풍경
이 에메랄드 바다에서 갯벌로 바뀔 수 있으
니, 만조 시간에 맞춰 통과하는 것을 추천한
다. 만조와 간조 시간은 홈페이지에 들어가
면 확인 가능하니 체크하자.

바다 위 아름다운 휴게소
바다의 역 아야하시관 海の駅あやはし館 [우미노에키 아야하시캉]

주소 沖縄県うるま市与那城平 4　**내비코드** 499 576 410*66　**위치** 나하 버스 터미널(バスターミナル)에서 52번 버스 탑승 후 약 85분 뒤 요나시로시텐마에(与那城庁舎前) 정류장에서 HEN 순환버스 탑승 후 우미노에키 아야하시관(海の駅あやはし館) 정류장 하차　**시간** 9:00~19:00(월~금요일)　**휴무** 연중무휴　**전화** 098-978-8830

해중도로 중간에 위치한 아름다운 휴게소 우미노에키. 해중도로의 중앙부에 위치한 이곳에서는 우루마 시의 특산품과 식당, 생선 시장 등 여행자들을 위한 다양한 편의 시설이 있으니 한 번쯤 들러 볼만 하다. 2층에는 요카쓰 반도와 해중도로의 역사 등 다양한 자료가 전시되어 있는 '바다 문화 자료관'이 있

으니 궁금하다면 한 번 둘러 보자.

> **TIP 헨자 섬平安座島 & 미야기 섬宮城島**
> 여행자들에게는 특별히 매력적인 관광 스폿이 없는 이 섬들은 이케이 섬을 가기 위한 통과 지점 정도의 의미를 가지고 있으니, 가볍게 패스해도 괜찮다.

자연 그대로의 모습이 느껴지는 곳

이케이 섬 伊計島 [이케-지마]

주소 沖縄県うるま市与那城伊計 (이케이 비치) **내비코드** 499 794 066*22 (이케이 비치) **위치** 나하 버스 터미널 (バスターミナル)에서 구시카와 버스 터미널 행 버스 23번 탑승 후 약 70분 뒤 구시카와 버스 터미널(具志川バスターミナル)에서 27번 버스로 환승 후 약 15분 뒤 JA 요나시로시텐(与那シロシテン) 정류장에서 HEN 순환버스 탑승 후 이케이 교도바이텐(共同バイテン) 정류장 하차 후 도보 1분

때 묻지 않은 자연 그대로의 모습을 느낄 수 있는 이케이 섬. 미야기 섬 북동쪽에 위치한 이 섬은 미야기 섬 사이에 198m의 이케이 대교가 개통되고, 해중도로가 개통됨에 따라 중부 지역의 핵심 여행지로 부상했다. 섬의 규모가 크지 않기 때문에, 도로 폭이 좁고 커브 길이 많아서 사고가 가끔 발생하니, 이곳에서는 특히 운전 조심하자.

📷 **스페셜 가이드 이케이 섬**

이케이 비치 伊計ビーチ [이케- 비-치]

이케이 섬의 자랑인 이케이 비치는 깨끗한 수질과 멋진 풍경으로 여행자들의 마음을 사로잡는다. 섬 차원에서 수익 사업으로 운영하고 있는 이곳은 다른 해변과는 달리 입장료를 징수한다. 해변을 산보할 때와 수영할 때의 요금도 차등이 있는 등 조금은 깐깐하다 싶을 만큼 요금을 징수하기 때문에 모르고 온 여행자는 당황할 수 있다. 모든 요금에 주차료가 포함되니 주차료는 따로 지불하지 않아도 된다.

남부 지역

那覇

류큐 왕국의 역사와 전쟁의 아픔이 남아 있는 곳

제2차 세계대전의 격전지이자 류큐 왕국의 역사를 만날 수 있는 오키나와 남부 지역은 옛 유적과 역사적인 명소를 비롯해 전쟁으로 인한 지난 과거의 슬픔을 만날 수 있는 곳이다. 세계 문화 유산이자 류큐인에게 가장 신성한 장소로 숭배되었던 세이화 우타키斎場御嶽를 비롯해 류큐의 시조인 아마미키요가 내려와 신의 섬으로 불린 쿠다카 섬久高島, 원폭 한국인 희생자 위령비

가 세워진 평화 기념 공원과 오키나와에서 가장 커다란 종유석 동굴인 옥천 동굴, 전통 문화 테마파크 오키나와 월드까지 추라우미 수족관으로 많은 여행객이 몰리는 북부 지역 못지않게 볼거리가 다양하다. 오키나와에서 일몰로도 유명해 해가 질 무렵 많은 사람이 찾기도 하는 남부 지역. 다른 지역에 비해 이동 시간이 짧고 방문하는 사람이 많지 않으니 참고하자.

교통편

다른 지역에 비해 오키나와 남부 지역은 대중교통이 좋지 않다. 다행인 건 주요 명소는 버스가 운행하고 있다. 단, 운행 편수가 생각보다 적다. 남부 지역을 전체 돌아보려면 렌터카를 추천한다. 뚜벅이 여행자라면 최소 전날 가거나 시간을 미리 알아보고 이동하자.

❶ 공항
국제선 청사에서 나와 오른쪽으로 약 3분 도보 ➡ 국내선 청사 2층에 연결된 모노레일 역으로 이동 및 탑승 ➡ 아사히바시 역旭橋駅에서 도보 3분 ➡ 나하 버스 터미널에서 남부행 버스 탑승

❷ 버스
나하 버스 터미널 및 나하 시내에서 남부 이토만(89번) 지역과 야에세초(54, 83번) 지역, 난조 시(50, 51, 53번) 버스가 운행 중이다. 남부 지역에서의 이동은 옥천 동굴 근처 교쿠센도마에玉泉洞前 버스 정류장을 중심으로 서쪽(82번), 남쪽(53번) 노선을 이용하면 된다. 남부 지역은 배차 시간이 길어 기다릴 수 있으니 사전 확인은 필수다.

동선 TIP

렌터카를 이용하는 여행자라면 나하 지역에서 가장 먼 난조 시 지역으로 이동해 남쪽 해안가를 따라 주요 스폿을 둘러보고 아름다운 석양을 볼 수 있는 이토만 시에서 일정을 마무리하는 계획이 좋다. 대중교통을 이용하는 뚜벅이 여행자라면 남부 지역을 연결하는 버스가 만나는 중심 역이 있는 교쿠센도玉泉洞를 시작으로 평화 기념 공원과 멋진 일몰을 만날 수 있는 이토만 시 방향 또는 세계 문화 유산이자 류큐의 성스러운 장소인 세이화 우타키斎場御嶽, 유명 비치가 있는 난조 시 코스 중 하나를 선택해 하루 일정으로 돌아보는 일정을 짜자. 오키나와 버스 주식회사에서는 나하 지역 명소와 남부 지역 주요 명소를 둘러보는 투어버스(A 코스)도 운행하고 있으니 홈페이지를 참고하자(okinawa.0152.jp).

남부 BEST COURSE

오키나와 역사와 문화 탐방 코스
휴양뿐만 아니라 오키나와의 역사와 문화를 알 수 있는 코스

구시카와 성터 　차량 15분→　평화 기념 공원 　차량 10분→　류큐 유리촌 　차량 15분→

세이화 우타키 　←차량 20분　간가라 계곡 　←도보 10분　오키나와 월드

남부 휴양 & 힐링 코스
한적한 해변과 태평양을 배경으로 유적과 시설이 많아서 인생샷을 남길 수 있는 코스

니라이카나이 다리 　차량 15분→　미바루 비치 　도보 10~20분→　해변 카페 　차량 15분→

구시카와 성터 　←차량 30분　오키나와 월드

고치히라 운동 공원

나카무라가쿠엔 中村園

타마구스쿠 우체국

Cafe 'eju

난조 시장 南城市役所

난조 시 육상경기장

교쿠센도마에 玉泉洞前 버스 정류장

슈퍼 에이샤 에이사 공연

간가라 계곡 ガンガラーの谷

난토주조 南都酒造所

우미누카지 Uminukazi

열대 과일 농원 熱帶フルーツ園

오키나와 월드 문화 왕국 · 옥천 동굴 おきなわワールド 文化王国 · 玉泉洞

남부 공업고등학교 南部工業高校

아라시로 초등학교

쿤나토우 くんなと

우치다 제빵 內田製パン

카카리유사식당 かかりゆし食堂

나카모토 센교텐 中本 鮮魚店

민숙 오오지마 民宿おおじま

오우 섬 奧武島

운동 공원

앨리스 살롱 ALICE SALON

약국

야기야 屋宜家

패밀리 마트 FamilyMart

슈퍼마켓

오우 섬 공원

오시로 덴부라 大城てんぷら店

나하 골프 클럽 Naha Golf Club

약국 구라신우조 호 クラシンウジョウ塚

이마이유 시장 奧武島いまいゆ市場

골프장

사우던 링크 골프 클럽 Southern links Golf Club

이토만 관광 농원 糸滿観光農園 うちなーファーム

경좌 절벽 慶座絶壁

평화원 平和園

나비정원 清ら蝶園

주차장 P

평화의 초석 平和の礎

여명의 탑 黎明の塔

건아의탑 健児の塔

마부니언덕 摩文仁の丘

평화 기념 공원 平和祈念公園

야에세초 지역

류큐 문화를 체험할 수 있는 테마파크
오키나와 월드 문화 왕국·옥천 동굴 おきなわワールド 文化王国·玉泉洞
[오키나와 와-루도 분카오-코쿠·교구센도-]

주소 沖縄県南城市玉城字前川 1336 **내비코드** 232 495 248*22 **위치** 나하 버스 터미널(那覇バスターミナル)에서 50, 51, 53번 버스 탑승 후 교쿠센도마에(玉泉洞前) 정류장 하차 후 도보 2분 **시간** 9:00~18:00(입장 마감17:00) **요금** 프리패스(하브 박물 공원+옥천 동굴+왕국촌): 1,650엔(대인), 830엔(소인) / 옥천 동굴+왕국촌: 1,240엔(대인), 620엔(소인) / 왕국촌: 620엔(대인), 310엔(소인) / 하브 박물 공원: 620엔(대인), 310엔(소인)(*대인: 고등학생 이상, 소인: 4세~중학생, 3세미만 무료) **홈페이지** www.gyokusendo.co.jp **전화** 098-949-7421

류큐 문화를 체험할 수 있는 오키나와 최대의 테마파크다. 류큐 왕국을 주제로 만들어진 남부 지역 대표 명소다. 오키나와 월드에는 실제 류큐 왕국의 거리를 재현한 마을부터 문화 체험, 전통 공연 관람 등 다채로운 프로그램이 준비되어 있다. 가장 인기 있는 프로그램은 매일 4번 열리는 슈퍼 에이사 공연이다. 야외 공연장에서 화려한 북춤을 비롯해 전통 류큐 공연을 펼친다. 또한 오키나와

현 최대의 종유 동굴인 옥천 동굴(교쿠센도 玉泉洞)은 놓칠 수 없는 볼거리다. 이 밖에도 일본 일부 지역에서만 생식하는 맹독성의 반시뱀 하브를 볼 수 있는 하브 박물 공원ハブ博物公園과 국가 등록 유형 문화재인 류큐 왕국 민가 마을은 오키나와의 다양한 면모를 한 번에 체험할 수 있는 시설들이니 꼭 한 번 체험해 보자.

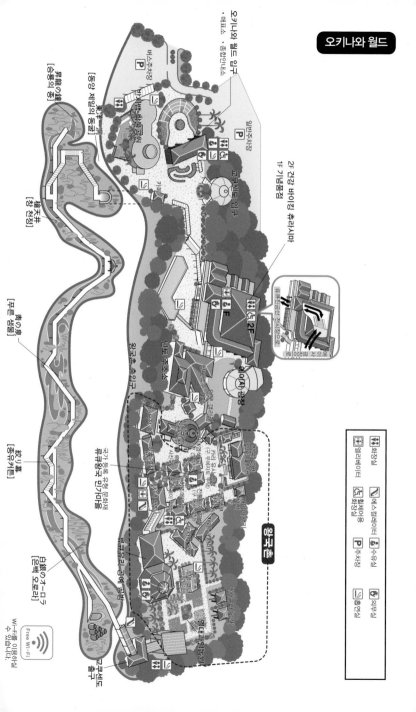

오키나와 월드

하브 박물 공원 ハブ博物公園
[하브 하쿠부쯔 코–엔]

시간 11:00, 12:00, 14:00, 15:30, 16:30

'하브'라 불리는 맹독성 뱀인 반시뱀은 오키
나와沖縄, 아마미奄美 등지의 섬에서 발견되
는 세계 3대 독뱀이다. 가장 큰 종은 2.42m에
이르는 대형 종으로 알려져 있는데, 이 하브
를 이용한 술인 하브 주酒와 공연이 있는 곳이
다. 오키나와 명물을 실제로 보는 것은 물론

하루 5번 하브 쇼도 열리니 놓치지 말자. 참고
로 쇼 관람을 위해 한국어 음성 안내기를 제공
하니 필히 받자.

옥천 동굴 玉泉洞 [쿄센도–]
* 동굴 내부는 계절과 상관없이 21도가 유지되니 참고하자.

오키나와 현 최대의 종유 동굴인 옥천 동굴(교
쿠센도玉泉洞). 연간 100만 명 이상이 방문할
정도로 유명하고 아름다운 동굴이다. 1967
년 발견된 동굴로 길이 5,000m에 이르는 거
대한 규모에 100만 개 이상의 종유석이 지금
도 성장하고 있다. 공개된 거리는 890m 정도

로 도보로 30분 정도 소요된다. 형형색색의
조명들과 어우러진 이 동굴은 사계절 내내 평
균 온도 21도로 쾌적하게 즐길 수 있다. 동굴
바닥이 미끄러우니 슬리퍼는 되도록 피하고
운동화를 신는 것을 추천한다.

열대 과일 농원 熱帯フルーツ園
[넷타이 후르–쯔엔]

100종이 넘는 열대 과일 나무와 다양한 아열
대 식물을 만날 수 곳이다. 망고와 파파야, 파
인애플 등 약 450그루에 열대 과일이 실제 재
배되고 있어 계절에 따라 바뀌는 열대 풍경이
이곳의 또 다른 매력이기도 하다. 과일 농원의
출구에서는 오키나와에서 재배한 열대 과일
을 이용해 만든 다양한 주스와 디저트가 있다.

류큐 왕국촌 琉球村 [류-큐-무라]

과거 오키나와의 거리를 그대로 재현해 놓은 류큐 왕국촌. 입구에서부터 즐비하게 늘어선 전통 류큐 양식의 가옥에서 다양한 체험과 볼거리, 기념품을 구경할 수 있다. 중부 지역의 류큐 무라와 비교했을 때, 이곳은 체험보다는 관광 위주라고 할 수 있다. 테마파크인 만큼 다양한 쇼와 구경거리들이 있으니 아이들과 천천히 둘러보기 좋다.

슈퍼 에이사 공연 スーパー エイサー 公演 [스-파- 에이사- 코-엔]

시간 10:30, 12:30, 14:30, 16:00

류큐 시대부터 내려온 전통 공연을 하루 4번 야외 공연장에서 화려한 북춤을 비롯해 공연을 한다. 오키나와 월드를 대표하는 공연으로, 놓칠 수 없는 관람 포인트다. 중앙에 위치한 광장을 포함해 거리에서 진행된다.

간가라 계곡 ガンガラーの谷 [강가라-노 타니]

주소 沖縄県南城市玉城字前川 202 番地　**출발 시간** 10:00, 12:00, 14:00, 16:00　**요금** 2,200엔(투어; 1인), 1,700엔(학생; 1인-고등학생, 전문학교 학생, 대학생-학생증 필히 제시), 무료(보호자 동반 중학생 이하), 1,700엔(20명 이상 단체; 1인), 34,000엔~(그룹 전세 투어)　**전화** 098-948-4192

옥천 동굴과 멀지 않은 곳에 골짜기를 중심으로 계곡과 동굴 등 자연이 만든 풍경을 느낄 수 있는 곳으로, 아열대 지역 원시림만의 웅장함을 그대로 느낄 수 있다. 반드시 전문가와 함께 약 1시간 20분 투어를 참가해야 관람이 가능하다. 계곡 투어에 관심이 없는 여행자도 계곡 앞에 위치한 동굴 카페는 오키나와의 명물이니 꼭 들러 보자. 동굴 위 종유석에서 떨어지는 물방울을 맞으며 커피 한잔하다 보면 지금껏 느끼지 못한 색다른 분위기를 느낄 것이다.

해산물 요리를 즐길 수 있는 작은 섬

오우 섬 奧武島 [오우지마]

주소 沖縄県久米島町奧武島 **내비코드** 232 468 240*25 **위치** 나하 버스 터미널(那覇バスターミナル)에서 53번 버스탑승 후 오우(奧武) 정류장 하차 후 도보 10분 **요금** 주차 무료 **홈페이지** www.okinawastory.jp

남부 해안도로에서 다리로 연결된 둘레 약 1.6km의 작은 섬이다. 이곳에서는 저렴한 가격에 싱싱한 해초류와 해산물을 이용한 요리를 즐길 수 있다. 오우 섬을 대표하는 메뉴는 주문과 동시에 튀겨 내는 오키나와풍 덴부라와 섬 인근에서 채집한 해초류 모즈쿠もずく와 잘 말린 오징어다. 2014년에 오픈한 시장에서는 싱싱한 생선도 저렴하게 판매하니 혹 캠핑이나 취사 계획이 있다면 이곳에서 재료를 구매하자. 시골 어촌 마을 풍경과 투명한 바다는 보너스다. 바다 내음을 맡으

며 한가로이 산책을 즐기고 싶은 여행자라면 추천한다.

🍴 스페셜 가이드 -오우 섬 주변 상점

나카모토 센교텐 中本 鮮魚店 [나카모토 센교텡]

주소 沖縄県南城市玉城奧武 9 **내비코드** 232 467 296*06 **시간** 10:00~18:00(11월~3월), 10:00~18:30(4월~10월) **가격** 65엔~ **전화** 098-948-3583

여행자에게 유명한 오우 섬 대표 상점이다. 싱싱한 해산물을 튀겨 낸 약 14종의 튀김을 판매하는 튀김 전문점. 맛 대비 가격이 저렴해 오우 섬에서 들러야 할 유명 상점이다. 오우 섬을 찾아오는 여행자가 늘면서 하루에도 수십 대의 관광버스로 단체 여행자가 이용하는 바람에 현지인은 현저히 줄었지만 싱싱한 재료를 이용하는 주인장의 고집은 지금까지 유지되고 있다. NO. 1 인기 메뉴는 생선 튀김 사카나텐부라さかなてんぷら이다.

오시로 덴부라 大城てんぷら店 [오–시로 텐뿌라텡]

주소 沖縄県南城市玉城奥武 193 **내비코드** 232 437 863*88 **시간** 11:00~18:00(하절기 19:00까지) **휴무** 매주
월요일 **가격** 60엔~ **전화** 098-948-4530

나카모토 센교텐과 버금가
는 오우 섬 튀김 전문점
이다. 거주 지역에 위치
한 가게로 관광객을 비롯
해 현지 주민 이용이 높은
곳이다. 이곳의 특징은 큰 사
이즈와 살짝 두꺼운 튀김옷 그리고 특별 메뉴

빙수かき氷다. 대기 줄이 길어도 주문과 동시
에 튀겨 바삭함이 살아 있다. 나카모토와 비
교했을 때 맛은 호불호가 갈린다. 섬을 둘러
보지 않을 여행자라면 입구에 있는 나가모토
를 이용하고, 섬을 둘러볼 여행자라면 두 곳
모두 맛보길 추천한다.

오우 섬 이먀이유 시장 奥武島 いまいゆ [오우지마 이마이유 이치바]

주소 南城市玉城奥武 19-9 **내비코드** 232 467 297*11 **시간** 9:00~18:00 **전화** 098-948-7632

2014년에 오픈한 종합 상점. 오우 섬 어부가
잡은 신선한 생선과 해산물, 해초류를 포함하
여 오키나와 오우 섬 지역 특산품 등 다양한
제품을 만날 수 있다. 난조 시 온라인 관광 살
거리 랭킹에서 1위를 차지할 정도로 떠오르
는 스폿. 내부에는 보트 승선권과 즉석 조리
코너도 준비되어 있으니 참고하자.

쿤나토우 くんなとぅ [쿤나토–]

주소 沖縄県南城市 玉城志堅原 460-2 **내비코드** 232 467 507*41 **시간** 11:00~19:00 **가격** 640엔~ (세트) **전
화** 098-949-1066

오우 섬 바로 맞은편
에 위치한 해초류인
모즈쿠 소바もずくそ
ば 전문점이다. 국내
TV 프로그램에서도
소개될 정도로 오키나와 가정식과 소바로 알
려진 식당이다. 오우 섬을 바라보며 식사를
즐길 수 있는 야외 테라스가 있어 인기다. 대

부분의 요리에 모즈쿠もずく를 사용하는 것
이 특징이라면 특징이다.

현지인들 사이에서 더 인기인 빵집

우치다 제빵 內田製パン [우치다 세-팡]

주소 沖縄県島尻郡八重瀬町富盛 337 **내비코드** 232 462 505*77 **시간** 11:00~19:00 **휴무** 월~화요일 **가격**
220엔~ **전화** 098-998-0322

현지인들 사이에서 입소문이 난 작은 빵집이
다. 디저트의 나라 일본답게 재료, 맛, 비주얼
을 모두 만족하는 빵들을 만날 수 있다. 소박
하면서도 깊은 맛을 자랑하는 베이글과 제철
재료가 올려진 데니쉬가 특히 인기며, 아침

먹을 곳이 많지 않은 오키나와에서 아침 대
용으로 괜찮은 곳이다. 매일 아침에 구운 빵
들이 소진되면 문을 닫는 가게인 만큼 조금
일찍 방문해 보자.

전통 소바를 즐길 수 있는 곳

야기야 屋宜家 [야기야]

주소 沖縄県島尻郡八重瀬町大頓 1172 **내비코드** 232 433 739*74 **시간** 11:00~16:15(주문 마감 15:45) **휴무**
매주 화요일 **가격** 630엔~ **전화** 098-998-2774

유형 문화재로 등록된 고택에서 전통 소바를
즐길 수 있는 곳이다. 일본 대표 음식점 정보
사이트인 타베로그에서 BEST 런치를 수상
한 경험이 있는 현지인이 추천하는 음식점이
다. 메뉴는 소바와 빙수를 포함한 디저트, 류
큐 전통 일품 요리. 인기 메뉴는 푸른 육수
가 인상적인 아사 소바 세트アーサそばセット(
980엔)다.

한국인 피폭자 위령비가 있는 곳

평화 기념 공원 平和祈念公園 [헤-와 키넨 코-엔]

주소 沖縄県糸満市摩文仁 444 **내비코드** 232 312 811*03 **위치** 나하 버스 터미널(バスターミナル) 또는 모노레일 아카미네 역에서 89번 버스 탑승 후 약 30분 뒤 이토만 버스 터미널(糸満バスターミナル)에서 82번 버스 환승 후 약 25분 뒤 헤이와키넨도이리구치(平和祈念堂入口) 정류장 하차 후 도보 2분 **시간** 9:00~17:00(상설 전시실 마감16:30) **요금** 무료(전시실 : 대인 300엔, 소인 150엔) **홈페이지** kouen.heiwa-irei-okinawa.jp **전화** 098-997-3844

제2차 세계대전 당시 유일하게 일본 지상에서 벌어진 전투로 오키나와 주민뿐 아니라 다양한 나라의 젊은이들이 희생된 곳이기도 한 이곳 오키나와. 평화 기념 공원은 당시 가장 치열한 전투가 일어났던 남부 지역에 세워진 평화를 주제로 설립한 공원이다. 내부에는 평화의 초석, 한국인 피폭자 위령비 등 전쟁으로 인해 희생당한 사람들의 넋을 기리기 위한 건축물과 자료관으로 구성되어 있다. 남부 지역 해안가에 위치한 탓에 시원한 바닷바람과 다양한 조각상으로 오키나와에서 사진이 가장 잘 나오는 곳 중 하나이기도 하다. 공원 한쪽엔 조선인 213명과 북한 국적의 조선인 82명의 이름이 새겨진 한국인 위령탑이 있으니 평화 기념 공원을 방문하면 한 번 들러 보는 것을 추천한다.

リゾート オキナワ
Southern Beach Hotel
& Resort Okinawa

이지나 섬
伊計島

이토만 시청
糸満市役所 🏛

구시카와 성터
具志川城跡 🏯

수산해양기술센터
水産海洋技術センター

나시로 비치
名城ビーチ 🏖

기넨공원
黒島武崎 🏯

평화지도
平和之塔

등대
灯台

이라하시 해안
荒崎海岸 🏖

키넨에이조무 미사
北名城ビーチ 🏖

난부 병원
南部病院 ➕

류큐우리촌
琉球ガラス村 🏯

히메우리병원
ひめゆりリゾート ➕

히메우리의탑
ひめゆりの塔 🍴

유비도
優美堂 🍴

구니요시 신사
🏯

경찰서
🏢

우체국
🏤

오지다케산
与座岳 ⛰

팜 힐즈 골프 리조트 클럽
Palm Hills Golf Resort Club

치도우로쿠 마카베지나
茶処 真壁ちなー

미와 중학교 🏫

레이메이 치칸 🏯

이토만 세이아이인 병원 ➕
경찰서 🏢

고메스 우체국 🏤

고메스 초등학교 🏫

민슈쿠 이토만네시아
あん宿ネシア 🏛

은민슈
民宿おんな

평화의공원 종합
주차장 P

리메이의탑
黎明の塔 🍴

이토만 공원 종합
水濱観光黒園 うちなーワールド 🏞

평화기념 조실
平和の礎

평화의탑
平和の塔

건이의탑
健児の塔

미토시니엔
摩文仁の丘 🏛

평화기념 공원
平和祈念公園 🏞

긴존 절벽
喜屋絶壁 ⛰

나하 골프 클럽
Naha Golf Club

1 골프장

마키야 긴 🏯
摩康家 ⛰

서든 링크스 골프 클럽
Southern links Golf Club 1

태평양
太平洋

N
W — E
S

간호부대 히메유리 학도대를 추모하기 위한 탑

히메유리 탑 ひめゆりの塔 [히메유리노 토-]

주소 沖縄県糸満市字伊原 671-1 **내비코드** 232 338 091*41 **위치** 나하 버스 터미널(バスターミナル) 또는 모노레일 아카미네역에서 89번 버스 탑승 후 약 30분 뒤 이토만 버스 터미널(糸満バスターミナル)에서 82, 107, 108번 버스 환승 후 약 15분 뒤 히메유리노토우마에(ひめゆりの塔前) 정류장 하차 후 도보 2분 **시간** 9:00~17:30(입장 마감 17:00) **요금** 310엔(대인), 210엔(고등학생), 110엔(초·중학생) **홈페이지** www.himeyuri.or.jp **전화** 098-997-2100

오키나와 사범학교와 현립 제일 고등학교 약 222명 학생과 교사 18명으로 이루어진 간호부대 히메유리 학도대를 추모하기 위해 세워진 탑. 제2차 세계대전 당시 민간인으로 자발적 간호 활동으로 뭉친 히메유리 학도대 전몰자 약 200여 명을 모셔 놓았다. 흰옷 차림의 간호사를 백합百合으로 형상화해서 세워둔 탑 앞에는 조그만 동굴이 있는데 전쟁 당시 미군을 피해 숨어 있던 동굴로, 마지막까지 투항하지 않고 자결을 선택했던 장소이기도 하다. 전쟁의 원흉국이지만 고결한 희생을 선택한 여고생들을 추모하기 위해 많은 참배객이 방문한다. 한쪽에는 전시관도 있다.

스페셜 가이드 -히메유리 탑 인근 맛집

유비도 優美堂 [유-비도-]

주소 沖縄県糸満市伊原 327-2 **내비코드** 232 308 873*17 **시간** 8:30~17:30 **가격** 상품마다 다름 **전화** 098-997-3443

히메유리 탑 맞은편에 위치한 전통 과자 & 기념품 판매점. 넓은 규모의 매장으로 매일 가게에서 만드는 사타안다기, 고야 등 다양한 전통 과자와 특산품을 판매하고, 건물 한쪽에는 최대 460명을 수용할 수 있는 홀을 갖춘 식당을 운영하고 있다. 식당 한쪽 블루 실 아이스크림도 판매하고 있어 쇼핑과 아이스크림, 식사를 즐길 수 있다. 단체 관광객이 주를 이루지만 남부 지역에서는 들러 볼 만한 상점이다.

류큐 유리 공예 복합 체험관

류큐 유리촌 琉球ガラス村 [류-큐-가라스무라]

주소 沖縄県糸満市字福地 169 **내비코드** 232 336 224*63 **위치** 나하 버스 터미널(バスターミナル) 또는 모노레일 아카미네역에서 89번 버스 탑승 후 약 30분 뒤 이토만 버스 터미널(糸満バスターミナル)에서 82, 108번 버스 환승 후 약 30분 뒤 나미히라이리구치(波平入口) 정류장 하차 후 도보 1분 **시간** 9:00~18:00(입장 마감 17:30) **요금** 무료(체험은 유료) **홈페이지** www.ryukyu-glass.co.jp **전화** 098-997-4784

옛 류큐 왕국의 전통이자 자랑인 류큐 유리의 모든 것을 알 수 있는 명소. 창립 30년 역사를 가진 류큐 유리 공예 조합에서 운영하고 있는 유리 복합몰로, 쇼핑과 식사를 즐길수 있는 아웃렛과 상점, 직접 유리를 만들어보는 공방 체험 프로그램과 미술관 등 류큐유리를 보고, 경험할 수 있는 다양한 공간이준비되어 있다. 가장 인기 시설은 공방 장인이 손수 만든 다양한 제품을 만날 수 있는 유리 가게ガラスショップ와 수백 종의 유리 제품이 있는 아웃렛 매장이다. 그 외에도 직접 나

만의 컵과 접시를 만들어 보는 체험 프로그램은 성별, 나이에 상관없이 한 번 경험해 보고 싶은 인기 프로그램이다.

오키나와 최남단에 위치한 성터

구시카와 성터 具志川城跡 [구시카와 죠–세키]

주소 沖縄県糸満市喜屋武 1730- 1 **내비코드** 232 274 239*11 **위치** 나하 버스 터미널(バスターミナル) 또는 모노레일 아카미네역에서 89번 버스 탑승 후 약 30분 뒤 이토만 버스 터미널(糸満バスターミナル)에서 107, 108번 버스 환승 후 약 15분 뒤 이토스(糸洲) 정류장 하차 후 도보 15분 **요금** 무료 **전화** 098-840-3210

오키나와 본섬 최남단에 위치한 성터. 1972년 사적 명승으로 등록된 구시카와 성터는 바다에서 높이 약 17m 해안 절벽에 위치한다. 삼면이 바다로 둘러싸인 독특한 입지를 가지고 있으며, 자료에 의하면 성 안에는 바다와 연결된 자연 동굴이 있었으며, 출토된 도자기와 파편으로 추정했을 때 약 12세기 후반에서 15세기 중반까지 사용한 것으로 추측된다. 아쉽게도 정확한 자료는 많지 않지만, 해안 절벽을 경계로 쌓아 올린 성벽 터를 보고 있으면 당시 성 규모가 얼마나 컸는지 짐작할 수 있다. 최남단에 위치해 아름다운 바다 풍경을 만나는 곳으로도 유명하다. 오키나와에서 파도가 좋기로 유명해 서핑을 즐기는 사람들도 종종 방문하곤 한다. 성터 근처 오키나와 최남단 마을인 키얀 곶熙屋武岬이 그리 멀지 않다.

시골집 분위기의 향토 음식점(타베 2위)

차도로코 마카베치나 茶処 真壁ちなー [챠도코로 마카베치나ー]

가격 沖縄県糸満市真壁 223 **내비코드** 232 368 155*41 **시간** 11:00~16:00 **휴무** 일, 월요일 **가격** 1,000엔~(1인당) **전화** 098-997-3207

메이지 24년(1887년)경에 지어진 고택을 개조해 1998년에 오픈한 소바 & 오키나와 향토 음식 전문점. 오래된 고택답게 붉은 지붕과 지붕 중간에 자리 잡은 시샤. 오랜 시간만큼 벗이 깃든 목조 건물과 내부 인테리어가 인상적이다. 우리나라 시골집과 비슷한 느낌이며 넓은 내부에는 다다미방에 여러 개의 테이블이 놓여 있어 편안하게 오키나와 소바와 향토 음식을 맛볼 수 있다. 인기 메뉴는 고야 찬푸루와 흑미 & 소바가 함께 나오는 여름 한정 정식 세트다.

류큐 골프 클럽
Ryukyu Golf Club

주유소

경찰서

슈레이 컨트리 클럽
Shurei Country Club

녹지 공원

쓰키시로 테라스
つきしろテラス

카페 후주
CAFE 風珠

오루섬
東武島

이마부 관광 안내 센터

하미비드 가든
白名花園

아미노 치야 라무소이
山の茶屋 楽水

케이지海水

소드 피쉬
SWORD FISH

하쿠나 초등학교
청소년의 집

코코나 豊島
Cocolo Arts&Crafts

카페 민즈
カフェ ミンズ

카페 이부사치
cafe やぶさち

하무나 비치 주차장
百名ビーチ

하무나 비치
百名ビーチ

이마부 비치 버스 정류장

이마부 비치 센터
みーばるマリンセンター

이마부 치지
新原ビーチ

기리카
かりか

이마부 마린 센터 입소

아자이 산신 비치 입구
あざまサンサンビーチ
버스 정류장

아자마 항
安座間港

카후와 NAJO
Kafuwa Najo
치넨 해양 레저 센터
知念海洋レジャーセンター

룰리브루 나무 카페
オリーブの木

니라이카나이 다리
ニライカナイ橋

펜션 시가이안

치넨 성터
知念城跡

크룸크마 카페
カフェ くるくま

세이화 우타키 입구
斎場御嶽入口
버스 정류장

세이화 우타키
斎場御嶽

조구
JyoGoo

우미노이스키아
海のスキア

우미노이스키아 입구
海のスキア 入口
버스 정류장

쿠단카시마 스토
くだか島そば

치넨 미사키 공원
知念岬公園

쿠다카섬
久高島

N
E
S
W

옛 류큐 왕국 최고의 성지

세이화 우타키 | 斎場御嶽 [세-화우타키]

주소 沖縄県南城市知念久手堅 271 **내비코드** 33 024 282*63 **위치** 나하 버스 터미널(那覇バスターミナル)에서 38번 버스 탑승 후 세이화우타키이리구치(斎場御嶽入口) 정류장 하차 후 도보 10분 **시간** 9:00~18:00(3월~10월: 입장 마감 17:30), 9:00~17:30(11월~2월: 입장 마감 17:00) **휴무** 홈페이지 확인 필수 **요금** 300엔(대인), 150엔(초·중학생) **홈페이지** www.kankou-nanjo.okinawa/tokusyu/view/safa **전화** 098-949-1899

15~16세기 류큐 왕국의 개벽 신화에 나오는 류큐 왕국 최고의 성지인 세이화 우타키. 개벽 신화에는 류큐의 창세신이 하늘에서 이 섬으로 내려와 류큐를 만들었다는 전설이 있는데, 창세신을 모시는 7개의 성지 중 세이화 우타키는 가장 성스럽게 여기는 곳이다. 가장 높은 제사장이 제사와 기원을 드렸던 곳으로, 지금은 성지순례의 장소로도 유명하지만 과거에는 여성만 출입이 가능했던 곳이었다. 2000년 11월 유네스코 세계 문화 유산에 등재되면서 방문객이 증가해 주변 돌을 가져가거나, 참배를 온 지역 주민들의 사진을 무단으로 촬영해 문제가 제기되었다. 역사, 문화적으로 오키나와에서 가장 민감한 곳 중 하나이니 방문할 때는 예의에 어긋나게 행동하지 않게 조심하자.

류큐 왕국의 구스쿠(성) 및 관련 유산군

연못

③ 유인치

우후구이 ②

시키요다유루와 아마다유루의 항아리

④ 상구이

우로우카아 ※ 현재 출입금지 ⑥

① 우조우구구치 (성지 입구)

입구

미도리노 아카타세®

〒 우체국

국도 331호

● 주차장/발권소

치넨 미사키 공원

세나초 방면

① 우조우구구치 (성지 입구)
성지 안으로 들어가는 입구며, 우측에는 성지 안에 있는 6개의 기도소를 상징하는 6개의 량토가 놓여져 있다.

② 우후구이
입구로 올라가다 왼쪽으로 보이는 공간. 성지에서의 첫 번째 기도소다.

③ 유인치
우후구이 뒤쪽에 위치한 공간으로, 부엌이란 뜻을 가진 유인치는 과거 성지에서 진행했던 행사와 방문하는 참배객이 가져오는 공양품과 세계의 교역품이 모여 있는 공간이자 제사 음식 등을 준비했던 공간이다.

④ 시키요다유루와 아마다유루의 항아리
2개의 종유석에서 떨어지는 성수를 받기 위해 설치해 놓은 항아리

⑤ 상구이
성지를 대표하는 공간으로 두 개의 바위 아래 삼각형 입구를 지나면 두 개의 기도소를 만날 수 있다. 또한 동쪽으로는 바다 저편의 쿠다카지마 섬을 볼 수 있다. 참고로 쿠다카지마 섬은 류큐 왕국 당시 신의 섬이라 불렸다. 섬으로 류큐를 개벽한 아마미키요가 하늘에서 내려와 처음으로 만들었다고 믿는 신의 섬이다. 류큐 왕국에서는 쿠다카지마섬 참래를 한 번도 거른 적이 없을 정도였다 한다.

태평양 바다가 보이는 공원
치넨 미사키 공원 知念岬公園 [치넨 미사키 코-엔]

주소 沖縄県南城市知念久手堅 **내비코드** 232594473*71 **위치** 나하 버스 터미널(那覇バスターミナル)에서 38번 버스탑승 후 세이화우타키이리구치(斎場御嶽入口) 정류장 하차 후 도보 6분 **요금** 주차 무료

아름다운 태평양 바다 풍경을 볼 수 있는 곳이다. 류큐 왕국의 신화에 나오는 아마미키요신이 내려왔다는 쿠다카지마 섬을 볼 수 있는 포인트로도 유명하다. 오키나와 어디서든 볼 수 있는 바다 풍경이다. 푸른 잔디로 구성된 공원과 산책로 그리고 일출 장소로 유명해서 커플족이 많이 찾는다.

오키나와 랭킹 인기 비치
아자마 산산 비치 あざまサンサンビーチ [아자마 산상 비-치]

주소 沖縄県南城市知念安座真 1141-3 **내비코드** 33 024 681*55 **위치** 나하 버스 터미널(那覇バスターミナル)에서 38번 버스탑승 후 아자마산산비치이리구치(あざまサンサンビーチ入口) 정류장 하차 후 도보 2분 **시간** 10:00~18:00 **요금** 4,200엔(바비큐 장비 대여), 200엔(샤워장), 500엔(주차), 500엔(파라솔) **전화** 098-948-3521

오키나와 랭킹 인기 비치며 아름다운 일출로 유명한 남부 지역 대표 비치 중 하나다. 투명도가 높기로 유명하며, 해수욕과 각종 해양 스포츠, 바비큐를 즐길 수 있는 주변 시설이 갖추어져 있다. 하얀 백사장과 넓은 부지로 각종 이벤트도 열린다. 매년 4월부터 10월에 개장하고, 수영 가능한 시간은 9시부터 18시까지다.

자연 속 카페
우미노이스키아 海のイスキア [우미노 이스키아]

주소 沖縄県南城市知念久手堅 267 **내비코드** 33 024 042*06 **시간** 10:00~18:00(4월~10월), 10:00~17:00(11월~3월) **휴무** 매주 화요일 **가격** 450엔~ **전화** 098-948-3966

푸른 잔디로 덮인 정원을 갖춘 가옥에서 차와 케이크를 판매하는 자연 속 카페다. 가정집 내부를 개조한 카페로 세이화 우타키|斎場 御嶽로 가는 길목에 있다. 바다를 벗 삼아 잠시 여유를 즐기고 싶다면 추천한다.

가정식 음식와 수제 아이스크림 집
죠구 JyoGoo [죠-구-]

주소 沖縄県南城市知念久手堅 311 **내비코드** 232 594 848*82 **시간** 11:00~18:00(주문 마감 17:00), 8:30~11:00(모닝 판매 평일) **가격** 500엔~ **전화** 098-949-1080

세이화 우타키|斎場御嶽로 가는 길목에 있는 카페 & 레스토랑이다. 도로 바로 옆 아이스크림 배너가 세워져 있어 발견하기 쉽다. 남부 지역 다른 카페에 비해 분위기는 살짝 아쉽지만, 가정식 음식과 수제로 만든 소프트 아이스크림이 인기다.

해안도로 옆 소바 집
쿠다카시마 소바 くだか島そば [쿠다카지마 소바]

주소 沖縄県南城市知念久手堅 455-1 **내비코드** 232 594 700*25 **시간** 10:00~17:00 **휴무** 목요일 **가격** 700엔~ **전화** 098-948-7665

남부 해안 도로가에 위치한 소바 전문점이다. 오키나와식 전통 소바는 물론 다양한 스타일의 소바와 스테이크, 향토 음식을 판매한다. 해안도로 옆에 있어 바다가 보이는 가게라 더 인기다. 인기 메뉴는 오키나와풍 쿠다카 소바くだかそば와 오키나와 야채가 풍성하게 들어간 야사이 소바野菜そば다.

가장 먼저 일출을 볼 수 있는 곳
니라이카나이 다리 ニライカナイ橋 [니라이카나이 하시]

주소 沖縄県南城市知念字知念 **내비코드** 232 593 542*11 **위치** 86번 국도 서쪽 남부 해안도로 331번 국도와 만나는 지점에서 약 1.2km(드라이브 추천 코스로는 나하 지역에서 출발해 331번 국도로 내려오다 137번 국도~86번 국도 순으로 이동)

남부 지역 해안가를 달리는 331번 국도와 만나는 86번 국도에 자리한 절경 포인트다. 산 위를 달리는 86번 국도에 있는 2개의 고가 다리 중 니라이카나이 다리는 오키나와의 아름다운 바다를 볼 수 있는 곳이자 가장 먼저 일출을 볼 수 있는 곳으로 유명하다. 특히 어두운 터널을 지나 바다를 향해 달리는 다리 위에서 그림 같은 바다 풍경을 만날 수 있는 하행선은 누구라도 감탄사를 연발하게 된다. 연인과 함께라면 남부 지역 추천 드라이브 코스 중 한 곳이다. 주의할 것은 멋진 풍경이 나온다고 무작정 차를 정차하면 안 된다. 도로 한쪽 주차 공간과 전망대가 준비되어 있으니 참고하자.

바다 전망이 아름다운 카페
쿠루쿠마 카페 カフェ くるくま [카훼 쿠루쿠마]

주소 沖縄県南城市'知念字知念 1190 **내비코드** 232 562 890*41 **시간** 10:00~19:00(10월~3월: 주문 마감 18:00), 10:00~20:00(4월~9월: 주문 마감 19:00), 10:00~18:00(매주 화요일: 주문 마감 17:00) **가격** 420엔~ **전화** 098-949-1189

여행자들 사이에서 가장 잘 알려진 남부 지역 대표 카페다. 바다 전망이 아름다운 위치에 자리 잡은 카페 겸 허브와 강황을 이용한 타이 음식 전문점이다. 일본 방송에서도 여럿 소개된 가게다. 넓은 잔디밭에 바다를 배경으로 기념 촬영을 할 수 있어 커플, 가족 단위 여행자에게 인기다. 인터넷의 다양한 후기들로 유명세를 탄 곳이어서 사람들이 많이 붐비니 점심 시간에는 피하는 것을 좋다.

언덕 위에 자리 잡은 다이닝 키친
쓰키시로 테라스 つきしろテラス [쯔키시로 테라스]

주소 沖縄県南城市つきしろ 1663 **내비코드** 232 590 007*36 **시간** 9:30~11:00(모닝), 11:00~14:30(런치), 14:30~15:30(티타임), 17:00~21:00(디너: 주문 마감 20:30) **가격** 1,100엔~(식사), 980엔(스위트 세트) **전화** 098-949-1751

스테이크, 타코 라이스를 비롯해 디저트 케이크와 차 등 각종 오키나와 음식을 판매하는 레스토랑 & 카페. 그림 같은 바다 풍경을 조망할 수 있는 언덕 위에 자리 잡은 다이닝 키친으로 남부 지역 다른 카페와 비교했을 때 조금은 현대식 레스토랑에 가깝다. 인기 메뉴는 지중해풍 타코 라이스タコライス와 제철 식재료로 파티쉐가 만든 수제 스위트

세트 スイーツセット다. 런치 메뉴도 있다.

대중교통 접근이 용이한 비치
미바루 비치 新原ビーチ [미-바루 비-치]

주소 沖縄県南城市玉城字百名 1599-6 **내비코드** 232 470 604*00 **위치** 나하 버스 터미널(那覇バスターミナル)에서 39번 버스 탑승 후 약 50분 뒤 미바루비치(新原ビーチ) 정류장 하차 후 도보 2분 **시간** 8:30~17:00(5~9월 17:30까지) **요금** 300엔(주차 1시간), 500엔(주차 1일), 200엔(샤워장) **전화** 098-949-7764(비치 관리소), 098-948-1103(비치 앞 레저 업체)

남부 지역 비치 중 소박한 자연 그대로의 바다 풍경을 만날 수 있는 곳. 주변 인공 비치와는 달리 자연 그대로의 아름답고 청정한 오키나와의 바다를 감상할 수 있다. 오키나와 여러 비치 중 거리가 멀어 성수기 시즌을 제외하고는 찾는 사람이 많지 않아 조용히 해수욕과 스노클링을 즐기기에 제격이다. 최근

에는 해양 레저 전문 업체가 영업을 하고 있어 다양한 해양 레저도 즐길 수 있다. 남부 지역 비치 중 대중교통으로 접근하기 좋으니 참고하자. 버스를 이용할 경우 배차가 많지 않으니 숙소 근처 버스 정류장에서 버스 시간표를 확인하자.

카페 야부사치 cafe やぶさち [카훼 아부사치]

주소 沖縄県南城市玉城百名 646-1 **내비코드** 232 500 500*60 **시간** 11:00~15:00(런치), 15:00~19:00(티타임; 일몰까지) **휴무** 매주 수요일 **가격** 1,200엔~(런치), 800엔~(런치 시간 외), 500엔~(티) **전화** 098-949-1410

남부 지역 바다 전망을 보며 음식과 차를 즐길 수 있는 이탈리안 레스토랑 & 카페. 바다를 조망할 수 있게 건물 2층에 자리 잡은 테이블은 전면이 창으로 되어 있어 어디서든 바다를 보며 식사가 가능하다. 넓지 않지만 테라스가 있고 가게 앞에는 잔디밭 정원이 있어 식후 차를 마시며 쉬어 가기 좋다. 무한 셀프 샐러드 바와 한정 런치 메뉴가 인기다.

하마베노 차야 浜辺の茶屋 [하마베노 차야]

주소 沖縄県南城市玉城字玉城 2-1 **내비코드** 232 469 491*06 **시간** 10:00~20:00(매주 월요일 14:00 오픈) **가격** 500엔~(티), 300엔~(스위트), 700엔~(세트) **전화** 098-948-2073

미바루 비치 근처에 있으며 여행자들 사이에 가장 유명한 카페다. 목조 건물에 바다 방향으로 자리 잡은 BAR 형태의 나무 테이블이 운치있다. 자연과 조화를 이룬 듯 나무를 이용한 내부 인테리어와 가게 앞 밀물과 썰물 차이로 달라지는 바다 풍경은 놓칠 수 없는 하마베노차야만의 포인트다. 최근 여행자가 몰려 어수선하지만 운이 좋으면 나만의 시간을 즐길 수 있다.

야마노 챠야 라쿠스이 山の茶屋 楽水 [야마노 챠야 라쿠스이]

주소 沖縄県南城市玉城玉城 １９ **내비코드** 232 469 638*14 **시간** 11:00~18:00(주문 마감 17:00) **휴무** 매주 일요일 **가격** 700엔~ **전화** 098-948-1227

해변의 찻집 하마베노 챠야 浜辺の茶屋에서 운영하는 채식 카페다. 이름처럼 숲속에 위치한 가게로, 신선한 현지 재료와 효소, 사탕수수로 만든 흑설당, 약초 등을 이용한 자연식 향토 음식과 3종 피자를 판매한다. 자연 그대로의 모습을 보존한 인테리어와 정원도 인상적이다. 다다미방 창문 한쪽으로 오키나와 바다를 볼 수 있는 방이 최고의 명당으로 꼽힌다.

카리카 かりか [카리카]

주소 沖縄県南城市玉城百名 1360 **내비코드** 232 469 535*06 **시간** 10:00~22:00(매주 화요일 17:00 영업 종료) **홈페이지** okkalika.exblog.jp **전화** 050-5837-2039

미바루 비치에서 차와 음식을 즐길 수 있는 네팔 요리 전문점. 2012년 5월 1일 오픈한 가게로, 양고기 카레를 비롯해 네팔식 만두인 모모와 라씨 등 디저트까지 네팔 음식만 판매한다. 바다 모래사장 위 야외 테이블이 준비되어 있어 현지인들에게 인기다. 주인장이 손수 직접 꾸민 소품도 인상적이다. 조금 심심한 오키나와

음식이 지루하거나 네팔 여행의 추억이 있다면 강추한다.

햐쿠나 가든 百名伽藍 [햐쿠나가랑]

주소 沖縄県南城市玉城字百名山下原 1299-1 **내비코드** 232 469 406*06 **시간** 11:30~14:30(런치), 18:00~22:00(디너) **가격** 3,400엔~(런치 코스), 12,000엔~(디너 코스) **전화** 098-949-1011

방송 촬영 장소로도 유명한 오키나와 료칸 햐쿠나 가든 내부에 있는 다이닝 공간. 지역 주민이 '바다의 밭海の畑'이라 부르는 바다 풍경을 보며 일본 료칸 요리인 가이세키를 즐길 수 있다. 남부 지역 유명 리조트 & 료칸인 만큼 분위기는 고급이다. 거기에 음식을 비롯해 풍경조차 고급지다. 가격은 다소 비싼 편이지만 오키나와의 좋은 재료로 만든 일본 전통 맛을 맛보고 싶다면 런치 코스를 추천한다.

Okinawa

오키나와

여행 서비스

추천 숙소

숙박 선택 요령

최저가 예약하기

숙박 종류

항공

항공 운항 정보

항공 선택 요령

항공 최저가 예약하기

항공권 구매 후 주의 사항

오키나와 교통편

모노레일/버스/렌터카/투어버스/택시/ 자전거 및 오토바이 대여

패스권 · 할인 입장권

모노레일 승차권

오키나와 노선버스 주유 패스

구룻토 나하 버스 모노패스

주말 한정 1일 버스 무제한 승차권

골든위크 프리승차권/ 버스의 날 기념 승차권

할인 입장권

온라인 오키나와 할인 쿠폰 출력 사이트

오키나와 액티비티

오키나와 엔조이 패스

그 외 편의 시설

외국인 여행자를 위한 통역 & 여행 정보 서비스

무료 와이파이 이용하기

편의점 개방 화장실

편의점 티켓 & 입장권 구매기

나하 시 관광 안내소

환전소

ATM기 사용하기

면세

주변 섬 여행하기

추천 숙소

여행에서 잠은 중요하다. 특히 오키나와에서는 어떤 숙소를 선택하느냐에 따라 여행의 만족도가 달라진다. 비용만 고려하다 황금 같은 여행을 망칠 수 있으니 여행의 목적에 맞는 숙소를 선택하자. 단, 일본 숙박 요금은 우리나라와 달리 방 가격이 아닌 인당 가격으로 표기하니 예약 시 주의하자.

숙박 선택 요령

오키나와는 크지 않지만 이동 거리가 제법 있는 만큼 여행 일정을 우선적으로 고려해 선택하는 것이 좋다. 예를 들어 휴양만 목적이라면 한 곳에 머무는 것이 좋지만 휴양과 섬 전체를 돌아보는 관광 일정을 계획한다면 숙소를 두 곳으로 정해 이동 시간을 최소화하길 추천한다. 또 동반자와 여행 예산 등을 반드시 고려해 숙소를 선택하자.

목적별 추천 지역 및 시설

휴양	중부 또는 북부 지역 리조트 / 호텔
관광	나하 & 나고 지역 도심 부근 호텔 / 비즈니스호텔 / B & B
휴양+관광	나하 지역 호텔 / 비즈니스호텔 & 중부 또는 북부 지역 리조트 / B & B
레저	나하 지역 비즈니스호텔 / 해수욕장 주변 민숙 & B & B

유형별 추천 지역 및 시설

가족	중부 또는 북부 지역 리조트 / 호텔 / B & B
커플	나하 지역 호텔 / 비즈니스호텔 & 북부 지역 민숙
친구	나하 지역 게스트 하우스 / 비즈니스호텔 & 북부 지역 B & B / 민숙
단체	나하 지역 호텔 / 비즈니스호텔 & 중부 또는 지역 북부 호텔

숙소는 같은 날짜, 같은 타입의 방을 이용해도 요금이 다를 수 있다. 이유는 예약 방법에 있는데, 온라인 예약 대행 사이트마다 판매 가격이 다르고, 여행사와 카드사 등 여행 관련 이벤트 및 프로모션을 이용하면 적지 않은 금액을 절약할 수 있다.

야후 재팬 트래블(travel.yahoo.co.jp)

일본 전국 숙박 시설은 물론 국내선 렌터카, 여행 상품 예약이 가능하다. 실시간 가격을 적용하고 여러 업체에서 판매되는 가격도 함께 검색되어 할인율 및 저렴한 가격을 찾는 데 유리하다. 단점은 일어로만 서비스 및 예약이 가능하다. 참고로 4, 5성급 호텔은 타 업체보다 가격이 비싼 편이고 비즈니스호텔은 가장 저렴하다.

자란넷(www.jalan.net)

일본 여행을 좀 해 봤거나, 일본을 좀 안다는 여행자들이 이용하는 일본 지역 전문 숙박 예약 사이트다. 온라인 결제도 가능하고 최근 한국어 페이지를 오픈해 알뜰 여행족에게 인기가 높다. 특히 자란넷은 대규모 체인 호텔, 전통 료칸, 비즈니스호텔과 계약이 되어 있어 다양한 플랜을 제공한다.

라쿠텐 트래블(www.travel.rakuten.co.kr)

호텔 예약 실적으로는 일본 최대를 달리고 있는 라쿠텐 트래블은 일본은 물론 아시아, 동남아 지역까지 여행 정보와 호텔 예약을 대행하고 있다. 온라인 여행 사이트 분야에서는 일본에서 가장 매출이 높아 할인율이 높은 호텔 프로모션이 자주 나온다.

hotel.jp(hotel.jp)

글로벌 호텔 예약 대행 사이트는 물론 일본 국내 대행사이트의 모든 가격 조건을 한 번에 조회할 수 있는 가격 비교 사이트다. 다른 사이트를 통해 호텔을 정했다면 예약 전 한 번쯤 여러 사이트에서 판매되는 가격을 비교해 보자.

트립 어드바이저(www.tripadvisor.co.kr)

전 세계 호텔 예약 대행 서비스는 물론 실제 해당 호텔을 이용해 본 소비자의 리뷰와 음식점, 관광 명소 등 각종 여행 정보를 얻을 수 있는 종합 여행 사이트다. 위에 소개한 사이트보다 가격적 매력은 다소 부족하지만 호텔을 선택하는 데 있어 많은 도움을 받을 수 있다.

국내 여행사 전화 예약

온라인 사용이 어렵거나 시간적 여유가 없는 여행자라면 국내 호텔 예약 전문 회사를 통해 전화 예약할 수 있다. 단, 전화 예약 특성상 상담 직원에 따라 추천 호텔이 달라질 수 있으니 참고하자.

하나투어 02-3417-1212
인터파크투어 02-3479-4230
여행박사 070-7017-2100

* 오키나와는 휴양지로 항공사와 여행사에서 항공과 숙박을 묶은 다양한 상품을 판매하고 있다. 다른 지역과는 달리 따로 구매하는 것보다 가격이 같거나 더 저렴하고, 무엇보다 추가 서비스를 받을 수 있어 호텔팩을 선택하는 것도 좋은 방법이다. 단, 국내 대부분의 여행사 상품이 비슷해 한국인 여행객이 많이 모이니 참고하자.

게스트 하우스

여러 명이 함께 이용하는 다인실과 개인실로 구별되며 가격이 저렴하다. 무엇보다 세계 각국에서 오는 여행자들을 만날 수 있다. 오키나와는 나하 시내를 중심으로 일부 섬과 해양 레포츠로 유명한 지역에 게스트 하우스가 있는데, 나하 시내를 제외하고는 대부분 시설이 좋지 않지만 지리적 위치가 좋아 휴양이 아닌 자신만의 목적을 가지고 온 여행자들에게는 나쁘지 않다. 북부와 남부 지역 일부 카페와 해변 근처 레저 업체도 근처 민가를 활용해 게스트 하우스를 운영하고 있다.

B & B, 독채 민박

업체들이 여럿 입점해 조금 퇴색했지만 가족 단위나 단체 여행자에게는 추천하는 숙소다. 일반인이 거주하는 집을 개조해 독채 또는 방 일부를 대여해 주는 형태다. 잘만 찾으면 저렴한 비용으로 호텔 못지않은 숙소를 이용할 수 있다. 단, 시설에 집중하기보다 위치와 Host를 자세히 살펴봐야 한다. 온라인 검색이나 사이트 후기를 통해 실제 다녀온 사람들의 의견을 참고한 후 선택하자.

비즈니스호텔

나하 시와 북부 나고 시를 중심으로 모여 있는 숙박 시설로, 시내 명소를 중심으로 인접한 지역에서 운영하고 있다. PC 사용은 물론 식사 제공 등 다양한 편의 시설을 제공하며, 무엇보다 위치 대비 가격이 저렴해 렌터카를 이용하지 않은 여행자들에게 인기다. 단, 방 크기가 작고, 시내 중심에 몰려 있어 소음 등 불편함이 있다. 일부 비즈니스호텔은 위치와 시즌에 따라 호텔, 리조트와 가격 차이가 많지 않을 때가 있으니 참고하자.

민숙

유명한 해변과 관광지 주변에 가정집을 개조하거나 오키나와풍 인테리어로 잠자리를 제공하는 숙박 시설이다. 규모와 시설에 따라 가격 차이가 3배 이상 발생해 고급 리조트보다 비싼 곳도 여럿 있다. 오키나와의 민숙은 크게 두 종류가 있는데, 명소 주변 프라이빗 고급 시설과 전통 민가를 개조해 독채 또는 방을 대여하는 형태다. 저가형 민숙은 우리나라 민박집과 비슷하고, 고급 민숙은 중부와 북부 지역에 여럿 있다. 가격이 저렴한 민숙은 남부 지역 비치에 여럿 모여 있다.

호텔

크라운 플라자, 비치 타워 등 도심과 서쪽 해변을 중심으로 4성급 이상 브랜드 호텔이 여럿 있다. 리조트와는 달리 휴양 시설은 부족하지만 리조트 대비 가격이 저렴하고, 무엇보다 편안하고 좋은 시설로 휴양이 아닌 관광을 목적으로 오키나와를 찾은 가족 단위, 커플족에게 인기다. 시즌에 따라 일부 호텔은 비즈니스호텔 못지않게 가격이 저렴하다.

리조트

오키나와 중부와 북부 지역 서쪽 비치에 분포되어 있는 시설로, 일본 대표적인 휴양지답게 오션뷰는 물론 프라이빗 비치와 휴양 시설을 갖춘 인기 숙박 시설이다. 오키나와 리조트는 일본 브랜드와 글로벌 브랜드로 나뉘는데, 시설은 거의 같지만 분위기와 서비스에서 차이가 난다. 조용한 리조트에서 일본 특유의 분위기를 느끼고 싶다면 일본 브랜드를, 수영과 레저 등 활동적인 것을 좋아한다면 글로벌 브랜드 리조트를 추천한다.

라구나 가든 호텔 오키나와

Laguna Garden Hotel Okinawa [라구나 가덴 호테루 오키나와] 🏠

주소 沖縄県宜野湾市真志喜 4-1-1 **내비코드** 33 403 174*22 **위치** 공항리무진 A 지역 버스(국내선 출발 기준) 세 번째 정류장 하차 **홈페이지** www.laguna-garden.jp **전화** 098-897-2121

공항리무진으로 약 40분이면 도착하는 라구나 가든 호텔은 아메리칸 빌리지와 나하 시내 중간에 위치해 있어 지리적으로 동선을 많이 아낄 수 있다. 미군기지와 컨벤션 센터가 인접해 있어 많은 사람이 붐비는 트로피컬 비치부터 쇼핑의 천국 메가 돈키호테도 근처에 있으니 꼭 한 번 들러 보자. 방은 다다미방부터 서양식 호텔까지 다양하게 구비되어 있으니 취향에 따라 골라보는 것도 이곳의 매력이다.

더 비치 타워 오키나와 The Beach Tower Okinawa [자 비치 타와 오키나와] 🏠

주소 沖縄県中頭郡北谷町美浜(字) 8-6 **내비코드** 33 525 209*88 **위치** 공항리무진 A 지역 버스(국내선 출발 기준) 네 번째 정류장 하차 **홈페이지** www.hotespa.net **전화** 098-921-7711

아메리칸 빌리지와 석양을 동시에 즐기고 싶다면 이곳이 좋다. 오키나와 리조트가 지금처럼 많지 않았던 시절부터 신혼 여행지 호텔로 손꼽혔던 만큼 멋진 오션뷰와 접근성을 자랑한다. 바로 앞에 위치한 선셋 비치에서 해수욕을 즐기고 츄라우 온천에서 여행의 피로를 푼다면 멋진 오키나와 여행이 될 것이다. 투숙객은 츄라우 온천이 무료이니 잊지 말고 꼭 이용해 보자.

힐튼 오키나와 차탄 리조트

Hilton Okinawa Chatan Resort [히루통 오키나와 챠탕 리조-토]

주소 沖縄県中頭郡北谷町美浜(字) 4 0-1 **내비코드** 33 525 683*74 **위치** 공항리무진 A 지역 버스(국내선 출발 기준) 여섯 번째 정류장 하차 **홈페이지** www3.hilton.com **전화** 098-901-1111

아메리칸 빌리지 한복판에 세워진 럭셔리 호텔. 브랜드 호텔답게 직원들의 서비스 수준은 오키나와 호텔 중 최상급이다. 아메리칸 빌리지 한복판에 위치해 아메리칸 빌리지 관광이 매우 편하고, 실내 수영장 시설도 잘 되어 있어 중부 지역 위주의 여행을 즐기는 여행자라면 추천한다. 오션뷰는 도심과 오션이 함께 보이기 때문에 호불호가 조금씩 갈리는 편이다.

르네상스 오키나와 리조트

Renaissance Okinawa Resort [루네상스 오키나와 리조-토]

주소 沖縄県国頭郡恩納村山田 3425-2 **내비코드** 206 034 686*30 **위치** 공항리무진 B 지역 버스(국내선 출발 기준) 네 번째 정류장 하차 **홈페이지** www.marriott.com **전화** 098-965-0707

액티비티를 좋아하는 여행자라면 이곳을 추천한다. 호텔 내에서 돌고래를 사육하고 있어 아이들의 체험 활동으로 인기가 많다. 또한 이곳은 마에다 곶의 푸른 동굴 스쿠버다이빙, 비오스의 언덕 등 오키나와의 다양한 자연 환경을 느낄 수 있는 스폿들로 둘러싸여 있어 많은 인기를 얻고 있다.

호텔 니코 알리빌라 요미탄 리조트 오키나와
Hotel Nikko Alivila Yomitan Resort OKINAWA [호테루 닛코 아리비나]

주소 沖縄県中頭郡' 読谷村儀間 600 **내비코드** 33 881 331*52 **위치** 공항리무진 B지역 버스(국내선 출발 기준)
여섯 번째 정류장 하차 **홈페이지** www.alivila.co.jp **전화** 098-982-9111

하얀색이 어울리는 니코 알리빌라 호텔은 조용한 프라이빗 비치와 부대시설로 연인이나 가족과 조용히 휴양을 즐기려는 사람들에게 추천한다. 스페니쉬 콜로니얼풍의 호텔 전경은 투숙객으로 하여금 색다른 편안함을 선사한다. 실내 수영장과 해변 모두를 호텔에서 직접 관리하기 때문에 언제나 깔끔한 환경에서 수영을 즐길 수 있다. 다만, 주변에 즐길거리가 많지 않아서 자동차를 렌트한 여행자들에게 추천한다.

호텔 몬트레이 스파 & 리조트 오키나와
Hotel Monterey spa & resort Okinawa [호테루 몬토레 오키나와 스파 안도 리조-토]

주소 沖縄県国頭郡' 恩納村富着 1550-1 **내비코드** 206 096 896*74 **위치** 공항리무진 C지역 버스(국내선 출발 기준) 네 번째 정류장 하차 **홈페이지** www.hotelmonterey.co.jp **전화** 098-993-7111

타이거 비치와 접해 있는 오션뷰 리조트. 니코 알리빌라와 동급의 호텔이지만 분위기는 이곳이 더 현대적이다. 최고의 수질을 자랑하는 타이거 비치와 실내 수영장 그리고 스파 등 모든 휴양 시설이 호텔 내에 있기 때문에 휴양을 위해 오키나와를 찾은 여행자라면 이곳을 추천한다.

호텔 문 비치 Hotel Moon Beach [호테루 문 비-치]

주소 沖繩県国頭郡 恩納村前兼久 1203 **내비코드** 206 096 587*3 **위치** 공항리무진 C 지역 버스(국내선 출발 기준) 세 번째 정류장 하차 **홈페이지** www.moonbeach.co.jp **전화** 098-965-1020

남쪽 나라의 해변을 느끼고 싶다면 바로 이 곳을 선택해 보자. 해변을 향해 둥글게 둘러 싸고 있는 이 호텔은 방에서 해변까지 수영 복을 입고 바로 이동할 수 있을 정도로 해변 친화적이다. 이곳의 자랑은 해변을 배경으로 식사와 디저트를 즐길 수 있는 것이다. 테 라스 카페와 레스토랑을 통해 조용한 프라이 빗 비치에서 석양을 보면서 즐기는 한 끼 식 사는 가족과 연인들의 사이를 더욱 깊게 만 들어 준다.

카푸 리조트 푸차쿠 콘도 호텔
Kafuu Resort Fuchaku Condo hotel [카후- 리조-토 후차쿠 콘도호테루]

주소 沖繩県国頭郡恩納村字富著志利福地原 246-1 **내비코드** 206 096 809*11 **위치** 공항리무진 C 지역 버스(국내선 출발 기준) 다섯 번째 정류장 하차 후 도보 10분 **홈페이지** www.kafuu-okinawa.jp **전화** 098-964-7000

2010년에 준공되어 상대적으로 신축 건물 에 속한 이 호텔은 콘도형이다. 간단한 조리 가 가능한 렌지와 주방 도구가 구비되어 있어 아이들을 동반한 가족 여행자들에게 추천한 다. 전 객실 오션뷰로 탁 트인 시야와 가까운 해변은 기본. 전체적으로 깔끔한 객실 내부와 친절한 직원들로 여행자들 사이에서 높은 평 점을 유지하고 있다.

쉐라톤 선 마리나 호텔 Sheraton Sun marina Hotel [쉐라톤 산마리-나 호테루] 🏠

주소 沖縄県国頭郡恩納村字富着 66-1 **내비코드** 206 127 769*30 **위치** 공항리무진 C 지역 버스(국내선 출발 기준) 다섯 번째 정류장 하차 **홈페이지** sheraton-okinawa.co.jp/ **전화** 098-965-2222

전 객실 오션뷰와 휴양을 위한 다양한 시설이 전부 구비되어 있어 모든 분야에서 두루 좋은 평가를 받는 호텔이다. 중북부 지역에 위치해서 북부 지역 여행을 계획하는 여행자들에게 추천한다. 다만, 관광 스폿이 조금 멀리 떨어져 있기 때문에 자동차 렌트는 필수다.

리잔 시 파크 호텔 탄차 베이
Rizzan Sea Park Hotel Tancha Bay [리잔사- 파-쿠 호테루 탄차베이] 🏠

주소 沖縄県国頭郡恩納村字谷茶 1496 **내비코드** 206 128 871*33 **위치** 공항리무진 C 지역 버스(국내선 출발 기준) 여섯 번째 정류장 하차 **홈페이지** www.rizzan.co.jp **전화** 098-964-6611

삼성 라이온즈가 전지훈련 때 자주 이용하는 곳으로 유명한 호텔. 주변 리조트에 비해 준공년도가 오래되었기 때문에 전체적으로 낡은 느낌이지만, 호텔로서 갖출 만한 구성 요소는 전부 갖추었고 무엇보다 상대적으로 저렴한 가격으로 합리적인 여행을 계획하는 여행자들에게 가성비 좋은 호텔로 통하는 곳이다. 럭셔리보다는 합리적인 선택을 선호하는 여행자에게 추천한다.

아나 인터콘티넨탈 만좌 비치 리조트

ANA InterContinental Manza Beach Resort [인타-콘치넨타루 만자비-치 리조-토]

주소 沖縄県国頭郡′ 恩納村瀬良垣 2260 **내비코드** 206 313 455*17 **위치** 공항리무진 C 지역 버스(국내선 출발 기준) 여덟 번째 정류장 하차 **홈페이지** www.anaintercontinental-manza.jp **전화** 098-966-1211

만좌모와 푸른 바다의 오션뷰가 일품인 이 리조트는 대규모 호텔 시설과 멋진 부대 시설로 시즌에 상관없이 중부와 북부 지역 여행을 계획하는 여행자들이 가장 많이 찾는 호텔 중 한 곳이다. 북부 지역과 이동이 가깝고, 주변 관광 시설은 차로 무리없이 이동 가능한 위치여서 다양한 매력을 한꺼번에 가지고 있다. 브랜드 호텔답게 서비스도 수준급이니 특가나 프로모션이 뜬다면 주저말고 구매해 보자.

오키나와 메리어트 리조트 & 스파

Okinawa Marriott Resort & Spa [오키나와 마리옷또 리조-토 안도 스파]

주소 沖縄県名護市喜瀬 1490-1 **내비코드** 206 412 127*17 **위치** 공항리무진 D 지역 버스(국내선 출발 기준) 다섯 번째 정류장 하차 **홈페이지** www.marriott.com **전화** 980-51-1000

좋은 위치와 적당한 가격으로 여행자들에게 인기가 많은 곳이다. 눈에 띄는 특징은 없지만 휴양에 필요한 요소를 적절히 갖춘 호텔로 많은 사랑을 받고 있다. 한 가지 아쉬운 점은 호텔에 맞닿아 있는 해변이 없어 10분 마다 운행하는 셔틀버스를 타고 해변으로 이동해야 한다. 투숙객에게는 수영장의 파라솔과 비치 베드 등을 무료로 제공하니 잊지 말고 챙기자.

호텔 리즈넥스 나고 Hotel Resonex Nago [호테루 리조넥쿠스 나고]

주소 沖縄県名護市山入端 247-1 **내비코드** 206 652 858*03 **위치** 공항리무진 E 지역 버스(국내선 출발 기준)
네 번째 정류장 하차 **홈페이지** www.resonex.jp **전화** 0980-53-8021

나고 지역의 다양한 액티비티를 즐길 수 있
는 곳에 위치한 이 호텔은 네오 파크, 파인애
플 파크 등 가족들을 위한 여행 스폿이 많아
가족을 동반한 여행자들에게 인기다. 호텔

전용 프라이빗 비치와 내부 수영장은 물론
전 객실 오션뷰로 성수기 인기 호텔 중 하나
이니 예약을 서두르자.

빈티지 센츄리온 리조트 오키나와 추라우미

VINTIGE CENTRION RESORT Okinawa Churaumi [빈티제 센토리온 레조오토 오키나와추라미]

주소 沖縄県国頭郡本部町石川 938 **내비코드** 553 075 892*47 **위치** 공항리무진 E 지역 버스(국내선 출발 기준)
여덟 번째 정류장 하차 **홈페이지** www.centurion-hotel.com **전화** 098-048-3631

북부 지역에서 가장 핫한 관광 스폿인 해양박
공원에 위치한 이 호텔은 장기로 머물기보다
아이들을 동반한 가족에게 추천한다. 바로 옆
에 해양박 공원이 있고, 해변도 가까워서 가

족끼리 즐기기에 무리가 없다. 이곳 지하에
위치한 오션뷰 레스토랑은 맛과 전망으로도
유명하니 투숙객이 아니어도 푸짐한 한 끼를
즐기기에 좋다.

키세 비치 팰리스 Kise Beach Palace [키세 비-치 파레스]

주소 沖縄県名護市喜瀬 115-2 **내비코드** 206 413 799*03 **위치** 공항리무진 D 지역 버스(국내선 출발 기준) 일곱 번째 정류장 하차 **홈페이지** www.kise-beachpalace.jp **전화** 098-052-5151

여행자들에게도 유명한 키세 비치 바로 앞에 위치한 키세 비치 팔래스. 중북부에 위치해 있어, 중부와 북부 지역 두 곳을 무리없이 둘러보기에 좋은 호텔로 여행자들에게 사랑받고 있다. 탁 트인 전망과 합리적인 가격으로 가족 여행자들에게 특히 인기가 높은 곳이다. 북부 지역이 너무 떨어져서 부담스러운 가족 여행자에게는 이곳을 추천한다.

호텔 오리온 모토부 리조트 & 스파

Hotel Orion Motobu Resort & Spa [호테루 오리온 모토부 리조-토 안도 스파]

주소 沖縄県国頭郡`本部町備瀬 148-1 **내비코드** 553 105 322*77 **위치** 공항리무진 E 지역 버스(국내선 출발 기준) 아홉 번째 정류장 하차 **홈페이지** www.okinawaresort-orion.com **전화** 098-051-7300

북부 지역에서 가장 유명한 모토부 리조트 & 스파. 본 시설 및 부대 시설, 주변 환경 등은 투숙객의 니즈를 높은 수준으로 맞춰 주고 있다. 북부 지역 여행을 계획하는 여행자에게 추천할 만한 리조트다. 다른 리조트도 멋진 오션뷰를 가지고 있지만 이곳의 오션뷰는 또 다른 차원으로 멋있다는 것이 투숙객들의 평이다. 북부 지역의 특성상 드라이브 코스 위주의 계획을 짜야 하기 때문에, 자동차 렌트는 필수다. 만약 뚜벅이 여행이 불가피하다면 공항리무진으로 호텔에 도착 후 주변 버스를 이용해 중부 지역 숙소로 유연하게 바꾸는 센스도 필요하니 참고하자.

항공

오키나와를 가는 방법은 크게 두 가지가 있다. 첫 번째는 인천에서 바로 연결되는 직항(비행 시간 약 2시간 15분)이고, 두 번째는 일본 본섬을 경유해 가는 방법이다. 최근 직항 노선도 가격이 많이 저렴해져 대부분 직항을 이용하지만, 성수기 시즌이나 여행 목적에 따라 가끔은 일본 본토를 경유하는 노선이 좋은 선택이 될 수도 있다.

운항 정보

서울과 부산에서 출발하는 오키나와행 직항 항공편은 크게 일반 항공사와 저비용 항공사로 나뉜다. 일반 항공사는 대한항공과 아시아나항공이 운행 중이며 수화물과 기내 서비스가 포함되어 있다. 저비용 항공사는 진에어와 제주항공, 이스타항공, 티웨이항공으로 수화물, 기내 서비스를 탑승자가 선택해 최종 요금을 결정할 수 있다.

출발지	항공사	인천 → 오키나와	오키나와 → 인천
서울	대한항공	매일 출발 10:45 출발-13:00 도착 15:35 출발-17:55 도착	매일 출발 14:15 출발-16:30 도착 19:05 출발-21:35 도착
	아시아나항공	매일 출발 9:45 출발-11:55 도착	매일 출발 13:20 출발-15:45 도착
	제주항공	매일 출발 13:30 출발-15:45 도착	매일 출발 16:35 출발-18:55 도착
	진에어	매일 출발 11:05 출발-13:15 도착	매일 출발 14:15 출발-16:30 도착
	티웨이항공	매일 출발 14:05 출발-16:20 도착 토·일 출발 15:05 출발-17:20 도착	평일 출발 17:20 출발-19:35 도착 토·일 출발 18:20 출발-20:35 도착
	이스타항공	매일 출발 11:30 출발-14:00 도착	월/목/금/토/일 14:50 출발-18:10 도착 화/수 14:50 출발-17:35 도착
	에어서울	매일 출발 9:40 출발-11:50 도착	매일 출발 10:05 출발-12:00 도착
부산(김해)	아시아나항공	매일 출발 8:30 출발-10:25 도착	매일 출발 13:00 출발-20:20 도착
	진에어	화/목/토 8:05 출발-10:05 도착	화/목/토 11:05 출발-13:05 도착

*오키나와 구간은 항공 운행 스케줄이 종종 달라지니 정확한 정보는 항공사 사이트를 참고하자.

항공 선택 요령

항공권 가격도 중요하지만 무엇보다 자신의 여행 목적과 일정에 맞는 항공권을 선택하길 추천한다. 예를 들어 주말을 이용해 오키나와를 방문하는 직장인 여행자라면 오전 비행기를 이용하고, 아이와 함께 떠나는 여행자라면 아이의 생활 패턴을 고려해 맞는 시간대를 선택하길 추천한다. 전 일정 렌터카를 이용하는 여행자라면 차 대여 시간을 고려해 항공권을 선택하고, 시간적 여유가 있는 여행자라면 출발일 변경이나 마일리지 적립 등 항공권 조건을 살펴보고 선택하자. 만 3세 미만 영유아를 동반하는 여행자라면 저비용 항공사보다는 사전에 신청하면 유아용 기내식은 물론 안전 의자 또는 유아용 요람을 제공 받을 수 있는 일반 항공사를 이용하길 추천한다.

항공 최저가 예약하기

오키나와는 열대성 기후로 1년 내내 휴양을 위해 방문하는 여행객이 많아 항공사마다 얼리버드(조기 예매) 요금제를 적용하고 있어 항공권 구입은 빠르면 빠를수록 저렴한 가격에 항공권을 구입할 수 있다. 한 가지 주의할 것은 가격이 저렴할수록 예약 변경, 마일리지 적립 불가 등 제한이 있을 수 있으니 구매 전 항공권 규정을 꼼꼼하게 살펴보자.

오키나와행 항공편의 경우 노선 항공사가 많지 않아 국내 온라인 여행사 사이트를 통해 검색하면 쉽고 간단하게 운항편과 항공 요금을 찾아볼 수 있다. 직항편이 아닌 일본 본토와 함께 여행을 하는 여행자라면 해외 항공사 검색 사이트를 이용하자.

국내
하나투어 항공 www.hanatour.com
인터파크 투어 항공 tour.interpark.com

해외
스카이스캐너 www.skyscanner.co.kr
카약 www.kayak.com

STEP 2

대부분의 항공권은 위 사이트에서 나오지만 일부 **프로모션** 항공권 및 항공사 항공권은 검색이 안 되는 경우가 있다. 상시 **프로모션**을 진행하는 저비용 항공사의 가격은 홈페이지가 가장 정확하니 온라인 여행사 사이트 예매 전에 각 항공사 홈페이지에 들어가 이벤트나 **프로모션** 항공권이 있는지 살펴보자.

저비용 항공사 리스트
제주항공 www.jejuair.net   진에어 www.jinair.com
티웨이항공 www.twayair.com   이스타항공 www.eastarjet.com

STEP 3

여행사 항공권 조회 사이트와 항공사 홈페이지에서 요금을 확인했다면 마지막으로 오키나와 전문 여행사 및 땡처리닷컴 등 마감일이 임박한 할인 항공권을 판매하는 업체에 특가표가 있는지 검색해 보자. 오키나와 노선은 잘 나오지 않지만 간혹 나오는 경우가 있으니 참고하자.

특가표 검색 리스트
땡처리닷컴 www.ttang.com   투어캐빈 www.tourcabin.com
여행박사 air.tourbaksa.com   모두투어 www.modetour.com

STEP 4

항공권을 결정하고 예약하기 전 반드시 해당 항공권에 대한 규정을 살펴보고 선택하자. 살펴봐야 할 항공권 요금 규정은 아래와 같다.

운임 조건	학생, 장애인 등 특수 적용 운임의 경우 증빙서류가 없으면 구매 불가
유효기간	항공권을 이용할 수 있는 기간. 일정 변경이 가능한 항공권이라도 정해진 유효기간 내에서만 가능
환불 규정	요금에 따라 불가, 위약금, 패널티 등 구분
취급 수수료	예약 취소, 변경에 따라 지급되는 비용
여정 변경	불가능 또는 1회 가능, 가능
출발 변경	출발일 변경 가능 여부
귀국 변경	귀국일 변경 가능 여부
수화물 규정	저비용 항공사의 경우 반드시 확인 필요

일정 취소 또는 변경 가능성이 있다면 가격이 비싸더라도 여정 변경이 가능한 항공권을 구매하는 것이 좋다. 또 저비용 항공의 경우 저렴한 항공권일수록 취소가 불가능하거나 높은 페널티 요금이 붙을 수 있고, 날짜 변경이 불가능하거나 항공권 요금보다 비싼 취급 수수료가 나올 수 있어 주의해야 한다.

항공권 구매 후 주의 사항

항공권 구매를 완료했으면 전자항공권인 이티켓(e-ticket)을 출력해 출국 시 꼭 챙기자. 일본은 비자 협정국으로 관광객은 비자 없이 90일 체류가 가능하지만, 장기 체류 및 관광이 아닌 다른 목적의 방문이 의심되면 입국을 거절하는 사례가 종종 있다. 이티켓이 없어도 큰 문제는 되지 않지만, 입국과 출국 날짜를 보여 주는 자료인 만큼 만약에 발생할 수 있는 입국 조사에 대비해 꼭 챙겨 가도록 하자.

오키나와 교통편

오키나와는 나하 시내를 제외하고는 대중교통이 그리 좋지 않다. 때문에 대부분의 여행자들은 렌터카를 이용하는데, 운전석과 조수석이 반대라는 것을 기억하자. 최근에는 뚜벅이 여행을 선호하다 보니 대중교통을 이용한 여행자도 늘어 버스편 운행 수도 증가하고 있다.

모노레일

한국어 안내 홈페이지
www.yui-rail.co.jp

오키나와 중심인 나하 시 일부 구간만 운영한다. 유이레일ゆいレール로 불리는 모노레일은 나하 국제공항을 시작으로 슈리역까지 15개 역을 운행한다. 요금은 성인 230엔, 12세 미만 소아 120엔부터이다. 나하 국제공항에서부터 최종 종착역인 슈리 역까지 요금은 성인 330엔, 12세 미만 소아 180엔이다. 이용 방법은 우리나라 전철과 같이 역 앞에서 승차권을 구입하고 개찰구로 들어가 가고자하는 노선 방향에서 모노레일을 탑승하면 된다. 한 가지 기억할 것은 모노레일 안에서는 담배·휴대전화 통화가 금지되어 있다.

운행 시간

나하국제공항 기준-첫차 6:00, 막차 23:30
슈리역 기준-첫차 5:48, 막차 23:30

요금

시내 여러 곳을 다닐 경우 1일 또는 2일 승차권을 구매하면 구입한 시간으로부터 1일권(성인 800엔, 소아 400엔)은 24시간, 2일권(성인 1,400엔, 소아 700엔)은 48시간 동안 무제한으로 이용 가능하다.

*12세 미만은 소아 운임 적용
*6세 미만은 성인 동반시 성인 1명당 2명까지 무료. 3명부터는 소아 운임 적용
*편도 승차권은 발급 후 당일, 편도 1회에 한해 유효

버스

버스맵 오키나
www.kotsu-okinawa.
org

오키나와에는 나하 국제공항에서 출발하는 공항리무진 6개 노선과 섬 전체를 연결하는 노선 버스 및 지역 버스로 구별된다. 나하, 나고 지역 등 지역별 버스 터미널을 기준으로 운행하고 있으니 참고하자(자세한 사항은 버스 노선도 참고).

버스 표시에 관해서

버스맵 내 표시
버스 노선도, 안내 등은 전부 버스 번호로 표시되어 있다.
①노선 번호 80번은 80으로 표시된다.

①버스 노선 번호
②버스의 행선지와 주요 경유지
③버스의 주요 경유지(없는 경우도 있다)
④버스 노선 번호(이 위치에 없는 경우도 있다)
※ 표시 방법은 버스 회사에 따라 다소 다르다.

승차구 내지 하차구　　하차구 내지 승차구　　　　　　승차구

【시내선】 승하차구가 두 군데 있다.　　　**【시외선】** 승차구와 하차구가 같다.
※ 일부 승강구가 2개인 버스도 있다.

버스 정류장과 시각표 표시

버스 정류장 표시는 버스 회사에 따라 다르므로 대표적인 표시법을 설명한다.

①버스 정류장 번호
②운행버스명
③버스 정류장명
④운행 시각표

※ 시각표는 일례임.

④운행 시각표 표시

「平日」 ········ 평일
「土曜」 ········ 토요일
「日曜」 ········ 일요일
「土休日」 ········ 토요일, 공휴일
「日祝日」 ········ 일요일, 공휴일

버스 승차법

20번 미만은 나하 시내에서만 운행하는 단거리 버스다. 20번 이상은 그 이외의 노선을 운행하는 버스다. 버스 승차법은 크게 두 종류다.

※ 지방에는 번호가 없는 버스도 있다.

1~6번, 9번, 11~19번 버스 승차법

※ 위 버스의 운임은 어른은 230엔, 어린이(12세 미만)는 120엔으로 요금이 균일하다.

① 앞문으로 승차한다.

② 승차하면 바로 요금함에 운임을 넣는다.

③ 하차할 버스 정류장의 안내방송이 나오면 버튼을 누른다.

※ 단, 안내방송은 일본어이므로 승차할 때 운전기사분에게 버스맵으로 하차할 정류장을 알려 도움을 받는 것이 가장 좋다.

③ 버스가 정차하면 좌석에서 일어나 뒷문으로 하차한다.

7번, 8번, 10번, 20번, 그 외의 버스 승차법

※ 위 버스의 운임은 거리에 따라 다르다.

① 앞문으로 승차한다. 7번, 8번, 10번은 뒷문으로 승차한다.

② 문 옆에 있는 정리권 발행기에서 정리권을 뽑는다.

③ 하차할 버스 정류장의 안내방송이 나오면 버튼을 누른다.

※ 단, 안내방송은 일본어이므로 승차할 때 운전기사분에게 버스맵으로 하차할 정류장을 알려 도움을 받는 것이 가장 좋다.

④ 운임을 확인한다. 운임은 요금 표시기를 보고 정리권과 동일한 번호란에 표시된 금액이다.

⑤ 버스가 정차하면 좌석에서 일어나 요금함에 운임과 함께 정리권을 넣는다.

⑥ 앞문으로 하차한다.

버스 정리권

정리권을 뽑아 승차하고 하차할 때는 운임과 함께 요금함에 넣는다. 운임은 요금표를 보고 정리권과 동일한 번호란에 표시된 금액을 거스름돈 없이 지불한다.

교환기에 대하여

버스 탑승 시 이용되는 교환기는 1,000엔 지폐만 (일부 버스 노선은 2,000엔 지폐도 가능) 사용할 수 있다. 지폐를 넣으면 500엔, 100엔, 50엔, 10엔 동전으로 교환이 가능하다. 요금함에 운임을 넣을 때는 거스름돈이 나오지 않으니 미리 교환하여 운임 요금만 지불하자.

■ 본섬 내 교통
■ 노선 버스·택시(나하 버스 터미널 기점)

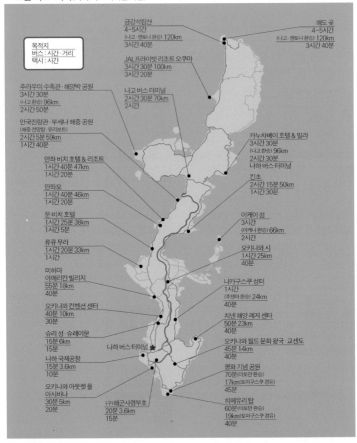

목적지
버스 : 시간·거리
택시 : 시간

금강석림산
4~5시간
(나고·엔토나 환승) 120km
3시간 40분

해도 곶
4~5시간
(나고·엔토나 환승) 120km
3시간 40분

JAL 프라이빗 리조트 오쿠마
3시간 30분 100km
3시간 20분

추라우미 수족관·해양박 공원
3시간 30분
(나고 환승) 96km
2시간 50분

나고 버스 터미널
2시간 30분 70km
2시간

만국진량관·부세나 해중 공원
(해중 전망탑 유리보트)
2시간 5분 59km
1시간 40분

카누차베이 호텔 & 빌라
3시간 30분
(나고 환승) 96km
2시간 30분
나하 버스 터미널

만좌 비치 호텔 & 리조트
1시간 40분 47km
1시간 20분

만좌모
1시간 40분 46km
1시간 20분

킨초
2시간 15분 50km
1시간 30분

문 비치 호텔
1시간 25분 38km
1시간 5분

이케이 섬
3시간
(이카-ㅣ 환승) 66km
2시간

류큐 무라
1시간 20분 33km
1시간

오키나와 시
1시간 25분
40분

미하마
아메리칸 빌리지
55분 18km
40분

나카구스쿠 성터
1시간
(후텐마 환승) 24km
40분

오키나와 컨벤션 센터
40분 10km
30분

치넨 해양 레저 센터
50분 23km
40분

슈리 성·슈레이문
15분 6km
15분

오키나와 월드 문화 왕국·교센도
45분 14km
40분

나하 버스 터미널

나하 국제공항
15분 3.6km
10분

평화 기념 공원
70분(이토만 환승)
17km(토마구스쿠 경유)
45분

오키나와 아웃렛 몰
아시바나
30분 5km
20분

(구)해군사령부호
20분 3.6km
15분

히메유리탑
60분(이토만 환승)
19km(토마구스쿠 경유)
40분

나하 시내 및 중부 지역

나하 버스 터미널(那覇バスターミナル)		
🚌 도심 버스	🚌 20번, 120번	🚌 90번, 113번
⋮	⋮ 남부 해안도로	⋮ 쿠시가와 버스정류장
슈리 성, 신도심 등	차탄 빌리지, 류큐 무라, 온나촌, 만좌모, 부세나 해중공원 등	가쓰렌 성터, 헨자 섬 미야기 섬 등

남부 지역

나하 버스 터미널(那覇バスターミナル)		
🚌 89번	🚌 54번, 83번	🚌 38번, 50번, 51번, 53번
⋮ 이토만 버스 터미널 (糸満バスターミナル)	⋮ 교쿠센도마에(玉泉洞前) 버스 정류장	⋮ 하쿠나 버스터미널 (百名バスターミナル)
구시가와 성터 류큐 무라 히메유리 탑 평화 기념 공원 등	오키나와 월드 미바루 비치 오우섬 등	세이화 우타키 치넨 비치 등

북부 지역

나하 버스 터미널(那覇バスターミナル)		
🚌 20번, 111번, 120번		
⋮ 나고 버스 터미널(名護バスターミナル)		
세소코 섬 해양박 공원 비세마을 후쿠키 가로수길	오리온 해피 파크 오키나와 후르츠 랜드 등	헨토나 버스 정류장 경유 해도 곶, 다이세키린잔 등

렌터카

오키나와 여행 시 가장 편리한 이동 수단. 나하 지역을 중심으로 많은 업체가 있어 가격도 저렴하다. 운전석과 운전 방향이 달라 처음엔 어렵지만 금방 익숙해지고, 도심만 벗어나면 차가 많지 않아 운전하기 편하다. 기억할 것은 보험이다. 렌터카 회사마다 적용하는 보험이 다르니 사고 시 내야 하는 면책액 및 보험 한도를 꼭 확인해야 한다. 여행지인 만큼 비싸더라도 의무 가입인 NOC(None Operation Charge) 외에도 추가 보험이 있으면 가입하길 권장한다.

이용 방법

온라인을 통한 예약(선택: ETC[하이패스], 내비게이션 등) ➡ 예약증 출력, 국제운전면허증 발급, 국내 면허증 챙기기 ➡ 도착 후 국내 청사 앞 픽업 장소에서 전용 차량 탑승 ➡ 차량 수속 ➡ 예약증 제출 후 서류 작성 ➡ 결제(현금 또는 카드) ➡ 차량 체크 ➡ 차량 인도 및 사용 ➡ 반납 ➡ 차량 체크 ➡ 렌터카 전용 차량 ➡ 공항

현지 렌터카 업체 연락처

업체명	예약 센터 번호	영업소 전화번호
닛폰 렌터카	0800-500-0919	098-859-0505
토요타 렌터카	0800-500-0919	098-859-0505
오릭스 렌터카	0120-30-5543	098-851-0543
OTS 렌터카	0120-34-3732	098-856-8877
닛산 렌터카	0120-00-4123	098-858-0023
에어스 클럽 렌터카	098-852-1616	098-852-1616
오션 렌터카	0120-890-059	098-859-8900
오키나와 렌터카	0120-71-2015	098-859-2015
상큐 렌터카	0120-390-841	098-857-0390
퍼시픽 렌터카	0120-42-7577	098-859-7577
후지 렌터카	0120-439-022	098-858-9330
타임스 렌터카	0120-10-5656	098-858-1536

온라인 예약 및 가격 비교 사이트

니뽄 트래블 에이전시 www2.tabiplaza.net(영어+일본어)

1949년부터 지금까지 운영되고 있는 일본 대표 여행사. 일본 NO.1 포털 사이트인 야후 재팬(www.yahoo.co.jp) 여행 정보를 제공한다. 오키나와 로컬 업체를 포함하여 가격 조회 및 예약이 가능하다.

타비라이 www.tabirai.net(한국어 지원)

오키나와 관광 정보 사이트를 운영하는 기업. 오키나와에 본사를 두고 있는 여행사로 가격이 저렴하고 인증받은 오키나와 로컬 업체를 포함한 여러 업체의 가격 정보를 제공하며 한국어 예약이 가능하다. 차량 전체에 한국어가 가능한 내비게이션이 탑재되어 있어 인기다.

자란넷 www.jalan.net/rentacar(일본어)

일본 여행을 좀 해봤거나, 일본을 좀 안다는 여행자들이 이용하는 일본 여행 예약 사이트. 일본어만 사용해야 하는 단점이 있지만 가장 많은 업체의 가격

정보를 제공하고, 무엇보다 사이트 자체 이벤트 등 행사를 진행해 가격적으로는 가장 매력 있는 곳이다.

* 저렴한 가격도 좋지만 안전한 여행이 중요하기 때문에 가격보다는 업체의 규모나 인지도를 참고해서 선택하는 것이 좋다. 일본 및 렌터카 여행이 처음이라면 다소 가격이 비싸더라도 토요타, 닛폰, 오릭스 등 큰 업체를 이용하길 추천한다.

사고 발생 시 조치

오키나와 여행 중 사고가 발생했다면 처리 과정을 꼭 기억해야 한다.

1단계 : 사고 발생 시 경찰서에 신고하기(국번 없이 110)

2단계 : 경찰이 올 때까지 기다렸다가 경찰이 오면 국제면허증을 포함한 상황 전달하기

3단계 : 경찰 조사 후 렌터카 업체에 연락 후 조치 받기

4단계 : 바로 수리가 필요 없을 경우 반납 시 사고 경위서 작성 후 보험 처리

알아두면 유용한 렌터카 이용 팁

❶ 핸들은 물론 도로 체계가 우리와 반대이므로 처음엔 어색하지만 왼쪽 주행을 의식하고 운전하면 금방 익숙해진다. 천천히 운행해도 화내는 사람이 없으니 무조건 천천히, 여유롭게 운전하자. 처음엔 신호 체계가 어렵지만 '우회전은 일단 대기', '좌회전은 천천히'를 기억하고 신호 체계를 이해하도록 노력하자. 직진을 포함하여 좌회전, 우회전 모두 빨간 신호면 멈춰야 하고, 녹색 신호 또는 화살표가 켜지면 가야 한다. 비보호 시 방향을 바꿀 경우 보행자 주의는 필수. 운전석이 반대라 좌측 접촉 사고가 많으니 참고하자.

❷ 일본 자동차는 운전 중 내비게이션 조작이 불가능하다. 또한 우리나라의 친절한 내비게이션처럼 단속 카메라 주의 경보가 울리니 않으니 참고하자. 오키나와에는 카메라 단속도 있지만 직접 경찰이 나와 단속을 자주하니 규정 속도는 꼭 지키자.

❸ 오키나와는 주차 단속이 엄격하다. 시 외곽은 크게 상관없지만 시내나 주차장이 있는 관광지에서는 유료여도 꼭 주차장을 이용하자.

❹ 내비게이션이 일본어밖에 안 된다면 출발 전 직원에게 사용 방법을 꼭 물어보고 숙지해서 출발하자. 오키나와에서는 전화번호, 주소, 내비 코드로 목적지를 찾을 수 있어 해당 메뉴 버튼만 알아도 쉽게 사용할 수 있다.

❺ 일본에서는 만 6세 미만 아동의 경우 카시트 착용이 법적 의무화가 되어 있다. 아이를 동반한 여행자라면 예약 시 아이의 나이와 신장, 체중 정보를 알리고 카시트를 대여 받도록 하자.

투어버스

전국을 연결하는 버스가 있지만 지역에 따라 배차 시간이 길어 대중교통으로 여러 곳을 돌아보기엔 어려움이 있다. 대중교통을 이용해 많은 곳을 다니려면 일반 노선보다는 여행자 전용 투어버스를 이용해 보자.

오키나와 정기 관광 버스
okinawa.0152. jp(일본어)

A 코스 (나하지역+남부지역)

식사 포함/ 입장료 미포함/소요 시간 8시간/ 성인 5,500엔, 6~11세 3,000엔

나하 버스 터미널 출발 ➡ 슈리 성 ➡ 오키나와 월드(입장권 포함) ➡ 이토만 ➡ 평화 기념 공원 ➡ 나하 공항 경유 ➡ 나하 버스 터미널

B1 코스 (북부지역)

식사 미포함/ 입장료 미포함/ 소요 시간 9시간/ 성인 3,900엔, 6~11세 2,000엔

나하 버스 터미널 출발 ➡ 코우리 비치 ➡ 오션타워 ➡ 나키진 성터 ➡ 추미우리 수족관 ➡ 나하 버스 터미널

B2 코스 (중부지역+북부지역)

식사 포함/ 입장권 포함(차후 환급)/ 소요 시간 10시간/ 성인 7,000엔, 6~11세 3,500엔

나하 버스 터미널 출발 ➡ 코우리섬 ➡ 나키진 성터 ➡ 오리온 런치 뷔페 ➡ 추라우미 수족관 ➡ 나하 버스 터미널

C 코스 (아이와 함께하는 코스)

식사 미포함/ 입장료 일부 포함/ 소요 시간 9시간 45분/ 성인 3,900엔, 6~11세 2,000엔

나하 버스 터미널 출발 ➡ 류무 무라(입장 선택) ➡ 만자모 ➡ 나고 파인애플 파크 또는 오키나와 과일랜드 입장 ➡ 추라우미 수족관(입장 선택) ➡ 나하 버스 터미널

오키나와 버스 정기 관광 버스
okinawabus. com(한국어 지원)

A 코스 (남부지역 명소+아웃렛)

식사 포함/ 오키나와 월드 입장료 포함/ 다른 곳 입장료 미포함/ 소요 시간 7시간/ 성인 4,900엔, 소인 3,000엔 – 성인 1명당 5세 이하 유아 1명 무료(입장료 및 식사는 미포함)

나하 버스 터미널 출발(오전 8:30) ➡ 니라이카나이 다리 ➡ 오키나와 월드 ➡ 식사 ➡ 히메유리 탑 ➡ 아웃렛 몰 아시비나 ➡ 나하 버스 터미널

B 코스 (북부 지역)

식사 포함/ 나키진 성터 입장료 포함/ 다른 곳 입장료 미포함/ 소요 시간 9시간/ 성인 5,500엔, 소인 3,000엔 – 성인 1명당 5세 이하 유아 1명 무료 (입장료 및 식사는 미포함)

나하 버스 터미널 출발(오전 8:45) ➡ 만좌모 ➡ 해양박 공원과 추라우미 수족관 ➡ 나키진 성터 ➡ 나고 파인애플 파크 ➡ 나하 버스 터미널

Jumbo Tour
www.jumbotours.
co.jp

나하 시내 6곳에서 픽업 및 하차
(나하 현민 광장 ➡ 르와지르 호텔 앞 ➡ 더블 트리바이 힐튼 앞 ➡ 카리유시 어반 리조트 ➡ 호텔 로얄 오리온 ➡ DFS T 갤러리아)

A 코스 (중부 지역 + 북부 지역)

식사 미포함/ 추라우미 수족관 입장료(한국어 음성 가이드 포함)/ 소요 시간 10시간/ 성인 6,000엔, 6~15세 4,000엔, 3~5세 3,000엔

나하 시내 픽업(오전 8:50) ➡ DFS T 갤러리아 ➡ 코우리 섬 ➡ 비세 마을 후쿠기 가로수길 ➡ 추라우미 수족관 ➡ 오카시고텐 ➡ 만좌모 ➡ 나하 시내

B 코스 (중부 지역 + 북부 지역)

식사 미포함/ 추라우미 수족관 입장료(한국어 음성 가이드 포함)/ 소요 시간 11시간/ 성인 6,000엔, 6~15세 4,000엔, 3~5세 3,000엔

나하 시내 픽업(오전 9:40) ➡ DFS T 갤러리아 ➡ 코우리 섬 ➡ 추라우미 수족관 ➡ 나고 파인애플 파크(짝수 일) 또는 후르츠 랜드(홀수 일) ➡ 차탄 아메리칸 빌리지 ➡ 나하 시내

C 코스 (북부 지역)

식사 포함/ 입장료(한국어 음성 가이드 포함)/ 소요 시간 12시간/ 성인 8,500엔, 6~15세 6,800엔, 3~5세 3,000엔) *오픈 기념 할인가

나하 시내 픽업(오전 8:45) ➡ DFS T 갤러리아 ➡ 최북단 해도 곶 ➡ 다이세키린잔 ➡ JAL 프라이빗 리조트 오쿠마 ➡ 점심 ➡ 추라우미 수족관 ➡ 오카시고텐 ➡ 나하 시내

택시

버스가 많지 않아 도보 이동이 제법 많은 오키나와. 렌터카를 이용하지 않는 여행자 중 거동이 불편하면 시내에서는 택시를 이용하는 것도 좋다. 기본 요금은 500엔부터. 일본 택시는 정차 후 운전기사가 버튼으로 뒷문을 열어 준다. 장거리 이동은 사전 예약 또는 택시 대절을 이용하자.

장거리 택시 예약 : 0120-382-333, 098-861-2224
관광 택시 예약 : 098-831-9007, 0120-768-555

자전거 및 오토바이 대여	장거리 이동은 어렵지만 시내 및 30분 거리의 시 외곽 여행을 빠르고 편하게 할 수 있다. 오토바이는 국내 면허증을 포함한 국제면허증과 신용카드, 여권 지참은 필수. 가게마다 가격은 다르지만 6시간 기준 평균 50cc 2,000엔, 125cc 3,500엔과 1일 보험 1,000엔부터(보증금 별도) 다. 자전거는 평균 시간당 100엔, 최소 3~4시간 이용할 수 있다.

바이크 렌탈숍

렌탈 819 www.rental819.com

직영점을 포함해 일본 전국에 제휴된 렌탈 숍 정보와 온라인 예약을 서비스 제공하는 업체다. 규모가 큰 업체로 외국인들도 많이 이용해 어려움 없이 대여할 수 있다.

사키하마サキハマ 오토바이 렌탈숍 rental.sakihama.co.jp

주소 沖縄県那覇市牧志 3-15-50(국제 거리점) 전화 098-864-5116 시간 9:30~21:00

50cc 스쿠터를 포함해 할리 기종까지 대여 가능한 렌탈숍. 예약 후 나하 지옥에 도착해 연락하면 공항, 항공, 나하 시내 호텔까지 무료로 운송해 준다.

Pureja 오키나와 pureja-okinawa.com

주소 沖縄県那覇市小禄 1205 전화 098-851-8203 시간 9:00~19:00 휴무 둘째, 넷째 주 일요일

나하 시내 오토바이 렌탈숍 중 가장 저렴한 곳. 50cc 기준 하루 대여료가 1,800엔이다. 7일에 7,810엔으로 이용할 수 있다. 나하 국제공항 및 시내 호텔 픽업 서비스가 무료다.

자전거 렌탈숍

오키나와 린교 okirin.ti-da.net

오키나와에서 제법 큰 규모의 숍으로, 잘 관리한 MTB를 포함해 여러 종류의 자전거를 대여한다. 예약은 전화 또는 이메일, 현장에 서도 가능하다. 요금은 4시간에 1,000엔, 하루에 1,800엔이다.

e렌탈 자전거 포타링구 슈리 pottering-shuri.net

주소 沖縄県那覇市鳥堀町 1-50-1 東雲館 102 전화 098-963-9294 시간 9:00~18:30

나하 시에서 위탁을 받아 전기 자전거를 대
여해 주는 곳이다. 슈리 성 부근에 있어 전동
자전거를 이용해 슈리 성 공원 투어를 추천
하는 곳이다. 가격대는 좀 있지만 나하 시내
를 둘러보기엔 괜찮은 방법이다(2시간 1,000엔, 하루 종일 2,000엔).

아오이 트래블 あおいトラベル aoishima.com

주소 沖縄県那覇市西 1-19-12 전화 098-955-3069 시간 9:50~17:35 휴무
매주 일요일

자전거 대여는 물론 관광 택시와 숙소까지
도 연결해 주는 업체다. 일반 자전거와 접이
식, 전기 자전거 대여가 가능하다. 요금은 접
이식 기준 3시간에 500엔이다.

💴 패스권·할인 입장권

여행도 얼마나 합리적으로 하느냐에 따라 달라지는 지출 금액. 일본 본토보다는 약하지만
교통 패스권은 물론 주요 관광지 입장권을 할인된 가격에 구매할 수 있는 입장권 패스가
준비되어 있다.

모노레일 승차권
www.yui-rail.co.jp

나하 국제공항에서 시작해 슈리 성이 있는 슈리 역까지 나하 시내 일부
를 이용할 수 있는 패스권. 모노레일 무제한 탑승과 더불어 일부 관광지
할인 등 혜택을 받을 수 있어 모노레일을 3번만 타도 이득이다. 일 단위
가 아닌 시간 단위라 다음 날까지 이용 가능하다.

사용범위	모노레일 전 구간
사용 지역	나하 시내
가격	**1일권** : 성인 800엔, 어린이 400엔 **2일권** : 성인 1,400엔, 어린이 700엔
판매 기간 및 사용 기간	**판매 기간** : 1년 내내 **사용 기간** : 첫 개시 후 1일 권은 24시간, 2일 권은 48시 간이내
사용 방법	❶ 모노레일 역 승차권 발매기에서 구매 ❷ 모노레일 이용 시 승차권 넣기 ❸ 하루 동안 무제한 모노레일 이용하기
주요 특전	슈리 성, 왕릉, (구)해군사령부호, 후쿠슈엔, 쓰보야 도 자기 박물관 등 입장료 20%할인/ 팔레트쿠모지パレッ トくもじ 9개 매장, 나하 메인 플레이스那覇メインプ レイス 8개 매장, 약 15개상점 특전 제공

**오키나와 노선버스
주유 패스**

www.okinawapass.
com

나하 시내 버스를 하루 동안 무제한 이용 가능한 패스권. 나하 시내 일부는 모노레일이 다니고 있지만 역에서 제법 걸어야 하는 맛집이나 명소가 있어 나하 시내 구석구석 여행 시 사용하는 패스권이다. 단점은 나하국제공항까지 이어진 노선이 없고 모노레일보다 배차 시간이 길어 약간의 일본어 능력 또는 미리 버스 노선도를 확인하고 여행 일정을 계획해야 한다.

사용 범위	오키나와 전 구간 버스
사용 지역	오키나와 전체 (북부 일부 지역 제외)
가격	**1일권** : 성인 2,500엔, 6~11세 1,250엔
판매 기간 및
사용 기간	**판매 기간** : 1년 내내
사용 기간 : 첫 개시 후 당일
사용 방법	❶ 나하 버스 터미널 또는 시내 버스 영업소 버스 승차권 판매소 구매
❷ 버스탑승 시 사용 날짜를 기재함
❸ 하루 동안 무제한 버스 이용하기
참고 사이트 **www.okinawapass.com**

**구룻토 나하 버스
모노패스**
ぐるっと那覇バス
モノパス
www.yui-rail.co.jp

오키나와 모노레일과 나하 버스를 무제한 이용할 수 있는 패스권. 모노레일 승차권과 동일한 모노레일 구간과 추가로 세나가 섬瀬長島 근처 정류장인 구시영업소具志営業所를 포함해 나하 시내를 구석구석 다니는 시내 버스를 무제한 이용할 수 있다. 걸어야 하는 구간이 제법 있는 나하 지역. 시내 구석구석 맛집과 명소를 돌아보기에 아주 괜찮은 패스권이다. 단 걷는 걸 좋아하는 사람이라면 패스하자.

사용 범위	모노레일 전 구간 + 나하 시내 버스 구간
사용 지역	나하 시내
가격	**1일권** : 성인 1,000엔, 6세~12세 500엔
판매 기간 및
사용 기간	**판매 기간** : 1년 내내
사용 기간 : 첫 개시 후 당일
사용 방법	❶ 모노레일 역 또는 나하 버스 안내소에서 구매
❷ 버스 또는 모노레일 탑승 시 사용 날짜를 기재함
❸ 하루 동안 무제한 모노레일 + 버스 이용하기

주말 한정 1일 버스 무제한 승차권

土日祝1日限定フリー乗車券

www.ryukyubus
kotsu.jp

오키나와 중부와 북부 지역 주요 명소를 연결하는 류큐 버스琉球バス와 나하 버스那覇バス를 주말 하루 동안 무제한 이용할 수 있는 승차권. 주말만 이용 가능하다는 단점이 있지만, 대중교통을 이용한 여행자에게는 비용도 아끼고 중부와 북부 지역 주요 스폿을 다닐 수 있어서 좋다. 자주 사용하게 되는 노선은 나하-중부-나고를 연결하는 20, 120번, 나고-추라우미와 북부 해안가를 달리는 65, 66번 노선이다.

사용 범위	류큐 버스 + 나하 버스 전 구간(111번 고속버스 등 일부 노선 제외)
사용 지역	오키나와 전체
가격	**1일권** : 성인 2,000엔, 6~11세 1,000엔
판매 기간 및 사용 기간	**판매 기간** : 1년 내내 **사용 기간** : 구매 시 정한 날짜 하루
사용 방법	❶ 나하 국제공항 국내선 청사 1층 나하 버스 티켓 판매소 또는 나하 버스 터미널에서 구매 ❷ 구매 시 사용 날짜를 지정 ❸ 정한 날짜에 무제한 버스 이용하기

골든위크 프리승차권 / 버스의 날 기념 승차권

ゴールデンウィーク
フリー乗車券 / バスの
日記念フリー乗車券

www.ryukyubus
kotsu.jp

공휴일이 이어지는 골든위크인 매년 4월부터 5월 초까지 지정된 2일간 단돈 1,000엔, 매년 9월 20일 부근 지정되는 버스의 날 3일 동안 2,000엔으로 류큐 버스琉球バス와 나하 버스那覇バス를 무제한 이용할 수 있다. 단, 매년 사용 기간이 달라져 홈페이지 공지 확인은 필수다. 1년에 한 번만 판매 여부가 결정되니 말 그대로 복불복 승차권이라는 사실을 잊지 말자.

사용 범위	류큐 버스 + 나하 버스 전 구간(111번 고속버스 등 일부 노선 제외)
사용 지역	오키나와 전체
가격	골든위크 프리승차권 2일권 : 1,000엔 버스의 날 기념 승차권 3일권 : 2000엔
판매 기간 및 사용 기간	**판매 기간** : 지정일 **사용 기간** : 지정된 기간 동안만 사용
사용 방법	❶ 나하 국제공항 국내선 청사 1층 나하 버스 티켓 판매소 또는 나하 버스 터미널에서 구매 ❷ 지정된 날짜 동안 무제한 버스 이용하기

할인 입장권

〈주요 명소 입장권 가격〉

추라우미 수족관	오키나와 월드 ★★	다이세키린잔 ★★	류큐 무라 ★★
1,850엔	620엔	820엔	1,200엔
후르츠 랜드 ★★	나고파인애플파크 ★★	네오파크 ★★	류구성 나비원 ★★
1,000엔	600엔	660엔	500엔
무라사키 무라 ★	코우리 오션 타워 ★	비오스의 언덕 ★	평화 기념당 ★
600엔	800엔	입장권 710엔 승선권 세트 1,230엔	450엔

〈현지 할인점 판매 가격〉

구분	원가	고다 휴게소	온라인 쿠폰	편의점/기기
추라우미 수족관	1,850엔	1,600엔	1,660엔	1,660엔
오키나와 월드	1,240엔	1,120엔	1,120엔	1,120엔
다이세키린잔	820엔	740엔	740엔	740엔
류큐무라	1,200엔	1,080엔	1,080엔	1,080엔
후르츠 랜드	1,000엔	800엔	900엔	900엔
나고 파인애플 파크	850엔	540엔	760엔	760엔
네오 파크	1,230엔	1,000엔	590엔	540엔
류구성 나비원	500엔	320엔	450엔	400엔
무라사키 무라	600엔	–	550엔	540엔
코우리 오션 타워	800엔	–	720엔	720엔
비오스의 언덕 승선권 세트	710엔 1,230엔	650엔 1,130엔	650엔 1,130엔	650엔 1,130엔
평화 기념당	450엔	–	410엔	350엔

*상시 가격 변동

온라인 오키나와 할인 쿠폰 출력 사이트

❶ HIS his-coupon.com
❷ 오키나와 여행 정보 okinawatravelinfo.com
❸ TAS www.churashimameguri.jp
❹ 라쿠텐 travel.rakuten.co.jp
❺ 오키나와나비 rikkadokka.com
❻ 토크토크쿠폰 tokutoku-coupon.jp

| 오키나와
액티비티
할인 | 오키나와 시투어, 추라우미 수족관 할인, 온나손 푸른동굴 스쿠버 다이빙&스노클링 등 오키나와에서 즐길 수 있는 다양한 액티비티를 온라인 또는 앱을 통해 할인된 가격에 구매할 수 있다. 클룩(klook.com/ko/), 마이리얼트립(myrealtrip.com) 등 여러 판매 업체가 있으니 가격 비교는 필수. |

가격	상품 및 판매처에 따라 다름
사용법	❶ 국내 또는 현지에서 앱 또는 웹으로 구매 ❷ 구매 완료 후 발송된 바우처를 현지에서 제시 　(일부 상품의 경우 공항 수령이 있어 미리 구매해야 함)
인기 액티비티	패러세일링, 푸른동굴 스쿠버 다이빙&스노클링, 한국어 가이드 일일 투어

| 오키나와 엔조이
패스(JTB) | 1912년에 일본에서 설립된 글로벌 여행사 JTB에서 판매하는 입장권 패스. 오키나와 NO.1 명소인 추라우미 수족관을 포함해 오키나와 주요 관광지 11곳(표에서★)중 선택해 무료로 입장할 수 있다. |

가격	**추라우미 + 11개 시설 중 전부 입장** 일본 판매가 3,900엔, 국내 판매가 약 38,000원 **추라우미 + 11개 시설 중 4개 입장** 일본 판매가 3,300엔, 국내 판매가 35,000원
사용법	❶ 온라인으로 구매 후 교환증 출력 ❷ 나하 국제공항 국내선 청사 JTB 나하 국제공항 영업소에서 교환(영업 시간 9:00~19:00, 연중무휴) ❸ 현장에서 뜯어서 제출(사용 가능한 유효기간은 교환한 날부터 5일)
구매처	JTB 일본 판매가 구매 www.japanican.com 포털 사이트에서 오키나와 엔조이 패스 검색
비교 분석	다른 쿠폰과 비교하면 추라우미 입장권이 포함되어 있고, 더 많은 관광지를 들어갈 수 있어 이득이다. 하지만 오키나와 여행 특성상 많은 곳을 이용하지 못하니 일정을 고려해 구매하자. 참고로 추라우미 수족관 입장권 최저가는 1,600엔 선. 오키나와 여행 특성상 장기 일정이 아닌 경우를 제외하곤 11곳을 둘러보기엔 무리가 있으니 참고하자.

구분	선택 1	선택 2	선택 3	선택 4	가격	절약
자연	다이세키 린잔	코우리 오션타워	비오스의 언덕	평화 기념당	2,780엔	− 1,480엔
체험	오키나와 월드	류쿠 무라	나고 파인애플	류구성 나비원	2,920엔	− 1,620엔

그 외 편의 시설 & 서비스

안전하고 즐거운 오키나와 여행을 위한 팁. 여행 시 챙겨야 할 비상 연락처를 포함해 아는 사람들만 이용하는 편의 시설을 소개한다.

외국인 여행자를 위한 통역 & 여행 정보 서비스

오키나와 여행 중 궁금한 것이 있거나 도움이 필요하다면 전화 한통이면 끝. 9:00~21:00(연중무휴)까지 운영하는 다국어 콜센터 '0570-077203' 또는 Skype 'call-center-kr01, call-center-kr02'로 전화를 걸면 된다. 통역은 물론 가까운 환전소, 와이파이존, 교통 정보 등 여행에 필요한 모든 도움을 받을 수 있다. 로밍폰의 경우 일본 ➜ 일본 전화 요금이 적용되니 참고. 호텔이나 식당 등 통역이 필요할 때는 상대에게 전화를 걸어 달라고 요청하면 된다.

무료 와이파이 이용하기

외국인 관광객이 많이 오는 휴양지인 만큼 시내를 포함하여 여행자들이 많이 찾는 명소 중심으로 무료 와이파이를 제공한다. 오픈된 공간에서 사용되는 만큼 속도는 느리고, 관리가 안 되서 설치 지역에 비해 사용 가능한 지역이 많지 않지만, 잘만 활용하면 여행하는 데 있어 도움을 받을 수 있다. 무료 와이파이존이 설치되어 있는 곳이 표기된 구글 지도가 오픈되어 있으니 스마트폰에 저장 또는 공유해 현지에서 활용하자. 이 외에도 편의점, 쇼핑몰에서 간단하게 인증만 받으면 와이파이 사용이 가능하니 참고하자.

무료 와이파이 설치 구글 지도 : goo.gl/1Vtfys
편의점 훼밀리마트 (사용 시간 제한 있음) : www.family.co.jp
편의점 세븐일레븐 : 7spot-info.jp

*무료 와이파이의 경우 사용 범위가 제한적이고 속도가 생각보다 느리다. 스마트기기를 이용한 스마트 여행을 계획한다면 국내에서 미리 일본 데이터 유심을 구매하거나, 포켓 와이파이 에그를 대여하길 추천한다. 추가로 렌터카 업체에서는 예약자에 한해 할인된 가격에 포켓 와이파이를 제공하니 참고하자.

편의점
개방 화장실

일본은 물론 오키나와 편의점 내부엔 화장실이 설치되어 있다. 일본과 오키나와 공동적으로 편의점 화장실은 개방 화장실로 편의점 이용 여부와 상관없이 이용 가능하다. 화장실 외에도 잡지와 도서도 포장된 책을 제외하고는 서서 읽어도 무방해 신간이 나오는 매달 초에는 많은 사람으로 붐빈다.

편의점 티켓 &
입장권 구매기

편의점 한쪽에 위치한 ATM기와 비슷한 기계에는 스포츠 경기는 물론 영화, 식당 심지어 버스표와 입장권까지 구매할 수 있는 티켓 구매기가 설치되어 있다. 편의점 브랜드 및 사용하는 기기마다 다르지만 일본어 또는 영어를 지원해 언제 어디서든지 편의점을 이용해 할인 티켓 및 입장권을 구매할 수 있다. 편의점 티켓 & 입장권 구매기 사용 방법 및 할인 품목 관련해서는 각 편의점 홈페이지를 참고하자.

패밀리마트 : www.family.co.jp

세븐일레븐 : www.sej.co.jp

사용 후기 및 상세 설명 : noas.tistory.com

* 신용카드 사용이 많지 않은 일본. 그러나 유일하게 대부분의 편의점에서는 금액에 상관없이 신용카드를 이용할 수 있다. 현금이 많지 않거나 현금을 챙기지 못했다면 편의점을 식사와 입장료까지 구매할 수 있는 편의점을 잘 활용해 보자.

나하 시
관광 안내소
那覇市観光案内所

주소 沖縄県那覇市牧志 3-2-10 **위치** 국제 거리에서 돈키호테를 바라보고 왼쪽으로 약 200m 후 오른쪽 텐부스나하(てんぶす那覇) 빌딩 1층 **전화** 098-868-4887 **시간** 9:00~20:00 **휴무** 연중무휴

국제 거리에 위치한 관광 안내소. 여행자를 위한 수화물 보관(500엔), 유모차 대여(유료), 각종 할인 티켓 및 1일 승차권(나하 시내버스 및 모노레일)을 판매한다. 그 외에도 예약이나 필요한 현지 정보를 제공해 준다.

환전소

공항, 항구, 호텔, 우체국 등 환전이 가능한 여러 곳이 있다. 하지만 환전 수수료가 비싸니 이왕이면 접근도 좋고, 환전 우대율도 좋은 시내 환전 소를 추천한다.

국제 거리 와시타숍 본점 わしたショップ本店
주소 沖縄県那覇市久茂地 3-2-22 전화 098-864-0555 시간 4:00~19:00

블루실 마키미나토 본점 ブルーシールアイスクリーム 牧港本店 1층 환전소
주소 沖縄県浦添市牧港 5-5-6 전화 098-877-8258 시간 14:00~19:00

블루실 차탄점 ブルーシールアイスクリーム 北谷店 1층 환전소
주소 中頭郡北谷町美浜 9-1 전화 098-989-5133 시간 14:00~19:00

ATM기 사용하기

오키나와 은행 ATM기는 대부분 해외 발행 카드를 사용할 수 없다. 한 국에서 챙겨 간 신용카드나 현금카드를 사용해 현금을 인출하려면 편 의점 로손이나 세븐일레븐 ATM기를 이용하고, 시 외곽에는 인출 가능 한 ATM기가 많지 않으니 미리 현금을 찾아 놓자.

국제 거리 : 패미리마트 ファミリーマート, 나하 시 제1 마키시 공설 시 장, 돈키호테 등

명소 : DFS T 갤러리아, 오키나와 월드, 이온 몰, 아웃렛 몰 아시비나, 추라우미 수족관 등

* 해외 발행 카드 1회 인출 한도는 5만 엔. 해외에서 ATM기를 사용하려면 여행 출발 전 카드사에 해외 사용 가능 여부 및 등록을 꼭 해야 한다.

면세

오키나와도 일본 본토와 마찬가지로 미니 면세점 제도를 사용하고 있 다. 미니 면세점 제도란 세무서에서 허가만 받으면 외국인 여행자에게 는 소비세를 면제하는 면세 판매가 가능하다. 면세 적용을 받기 위해서 는 동일 매장에서 소비품은 5,001엔 이상, 전자 제품 및 신발, 의류, 공 예품 등 일반 품목은 10,001엔 이상 구매하고, 여권을 제시하면 소비 세 8%를 면세 받을 수 있다. 면세를 받고 구매한 제품은 30일 이내에 일본에서 반출되어야 하며, 출국 시 여권에 첨부된 구매 기록표를 제시 하고 구매한 제품을 가지고 나간다는 것을 확인시켜야 하니 구매 시 지 정 봉투에 넣은 제품은 뜯지 말고 보관해 출국 시 그대로 가져가도록 하자.

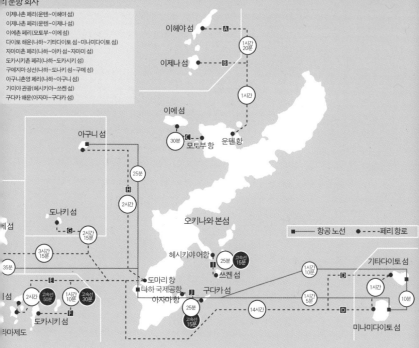

주변 섬 여행하기   시간적 여유가 있는 여행자라면 페리를 이용해 오키나와 본섬 근처 섬을 여행해 보자. 고속선을 비롯해 페리를 이용하면 짧게는 15분, 길게는 3시간 정도면 주변 섬 방문이 가능하다.

Okinawa

여행 팁 ⁹

오키나와

🧳 오키나와 여행 준비

여행 짐 싸기

낯선 지역으로 떠나는 만큼 더 많은 것을 준비하게 되는 여행 짐. 예측 불가한 상황이 발생할지도 모른다는 불안감에 짐의 무게는 늘어난다. 물론 필요한 것을 준비하면 여행 기간 중 유용하게 사용할 수 있지만, 짐의 무게가 늘어날수록 여행의 피로도는 높아져 여행의 만족도는 낮아질 수밖에 없다. 따라서 짐의 무게는 여행의 만족도를 결정짓는 중요한 요소라는 것을 꼭 기억하자. 따라서 불필요한 짐을 줄이고, 필요한 물품을 꼼꼼히 챙겨 즐겁고 가벼운 여행을 떠나자. 그러기 위해 여행 짐 싸기 체크리스트를 작성해 보자. ❶ 종이에 여행 기간 중 꼭 필요한 물품을 나열한다. ❷ 그중에서도 우선순위를 정해 리스트 상단부터 순차적으로 작성한다. ❸ 가방의 부피를 고려해서 우선순위를 정하고, 그렇지 않은 부품은 과감하게 삭제한다. 이때, 부피가 크거나 전 세계 어디서든 흔히 구할 수 있는 물품은 우선순위에서 제외하고, 화장품이나 반찬류 등은 필요한 만큼 작은 용기에 넣거나, 압축팩을 이용하면 부피를 줄이는 데 도움이 된다. ❹ 짐을 챙길 때 작성해 놓은 리스트를 체크하며 준비하면 중요한 짐을 못 챙겨 가는 불상사를 막을 수 있다.

*오키나와는 우리나라와 달리 11자 형태인 110v를 사용한다. 충전기 등 한국 전자기기를 가져갈 경우 220v를 사용할 수 있는 어댑터를 챙겨야 한다. 돼지코라 불리는 저렴한 어댑터에서부터 멀티 어댑터까지 종류는 다양하다. 참고로 인천국제공항에 위치한 통신사에서는 고객 편의를 위해 무료 또는 유료로 멀티 어댑터를 대여해 준다.

오키나와 여행 필수 & 추천 아이템

일상에서 벗어나 나 자신이 가지고 있는 행복을 찾을 수 있는 시간. 그 어떤 시간보다 즐겁고 행복해야 할 시간인 만큼 조금 더 오키나와를 즐길 수 있는 HOT 아이템 BEST 5를 소개한다.

필수
❶ 뜨거운 햇빛에 소중한 눈과 피부를 지켜 낼 수 있는 **자외선 차단제, 모자, 선글라스**
❷ 언제, 어느 순간에든 투명한 바다에 뛰어 들어갈 수 있는 **비치복**
❸ 일교차가 심하고 바람이 많이 부는 오키나와이니 **휴대성 좋은 긴팔 한 벌**
❹ 몇 분의 노력으로 적지 않은 비용을 절약할 수 있는 **오키나와 쿠폰**
❺ 알차고 즐거운 여행을 계획한다면 **알짜 가이드북 《지금, 오키나와》**

추천
❶ 투명한 바다 속 산호초와 열대어를 만날 수 있는 **스노클링 장비**
❷ 반팔 자국 No? 쾌적함 유지와 동시에 피부를 보호하는 **팔토시**

❸ 언제 어디서든 젖은 옷을 말릴 수 있고 활용도도 좋은 **만능 줄**(자전거 짐받이 줄)

❹ 함께하는 사람과 어디서든 쉬어 갈 수 있는 **피크닉 돗자리 & 담요**

❺ 그림 같은 자연 풍경을 카메라에 그대로 담을 수 있는 **광각 렌즈와 필터**

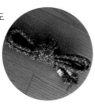

여행 추천 APP

구글맵 지도

목적지까지 거리는 물론 이동 시간과 방법까지도 친절하게 알려 주는 여행자 필수 앱. 지도를 보기 위해서는 인터넷 연결이 필요하지만 조금만 공부하면 인터넷 상관없이 오프라인에서 내가 저장한 지도를 보는 것은 물론 내비게이션으로 사용할

수 있다. 자세한 사용 방법은 포털 사이트에서 '구글맵 오프라인'을 검색하면 된다.

Just touch it

해외여행 시 위급한 상황이 생겼을 때 의사소통을 도울 수 있는 픽토그램형 여행 소통 앱. 해외여행 중 발생할 수 있는 위급한 상황에서 도움이 필요하면 상황별 픽토그램만 선택하면 의사소통이 가능하다. 한글·현지어 병기, 음성 재생도 가능하고,

한 번 다운받으면 데이터 사용 없이 위급 상황이나 호텔, 병원 등에서 유용하게 사용할 수 있다.

가방 VS 캐리어

즐거운 여행을 준비하는 데 있어 중요한 것이 많지만, 어떤 여행 가방을 선택하느냐에 따라 여행의 만족도는 달라진다. 예를 들어 대중교통을 이용하는 여행자라면 캐리어보다는 배낭이 좋고, 렌터카를 이용하는 여행자라면 캐리어가 좋다. 오키나와는 여행지 특성상 렌터카를 이용하거나 숙소 간의 이동이 많지 않아 배낭보다는 캐리어를 이용하는 여행자가 많다. 오키나와를 방문하는 여행자들이 이용하는 캐리어를 살펴보면, 기내 반입이 가능한 소형 크기(20인치 이하)와 위탁 수화물로

보내야 하는 중형 크기(24인치, 28인치) 이상의 화물용으로 구별된다. 오키나와는 휴양지인 만큼 대부분의 여행자는 일정과 상관없이 중형 크기 이상의 캐리어를 주로 사용하고, 일부 짐이 많은 여행자의 경우 중형 크기 캐리어 외에도 기내용 캐리어를 추가로 사용하는 사람이 많다. 그 이유는 오키나와 여행 특성상 대중교통보다는 렌터카를 이용하는 여행자가 많고, 숙소의 이동이 많지 않아 조금 넉넉하게 짐을 챙겨 가거나 쇼핑을 목적으로 여유 공간을 생각해 캐리어를 많이 사용하기 때문이다. 단, 항공사마다 수화물 규정이 다르니, 특히 저가 항공사의 경우 정해진 용량을 초과할 경우 높은 비용을 청구하니 이용하는 항공편 수화물 규정을 살펴보고 캐리어 크기를 선택하자.

항공사별 수화물 규정

구분	규정			설명
대한항공	23kg 이내 1개 + 유모차 삼변의 합 158cm 이내			좌석 등급. 멤버십 등급에 따라 조정
아시아나	23kg 이내 1개 + 유모차 삼변의 합 158cm 이내			좌석 등급. 멤버십 등급에 따라 조정
제주항공	정규 운임	할인 운임	특가 운임	+ 유모차 개수 추가금 : 1개(15kg미만) = 4만 원 + 무게 초과금 : 16~23Kg = 3만 원 기내 수화물 : 10Kg이하 + 삼변의 합 115cm이내 1개
	20kg 이내 1개	15kg 이내 1개	X	
	삼변의 합 203cm 이내			
이스타항공	정규 운임	할인 운임	특가 운임	+ 유모차 무게 초과금 : 1 = 10,000원 기내 수화물 : 12Kg 이하 + 삼변의 합 115cm 이내 1개
	15kg 이내 1개			
	삼변의 합 203cm 이내			
진에어	정규 운임	할인 운임	특가 운임	+ 유모차 무게 초과금 : 1 = 7,000원 기내 수화물 : 12Kg 이하 + 삼변의 합 115cm 이내 1개
	15kg 이내 1개			
	삼변의 합 203cm 이내			
티웨이	정규 운임	할인 운임	특가 운임	
	15kg 이내 1개			
	삼변의 합 203cm 이내			

*유아와 소아도 항공사마다 수화물 규정이 있으니 참고
*수화물 규정은 바뀔 수 있으니 항공권 구매 시 항공 규정을 반드시 확인

최근 저비용 항공사에서는 수화물 규정을 엄격하게 관리해 위탁 수화물을 포함하여 기내 수화물도 크기와 무게를 확인 해 초과 시 초과 요금을 받고 있다. 비용을 아껴보고자 선택했던 저비용 항공이지만 수화물로 인해 더 많은 비용이 나갈 수 있으니 주의하자.

구분	방법	체크 내용	체크
짐 확인	직접	작성한 짐 체크리스트를 참고하여 확인	
여권		여권 유효기간, 여권 훼손 여부 등 확인	
항공권		이티켓 출력, 출도착 여정, 출발 공항 및 도착 공항	
지갑 확인		현금, 현지 통화, 비상시 사용할 카드 등	
호텔 예약	직접 또는 예약 여행사	바우처 출력본, 예약 업체를 통한 예약 내역 확인	
카드 확인	카드사	신용카드 해외 결제 가능 여부, 해외 현금 인출 기능 여부 및 한도	

출발 전 체크리스크

공항에 도착해서 여권이 없다는 것을 알게 된다면? 호텔에 도착했는데 예약이 안 되었거나 취소가 되었다면? 설마 하겠지만 누구에게든 발생할 수 있는 여행 중 자주 일어나는 사례다. 만약에 생길 수 있는 상황을 대비해 출발 전에 최종적으로 체크리스트를 통해 확인해 보자.

환전하기

일본의 통화 단위는 ¥(엔, Yen)으로 1엔부터 1만 엔까지 11종의 동전과 지폐를 사용한다. 자주 사용되는 통화는 1엔, 10엔, 50엔, 100엔, 500엔과 동전 5종, 1천, 2천, 5천, 1만 엔 지폐 4종이다. 우리

나라의 화폐인 원보다 단위가 작아 사용하다 보면 헷갈리는 경우가 종종 있다. 환율에 따라 다르지만 1:10으로 생각하고 사용하면 비용을 계산하며 지출할 수 있다. 일본 현지에서도 환전이 가능하지만 수수료가 비싸서 현금의 경우 한국에서 미리 환전을 해야 한다. 환전 방법은 온라인, 사설 환전소, 은행 환전소가 있으며, 어디서 환전하느냐에 따라 환전 금액은 달라진다. 예를 들어 환전 수수료가 비싼 공항 은행 환전소보다는 거주 지역 근처 주거래 은행을 이용하는 것이 환전율이 좋다. 각종 신용카드사, 은행에서는 고객을 위해 다양한 환전 우대 서비스를 제공하고 있으니 환전 전 온라인 검색을 통해 좋은 조건을 검색해 보자.

*요즘 뜨는 환전 방법
서울역 : 공항철도가 출발하는 서울역 지하에 위치한 우리은행 지점에서는 최고 90%까지 환전 우대를 해준다.
환전 앱 : 신한은행, 국민은행, 토스 등 여러 기업에서 모바일을 이용한 환전 서비스를 제공한다. 환전율도 좋고 출국 당일 공항 환전소에서 수령할 수 있어 매우 편리하다.

은행 환전	시내 은행(고객 등급에 따라 변동)	우대 쿠폰 필수
사설 환전	명동 등 외국인이 자주 방문하는 지역에 위치한 환전소(은행보다 수수료가 적음)	위조지폐 주의
온라인 환전	은행사에서 제공하는 공동 환전, 온라인 환전(주거래 은행이 없을 때 유용함)	비교 필수
공항 환전	공항에 위치한 은행에서 환전 (수수료가 가장 비쌈)	수수료 주의

✈️ 오키나와 입·출국

인천국제공항 가는 방법

ⅰ 공항철도

인천국제공항에서 김포공항·홍대·공덕·서울역을 가장 빠르게 이동할 수 있는 교통수단. 주요 도시를 연결하는 공항리무진에 비해 이용 지역은 제한적이지만 직통, 일반 열차가 상시 운행해 많은 사람이 이용한다. 단, 집 앞에서 지하철역이 없거나 공항철도역과 멀리 떨어져 있다면 짐을 들고 이동해야 해 공항리무진보다 번거롭고 시간이 오래 걸릴 수 있는 단점이 있다.

AREX www.arex.or.kr

인천국제공항과 서울역을 연결하는 공항철도. 총 길이 58km 구간인 이 거리를 직통 열차와 일반 열차로 구분해 운행한다. 열차마다 요금과 정차 역수로 인한 소요 시간이 다르니 참고하자.

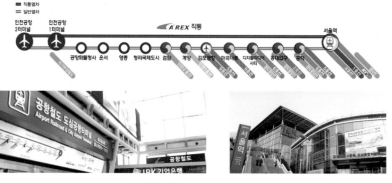

(1) 직통 열차

서울역 도심공항과 인천국제공항을 가장 빠르게 연결하는 열차. 단 한 번의 정차 없이 인천공항 1터미널은 43분, 인천공항 2터미널은 51분 만에 주파한다. 하루 58회 평균 35분 간격으로 운행하고, 서울역에선 약 3시간 전 탑승 수속이 시작되는 인천국제공항보다 이른 시간에 탑승 수속이 가능해 좋은 좌석과 여유로운 면세점 쇼핑을 계획한다면 이 노선을 추천한다.

- **소요 시간** : 서울역~인천공항1터미널 43분,
  서울역~인천공항 2터미널 51분

- **열차 운행** : 하루 58회 운행, 운행 간격 평균 35분
- **열차 운임** : 어른 9,000원, 어린이 7,000원 (*직통 열차 할인 쿠폰이 여럿 있으니 포털 사이트 검색)
- **이용 방법** : 서울역 도심공항터미널 B2층 직통 열차 고객 안내 센터에서 승차권 구입 후 전용 엘리베이터로 이동 후 탑승
- **장점** : 혼잡한 인천국제공항보다 한결 조용한 분위기로 출국 수속이 가능하고 얼리 체크인으로 좋은 좌석 확보(일부 항공사만 적용), 편안한 좌석, 무료 와이파이 등이 가능
- **단점** : 서울역 직통 열차로 이용이 제한적이며, 가격이 집 근처로 가는 공항리무진과 비슷

서울역 도심공항 탑승 수속 가능 항공사

아시아나항공, 제주항공

(*일부 공동운항편은 이용 불가. 사전 항공사에 문의 필수)

(2) 일반 열차

정차 없이 서울역까지 한 번에 가는 직통 열차와는 달리 지하철을 환승할 수 있는 지하철역에서 정차하는 노선. 인천1·2호선과 경의중앙선을 비롯하여 지하철 2·5·6·9호선이 환승역으로 정차하고 운행간격도 평균 6~7분으로 짧아 많은 여행자가 이용한다. 짐이 많지 않고 집 근처 지하철역이 있는 여행자라면 추천한다.

- **소요 시간** : 서울역~인천공항 1터미널 59분,
  서울역~인천공항 2터미널 66분
- **열차 운행** : 하루 303회 운행(왕복), 운행 간격 평균 6~7.5분
- **열차 운임** : 이용 구간에 따라 다름(공항 – 서울역 기준 4,150원, 만 13세 미만(50%), 청소년(20%), 만 65세 이상 무임)
- **이용 방법** : 주요 지하철역에서 환승, 서울역 도심공항터미널 B3층 승차권 구입 후 탑승(교통카드 가능)
- **장점** : 지하철과 환승이 가능하고 가격이 저렴
- **단점** : 환승역이 여럿 있어 직행보다 시간이 더 걸리고, 무엇보다 환승 및 인천국제공항 도착 후 짐을 가지고 긴 구간을 이동

KTX + 공항리무진

인천공항을 연결하는 KTX 폐지 대안으로 광명역 KTX역에서 인천국제공항을 연결하는 공항리무진 버스가 상시 운행 중이다. 집 근처 KTX역이 멀지 않다면 추천한다.

- **소요 시간** : KTX 광명역~인천공항 1터미널 약 50분

• 열차 운행

KTX 리무진	광명역 → 인천공항	인천공항 → 광명역
운행 시간	5:20~21:00	6:10~22:20
운행 간격	15-20 간격	
탑승 위치	광명역 4번 출구	
요금	1,5000원(KTX 연계 시 할인 1,2000원	
좌석수	27석	

〈2019년 7월 기준〉

• **열차 운임** : 구간마다 다름
• **장점** : 지방 이동 시 빠르고 편안하게 이동 가능
• **단점** : 지방 버스보다 비쌈

❷ 공항버스

경기 지역은 물론 지방 도시를 연결하는 버스가 상시 운행 중이다. 버스는 크게 공항리무진과 일반 버스, 고속버스로 나뉘며, 공항행 교통수단 중 가장 많은 정류소가 있어 이용자가 많다. 짐이 많은 여행자도 집 근처 정류장에서 이용할 수 있어 공항철도보다 편하지만, 교통량에 따라 시간이 오래 걸릴 수 있다. 요금은 7,000원(김포)부터 지역마다 달라진다. 공항 이용자가 늘어나면서 카드사 및 여행사에서 쿠폰, 티켓 발행 또는 할인을 제공하는 경우가 있으니 탑승 전 꼼꼼히 살펴보자.

• **소요 시간** : 탑승 지역에 따라 다름
• **주요 업체**

지역	업체명	운행 노선	시간
서울	공항 리무진	6001, 6002, 6003, 6004, 6005, 6007, 6008, 6010, 6011, 6012, 6013, 6014, 6015, 6016, 6017, 6018, 6030	02-2664-9898(본사) 032-743-7600(인천지점)
	서울공항 리무진	6006, 6009, 6020, 6300, 6200, 6500	02-400-2332(본사) 032-743-2344(인천지점)

• **노선 검색** : 인천에어네트워크 www.airportbus.or.kr

	KAL 리무진	6701, 6702, 6703, 6704, 6705, 6707A, 6707B	02-2667-0386(본사) 032-742-5103(인천데스크)
	도심공항	6100, 6101, 6103, 6105	02-551-0790(본사) 032-743-6660(인천지점)
경기	경기고속	3200, 5000, 5300, 5400, 5600, 7100, 7200, 7400, 동탄, 남양주, 광릉, 덕소, 이천, 여주, 광주, 강릉, 원주, 태백	02-3436-6366(본사)
	대원고속	안성/평택, 청주, 동탄, 안동	
	경기공항 리무진	영통, 범계, 호텔캐슬	031-382-9600(본사)
	명성운수	3300(대화)	031-912-7031(본사)
	용남고속	동탄	031-295-7105(본사)
	태화상운	안산, 부천	032-883-5112(본사)
	경남여객	8852(광교,수지,기흥,용인), 8877(광교, 신갈)	031-321-3721(본사)

- **버스 운임** : 구간마다 다름
- **장점** : 정류장이 많아 집 근처에서 이용이 가능
- **단점** : 교통량에 따라 걸리는 시간이 변동

*주의: 버스 이용자 중 짐을 짐칸에 넣으면 Luggage Tag를 주는데, 잃어버리면 문제가 될 수 있으니 잘 챙기는 것을 잊지 말자.

❸ 도심공항터미널

서울역과 삼성동에 위치한 도심공항터미널은 교통편뿐 아니라 공항처럼 항공사 체크인 및 수화물을 부칠 수 있다. 공항철도가 다니는 서울역에서는 철도를 이용해 공항으로 이동 후 전용 게이트를 통해 빠르게 이동할 수 있으며, 삼성동은 리무진을 이용해 공항에 도착한 후 인천공항 3층 1~4번 출국장 좌우측 통로에 마련된 전용 출국 통로를 통해 빠른 출국이 가능하다. 한편 도심공항터미널은 무거운 짐을 미리 보내고 빠르게 이동할 수 있는 장점도 있지만 더 좋은 장점은 얼리 체크인이 가능하다는 것이다. 비상구 좌석이나 앞 좌석 등 일부 좌석은 항공 출발 당일에 배정하는데, 공항보다 더 빠른 시간에 체크인이 가능해 원하는 좌석을 선점할 수 있다. 단점은 국제선의 경우 출발 3시간 전에 도심공항터미널에서 체크인과 수화물을 보내야 한다.

구분	삼성동 한국도심공항	서울역 도심공항터미널
이용 안내 문의	02-551-0077~8	1599-7788
홈페이지	www.calt.co.kr	www.arex.or.kr
운영 시간	국적 항공사 5:20~18:30 제주항공·외국 항공사 5:10~18:30(항공사마다 다름)	5:20~19:00
수속 마감	항공기 출발 3시간 전 수속 마감	
탑승 수속 항공사	아시아나항공, 제주항공, 진에어, 이스타항공, 유나이티드항공, 타 이항공, 싱가포르항공, 카타르항 공, 중국남방항공, 중국동방항공, 상해항공, 대한항공, 델타항공, 에 어프랑스, KLM네덜란드항공	아시아나항공 제주항공

〈2019년 7월 기준〉

* 이용 항공사에 따른 탑승 수속에 대한 상세 정보 및 확인은 유선 문의

이용 절차

도심공항 도착 ⇨ 교통편 티켓 구매 ⇨ 탑승 수속 ⇨ 출국 심사 ⇨ 공항 도착 ⇨
전용 출국 통로 출국(3층 1~4번)

출국 절차

❶ 탑승 수속(항공 체크인)

항공권을 구매했다면 탑승 전 항공사 카운터 또는 셀프 체크인 기기나
항공사에서 지원하는 앱을 통해 좌석 배정 및 수화물 위탁 등 탑승 수속
을 해야 한다. 이때 기억할 것은 항공 기내에는 인화성 물질(부탄가스, 알
코올성 음료), 100ml 이상의 액체류(물, 음료수, 화장품) 반입이 불가능하
다. 해당 물품을 꼭 가져야 하는 여행자는 미리 수화물 가방에 넣어
부쳐야 한다는 것을 잊지 말자. 여행 시 꼭 필요한 물약, 화장품류 등의

액체류는 용기에 100ml 이하로 담아 투명한 지퍼백에 넣으면 지퍼백 1개까지는 기내 반입이 가능하다.

❷ 세관 신고, 병무 신고

고가의 카메라, 골프채 등 여행 시 사용하고 다시 가져올 고가 물품은 출국 전 세관 신고를 통해 휴대 물품 반출 신고(확인)서를 받아야 한다. 혹 세관 신고를 하지 않을 경우 입국 시 구매 물건으로 판단해 세금을 징수할 수 있다. 고가의 물품이 없거나, 고가의 물품이라도 사용 기간이 오래되어 구매 물품이 아니라는 것을 증명할 수 있다면 세관 신고를 하지 않아도 무관하다. 병무 의무자는 출국 전 병무 신고 센터를 통해 국외 여행 허가 증명서를 발급받고 출국 신고를 해야 한다. 과거에 비하면 많이 간소화되었지만 미필자나 현역은 반드시 확인해야 한다.

❸ 보안 검색

탑승 수속과 세관 신고를 완료했다면 여권과 항공권을 제시하고 출국장으로 이동하여 보안 검사를 받으면 된다. 보안 검사는 기내에 가지고 갈 가방과 주머니에 있는 모든 소지품을 X-RAY에 통과시켜야 하고 필요할 경우 신발, 벨트 등 추가 검색이 있을 수 있다. 혹 노트북이나 태블릿 PC를 가지고 기내에 탑승하는 여행자는 보안 검사 전 반드시 가방에서 꺼내 따로 검사를 받아야 신속하게 통과가 가능하다.

❹ 출국 심사

보안 검사를 마친 뒤에는 출국 심사대 앞 대기선에서 기다렸다가 여권과 탑승권을 제시하고 출국 스탬프를 받으면 출국 심사가 끝난다. 출국 심사 때는 여권 사진과 본인 식별을 위해 모자, 선글라스는 벗고 대기 중 휴대전화는 삼가야 한다.

❺ 면세 구역 공항 시설 이용하기

출국 심사를 마쳤다면 항공 탑승 전까지 면세 구역에서 쇼핑을 즐기거나 휴식 공간에서 쉬다가 정해진 시간에 해당 항공 탑승 게이트에 오르면 된다. 기다리는 시간 동안 즐길 수 있는 면세 구역 내 조금 특별한 공간을 살펴보자.

❻ 항공 탑승

항공 탑승은 출발 시간 30~40분 전에 시작해 출발 10분 전 탑승을 마감한다. 항공권에 적힌 탑승 시간을 미리 확인하고 정해진 시간에 게이트로 가서 탑승하도록 하자. 탑승할 때는 여권과 항공권을 승무원에게 한 번 더 보여 줘야 한다. 항공기 앞에 있는 잡지, 신문은 무료로 제공되니 챙겨도 좋다. 마지막으로 탑승권에 찍힌 좌석으로 가서 캐비닛에 짐을 넣고 착석하여 이륙을 기다리면 된다.

항공 이륙 후 도착 전까지 일본 입국을 위한 서류를 준비한다. 일본 입국에 필요한 서류는 입국 신고서와 세관 신고서로서 한글로 된 서류에 여권 정보, 체류일 등을 기재하면 된다. 이때 주의할 것은 무비자 입국이 가능한 일본의 경우 장기 체류, 불법 노동을 막기 위해 입국을 조금 까다롭게 하는 편이니 호텔, 전화번호, 체류일, 입국 신고서 뒷면 여행 비용 등 작성란을 꼼꼼히 기재해야 한다.

입국신고서 작성

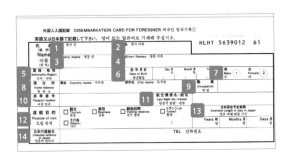

세관신고서 작성

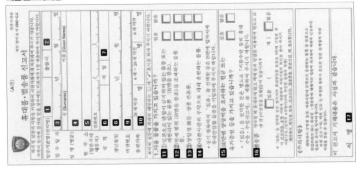

오키나와
입국 수속

입국 심사		수화물 찾기		세관 검사
검역 카메라를 지난 후 입국 심사 (여권+리턴항공권)	⇒	1층 수화물 인도장에서 위탁 수화물 찾기	⇒	출구 앞 세관 검사장에서 세관 신고서 제출 (여권+세관 신고서)

일본에 도착하면 인천국제공항에서의 출국과 마찬가지로 일본 입국을 위한 심사가 진행된다. 항공 기내에서 미리 작성한 입국 신고서와 여권을 제출하고 자신의 순서가 되면 제출 후 심사관의 입국 신고 절차를 진행한다. 일본 입국 심사는 우리나라와 달리 사진 촬영과 지문 등록 과정이 있는데, 한글 설명도 있으니 걱정하지 말자. 입국 심사가 끝나면 수화물을 찾고 세관 검사대를 통과하면서 또 한 번 여권과 항공 기내에서 작성해 놓은 세관 신고서를 제출하면 모든 입국 과정이 끝난다.

❶ 입국 심사 과정

1단계	입국 심사관에서 여권, 입국 신고서 제출
2단계	입국 심사관 안내에 따라 양손 검지 손가락을 지문 인식기에 올리기
3단계	지문 인식기 위에 있는 카메라를 바라보고 얼굴 사진 촬영
4단계	입국 심사관 인터뷰(간단한 질문)

❷ 수화물 찾기

입국 심사가 끝나면 1층 수화물 인도장에서 자신이 타고 온 항공편 수화물 레일 확인 후 해당 레일에서 위탁 수화물 찾기. 같은 수화물이 있을 수 있으니 항공권에 부착된 위탁 수화물 번호표와 꼭 비교하자.

❸ 세관 검사

위탁 수화물에 문제가 있거나, 출발 전 인천국제공항 면세점에서 고가 또는 입국 허용 면세 한도를 초과하여 구매를 하지 않았다면 세관 신고서만 제출하면 대부분 통과할 수 있다. 간혹 짐 검사를 할 경우가 있는데, 그럴 땐 당황하지 말고 안내에 따라 수화물을 확인시켜 주면 된다.

주류	3병(1병당 760ml)
담배	400개피
향수	2온스(1병당 28ml)

시내로 이동하기

오키나와 여행의 출발점인 나하 국제공항에서 시내로 가기 위한 방법은 크게 두 가지가 있다. 가장 빠른 방법은 국내선 청사에서 연결된 역에서 나하 시내행 모노레일을 탑승하는 방법이고, 나하 시를 제외한 지역은 국내선 청사 1층에서 버스를 이용하는 것이다. 오키나와에서 머무는 숙소와 연결되는 교통편을 미리 알아보고, 짐의 무게, 동반자 등을 고려해 자신에게 맞는 교통수단을 이용하자.

❶ 모노레일

www.yui-rail.co.jp

국제선 청사에서 나와 오른쪽에 있는 국내선 청사 3층으로 이동 후 모노레일 나하공항역에서 탑승한다. 오키나와는 나하 시내 일부만 운행을 하고 있으니 참고하자.

소요 시간(단위 : 분)

0	4	5	7	9	11	12	14	16	18	19	21	23	25	27
나하공항역 Naha-Airport	아카미네역 Akamine	오로쿠역 Oroku	오노야마공원역 Onoyama-Koen	쓰보가와역 Tsubokawa	아사히바시역 Asahibashi	겐초마에역 Kencho-mae	미에바시역 Miebashi	마키시역 Makishi	아사토역 Asato	오모로마치역 Omoromachi	후루지마역 Furushima	시리쓰뵤인마에역 Shimitsu-Byoin-mae	기보역 Gibo	슈리역 Shuri

❷ 버스

나하 시내가 아닌 다른 지역 숙소를 이용하거나, 다른 지역을 먼저 돌아 볼 여행자라면 국제선 앞 버스 정류장 또는 국제선 청사에서 나와 오른쪽에 있는 국내선 청사 입구 버스 정류장(노선이 가장 많음)에서 버스를 탑승한다.

〈국내선 청사 1층 버스 정류장 위치〉

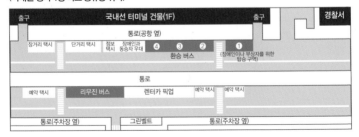

1번	전세버스, 무료 순회 버스(국내선-국제선),
2번	시내, 시외, 나하 버스 터미널 버스 정류장
3번	
4번	피치항공, 바닐라항공 LCC 터미널행 버스 정류장

시외 주요노선

- **A 공항리무진** : 문 오션 오키나와 ➜ 라구나 가든 호텔 ➜ 더 비치 타워 오키나와 ➜ 베셀 호텔 캄파나 ➜ 힐튼 오키나와 차탄 리조트

- **B 공항리무진** : 나하 버스 터미널 ➜ 맥스밸류 이시가와 ➜ 르네상스 오키나와 리조트 ➜ 오키나와 잔파미사키 로얄 호텔 ➜ 호텔 닛코 알리빌라

- **C 공항리무진** : 나하 버스 터미널 ➜ 호텔 문 비치 ➜ 호텔 몬트레이 오키나와 스파 & 리조트 ➜ 쉐라톤 오키나와 선마리나 리조트 ➜ 리잔 시-파크 호텔 탄차-베이 ➜ 오키나와 과학기술대학원(OIST) 캠퍼스 ➜ 아나 인터콘티넨탈 만자 비치 리조트

- **D 공항리무진** : 나하 버스 터미널 ➜ 오키나와 카리유시 비치 리조트 오션 스파 ➜ 더 부세나 테라스 비치 리조트 ➜ 오키나와 매리어트 리조트 & 스파 ➜ 더 리츠 칼튼 오키나와 ➜ 키세 비치 팰리스

- **E 공항리무진** : 나하 버스 터미널 ➜ 북부 나고 버스 터미널 ➜ 호텔 리조넥스 나고 ➜ 모토부 항 ➜ 호텔 마하이나 웰니스 리조트 오키나와 ➜ 해양박 공원(Ocean EXPO Park) ➜ 센츄리온 호텔 오키나와 추라우미

🧳 오키나와 여행 팁

❶ 여행 시 비상 연락처

여행 중 누구에게나 발생할 수 있는 사건, 사고는 물론 카드 분실, 항공
권 변경 등으로 도움이 필요하면 아래 연락처로 도움을 요청하자.

현지

경찰 110 화재 신고 119 해상 사고 118

The Japan Helpline 0120-46-1997(공중전화에서 긴급전화로 가능)

현지 다국어 사용이 가능한 병원

겐카병원源河医院 (내과, 신경외과, 재활 의학과) – 한국어 가능

주소 沖縄市中央 1-18-7 전화 098-937-4976 시간 월~금 9:00~12:00,
14:00~18:00/ 토요일 9:00~12:00

카누 클리닉叶クリニック (내과, 소아과, 소화기과, 재활 의학과) – 한국어 가능

주소 那覇市首里石嶺町 4-9-1 전화 098-886-0888 시간 월~금 9:00~12:00,
14:00~18:00/ 토요일 9:00~12:00

(나하) 오키나와 적십자병원沖縄赤十字病院 – 영어 가능/ 통역 전화 보유

주소 沖縄県那覇市与儀 1-3-1 전화 098-853-3134

(중부) 류큐대학의학부속병원 – 영어 가능/ 통역 전화 보유

주소 沖縄県中頭郡西原町上原 207 전화 098-895-3331

24시 영사 콜센터

24시 영사 콜센터 00531-82-0440(공중전화에서 긴급전화로 가능)
수신자 부담 전화 00539-821, 00-6635-821(공중전화에서 긴급전화로 가능))

신용카드 분실 신고

BC카드 : 82-2-950-8510
롯데카드 : 82-2-2280-2400
신한카드 : 82-2-3420-7000
현대카드 : 82-2-3015-9000

국민카드 : 82-2-6300-7300
삼성카드 : 82-2-2000-8100
하나SK카드 : 82-2-3489-1000

항공사 연락처

대한항공 : 81-6-6264-3311(일본 지점)
아시아나항공 : 81-3-5812-6600(오키나와 지점)
제주항공 : 82-1599-1500(국내)
진에어 : 82-1600-6200(국내)
티웨이항공 : 82-1688-8686(국내)
이스타항공 : 82-1544-0080(국내)

❷ 재외공관

외교 및 재외국민과 여행자 보호에 도움을 주기 위해 전 세계에 우리나라 재외공관이 설치되어 있지만, 아쉽게도 오키나와에는 재외공관이 설치되어 있지 않다. 오키나와에서 도움을 받으려면 후쿠오카에 위치한 대한민국 영사관의 도움을 받아야 한다. 사안에 따라 처리하는 날이 늦어질 수 있으니 참고하자. 후쿠오카 총영사관에 직접 전화하기보다는 다국어 문의 센터에서 해결할 수 있는지 연락 후에 확인하는 것이 시간을 아끼는 노하우다.

일본 다국어 문의 센터

전화 098-851-9554 / 0570-077203 스카이프 call-center-kr01/02

주 후쿠오카 대한민국 총영사관

주소 (우)810-0065 福岡市 中央區 地行浜 1-1-3 이메일 fukuoka@mofa.go.kr
비상 연락처 080-1776-3653 / 090-1367-3638(근무 시간 외 휴일 및 야간) 홈페이지 jpn-fukuoka.mofa.go.kr

여행자에게 도움이 되는 재외공관 서비스

• 여행 증명서 / 여권 발급

여권을 분실했다면 경찰에 분실 신고 후 분실 증명서를 갖고 총영사관을 방문하면 여행 증명서나 단수 여권을 발급받을 수 있다. 여권 발급을 위해서는 여권용 사진 1매는 필수. 한국 신분증을 챙겨 가야 한다. 비용은 여행 증명서는 사진 전자식 1,440엔, 사진 부착식 840엔, 전자 여권 단수 여권은 2,400엔이다.

• 신속 해외 송금

여행 중 분실이나 급하게 돈이 필요하면 영사관을 통해 해외 송금을 받을 수 있다. 1회 최대 3,000$까지 가능하며, 해외 송금 제도 신청 후 국내에서 정해진 계좌에 돈을 입금하면 현지 화폐로 받을 수 있다.

❸ 공중전화 이용하기

스마트폰의 보급으로 자동 로밍이 되어 유선전화를 사용하는 일은 많이 줄었다. 하지만 로밍폰을 이용할 경우 일본 현지 통화 요금이 비싸서 긴 통화가 아니면 일반 공중전화를 이용하길 추천한다. 일본의 공중전화는 여러 종류가 있는데 가장 흔히 보이는 초록색 공중전화는 동전과 카드를 사용할 수 있으며, 국내는 물론 국제전화도 가능하다. 공중전화 이용 방법은 수화기를 들고 100엔 동전을 넣은 다음, 번호를 입력하면 된다. 국제전화를 이용할 경우에는 먼저 001을 누른 후, 한국 국가 번호 82를 누른 다음 지역번호나 휴대전화 앞자리 0을 뺀 번호를 누르면 연결된다. 짧은 시내 통화는 공중전화가 이득이지만 통화가 길거나 국제전화의 경우 요금이 비싸니 현지 유심을 구매하거나, 국제전화 앱을 이용할 수 있게 미리 해외 데이터 요금제를 가입해 나가길 추천한다.

❹ 현지 통신 이용하기

오키나와에서 3일 이상 체류하거나 전화 통화를 자주 해야 하는 여행자라면 로밍 전화기보다는 일본 전화를 개통해 이용해 보자. 관광 비자의 경우 일본 전화 개통이 어렵지만 한국에서 신청 가능한 임대폰이나 일본 유심을 이용하면 현지 번호를 이용할 수 있다.

• 임대폰

국내 몇 업체에서 일본 휴대전화를 일정 기간 임대해 주는 서비스를 제공하고 있다. 하지만 아쉽게도 약정 기간이 최소 3개월부터 시작된다. 중고폰을 이용해야 하고, 약정이 있어 단기 여행자에게는 이용이 어렵다.

• 유심 구매 및 대여

일본 현지는 물론 국내에서는 일정 기간 동안 이용 가능한 유심을 판매하고 있다. 이용하는 요금 플랜에 따라 가격이 다르지만 가격이 저렴한 편이다. 데이터 전용 또는 통화 전용 요금 플랜을 선택할 수 있는 장점이 있어, 일본 휴대전화 번호와 통화가 필요하다면 'NTT 도코모' 유심을 추천한다.

❺ 로밍 휴대폰 이용하기

기종마다 다르지만 스마트폰 대부분은 신청 없이 자동으로 로밍이 된다. 로밍으로 연결되면 국내 요금제와는 상관없이 통신 및 통화 요금이 발생하는데, 로밍 요금제에 가입을 안 했다면 요금이 생각보다 비싸서 주의가 필요하다.

• 데이터 이용

로밍 폭탄 요금을 피하기 위해서는 항공 탑승 전 비행기모드 전환이나 로밍 데이터 사용을 차단하거나, 이용하는 통신사에 연락해서 로밍 데이터 차단을 신청하고, 여행 중 이메일 확인이나 카카오톡 등 메신저를 이용하려면 출발 전 이용하는 통신사를 통해 로밍 상품을 가입하거나, 휴대용 와이파이를 대여해 이용하자.

• 전화 통화

일본 시내 전화 통화는 물론 해외 발신, 걸려온 전화를 받을 경우에도 요금이 청구되니 주의가 필요하다. 특히 걸려온 전화를 받아서 요금 폭탄을 맞는 경우가 종종 있으니 꼭 필요한 연락이 아니면 통화를 잠시 미루자.

Okinawa Travel, Conversation 오키나와

❀ 기본 표현

안녕하세요. (아침 인사)	おはよう ございます。	오하요-고자이마스
안녕하세요. (점심 인사)	こんにちは。	콘니찌와
안녕하세요. (저녁 인사)	こんばんは。	콤방와
감사합니다.	ありがとう ございます。	아리가또-고자이마스
미안합니다.	すみません。	스미마센
괜찮아요.	だいじょうぶです。	다이조-부데스
부탁합니다.	おねがいします。	오네가이시마스
네.	はい。	하이
아니요.	いいえ。	이-에
좋아요.	いいです。	이-데스
싫어요.	いやです。	이야데스
뭐예요?	なんですか。	난데스까
어디예요?	どこですか。	도꼬데스까
얼마예요?	いくらですか。	이꾸라데스까
잘 모르겠어요.	よく わかりません。	요꾸 와까리마센
일본어를 못해요.	にほんごが できません。	니홍고가 데끼마센
영어로 부탁합니다.	えいごで おねがいします。	에-고데오네가이시마스
천천히 말씀해 주세요.	ゆっくり はなして ください。	윳꾸리 하나시떼 쿠다사이
다시 한 번 부탁드립니다.	もう いちど おねがいします。	모- 이찌도 오네가이시마스

써 주세요. かいて ください。 카이떼 쿠다사이

저는 한국 사람입니다. わたしは かんこくじんです。
와따시와 캉꼬꾸진데스

숫자

1	2	3	4	5	6	7	8	9	10
いち	に	さん	し	ご	ろく	しち	はち	きゅう	じゅう
이치	니	산	시	고	로쿠	시치	하치	큐-	주

돈

1엔	いちえん	치엔		100엔	ひゃくえん	햐쿠엔
5엔	ごえん	고엔		500엔	ごひゃくえん	고햐쿠엔
10엔	じゅうえん	주-엔		1000엔	せんえん	센엔
50엔	ごじゅうえん	고주-엔		5000엔	ごせんえん	고센엔
10000엔	いちまんえん	이치만엔				

❀ 비행기 안에서

제 자리가 어디죠? わたしの せきは どこですか?
와따시노 세끼와 도꼬데스까

이쪽입니다. こちらです。 고찌라데스

· 이쪽 こちら 고찌라　· 저쪽 あちら 아찌라　· 그쪽 そちら 소찌라

실례합니다. しつれいします。 시쯔레-시마스

저기요. すみません。 스미마셍

담요 주세요. もうふ ください。 모-후 쿠다사이

커피 주세요. コーヒー ください。 코-히- 쿠다사이

· 냉수 おみず 오미즈　· 주스 ジュース 쥬-스　· 맥주 ビール 비-루

화장실은 어디인가요? トイレは どこですか? 토이레와 도꼬데스까

얼마 후에 도착합니까? あと どれぐらいで つきますか?
아또 도레구라이데 쯔끼마스까

좋아요. いいです。 이-데스

❀ 입국 심사

외국인은 어느 쪽에 서나요?	がいこくじんは どちらですか?
	가이꼬꾸진와 도찌라데스까

방문 목적이 무엇입니까?	にゅうこくの もくてきは なんですか?
	뉴-꼬꾸노 모꾸떼끼와 난데스까

관광입니다.	かんこうです。 칸꼬-데스

공부하러 왔습니다.	りゅうがくです。 류-가꾸데스

어느 정도 체류합니까?	どのくらい たいざいしますか?
	도노쿠라이 타이자이시마스까

일주일입니다.	いっしゅうかんです。 잇슈-칸데스

- **일주일** いっしゅうかん 잇슈-칸　　・**이틀** ふつか 후쯔까
- **3일** みっか 밋까　　　　　　　　・**4일** よっか 욧까

어디에서 머물 예정입니까?	どこに たいざいしますか?
	도꼬니 타이자이시마스까

프린스 호텔입니다.	プリンスホテルです。 푸린스 호테루데스

❀ 수화물 찾기

짐은 어디에서 찾나요?	にもつは どこで さがしますか?
	니모쯔와 도꼬데 사가시마스까

짐이 나오지 않았어요.	にもつが でてこなかったんです。
	니모쯔가 데떼코나캇탄데스

제 짐은 두 개입니다.	わたしの にもつは ふたつです。
	와따시노 니모쯔와 후따쯔데스

- **한 개** ひとつ 히또쯔　・**두 개** ふたつ 후따쯔　・**세 개** みっつ 밋쯔

짐이 없어졌어요.	にもつが なくなりました。
	니모쯔가 나쿠나리마시타

❀ 세관 검사

신고할 물건 없습니까?	しんこくする ものは ありませんか?
	신꼬꾸스루 모노와 아리마셍까

없습니다.	ありません。 아리마셍
가방 안에 무엇이 들어 있습니까?	かばんの なかに なにが はいって いますか? 카방노 나까니 나니가 하잇떼 이마스까
가방을 열어 주세요.	かばんを あけて ください。 카방오 아케떼 쿠다사이
이것은 무엇입니까?	これは なんですか? 코레와 난데스까
이건 제가 사용하고 있는 물건입니다.	これは わたしが つかっている ものです。 코레와 와따시가 쯔깟떼이루 모노데스
이것은 가지고 들어갈 수 없습니다.	これは もちこむ ことが できません。 코레와 모찌코무 코또가 데끼마셍

❀ 공항에서

버스 승강장은 어디인가요?	バスのりばは どこですか? 바스노리바와 도꼬데스까
어디로 가야 하나요?	どこに いきますか? 도꼬니 이키마스까
지도를 받을 수 있나요?	ちずを もらえますか? 치즈오 모라에마스까
어디서 환전해요?	どこで りょうがえ できますか? 도꼬데 료-가에 데끼마스까

❀ 교통

여기는 이 지도에서 어느 쪽이에요?	ここは、このちずで、どのへんですか? 코꼬와 코노치즈데 도노헨데스까
표는 어디에서 삽니까?	きっぷは どこで かいますか? 킵뿌와 도꼬데 카이마스까
요금은 얼마입니까?	りょうきんは いくらですか? 료-킹와 이꾸라데스까
모노레일은 어디서 탑니까?	モノレールはどこで乗りますか? 모노레이루와 도꼬데 노리마스까
몇 시에 출발합니까?	なんじ しゅっぱつですか? 난지 슛빠쯔데스까

렌터카는 어디에서 빌립니까?	レンタカーはどこで借りますか? 렌타카-와 도코데 가리라레마스카
이거 국제 거리에 가나요?	これは国際通りに行くんですか? 고레와 코쿠사이도오리니 이쿤데스카
어디서 갈아탑니까?	どこで のりかえますか? 도꼬데 노리카에마스까
걸어서 갈 수 있습니까?	あるいて いけますか? 아루이떼 이케마스까

❀ 호텔에서

체크인 부탁드립니다.	チェックイン おねがいします。 첵꾸인 오네가이시마스
예약했는데요.	よやくしたんですが。 요야꾸시딴데스가
방에 열쇠를 두고 나왔어요.	へやに かぎを おきわすれました。 헤야니 카기오 오키와스레마시타
415호실입니다.	415ごうしつです。 욘이치고 고-시쯔데스
체크아웃은 몇 시까지입니까?	チェックアウトは なんじまでですか? 첵꾸아우또와 난지마데데스까
와이파이 되나요?	Wi-Fi できますか? 와이화이 데끼마스까
비밀번호 알려주세요.	パスワードを おしえて ください。 파스와-도오 오시에떼 쿠다사이
편의점은 어디에 있나요?	コンビには どこに ありますか? 콤비니와 도꼬니 아리마스까

❀ 쇼핑

저것 좀 보여 주세요.	あれ、みせて ください。 아레 미세떼 쿠다사이
옷을 입어 봐도 될까요?	きて みても いいですか? 키떼 미떼모 이-데스까
커요.	おおきいです。 오-키-데스
작아요.	ちいさいです。 치-사이데스
얼마입니까?	いくらですか? 이꾸라데스까

비싸요.	たかいです。 타까이데스
싸게 해 주세요.	やすく して ください。 야스꾸 시떼 쿠다사이
좀 더 둘러보고 올게요.	もうすこしみてくる。 모-스코시 미떼쿠루
영수증 주세요.	レシート ください。 레시-또 쿠다사이

❀ 음식

여기요.	すみません。 스미마셍
주문 받아 주세요.	ちゅうもん おねがいします。 츄-몬 오네가이시마스
추천 요리는 무엇입니까?	おすすめ りょうりは なんですか? 오스스메 료- 리와 난데스까
잘 먹겠습니다.	いただきます。 이따다키마스
잘 먹었습니다.	ごちそうさまでした。 고찌소-사마데시타
맛있어요.	おいしいです。 오이시-데스
맛이 이상합니다.	あじが おかしいです。 아지가 오까시-데스
메뉴판을 다시 보여 주세요.	メニューを もういちど みせて ください。 메뉴오 모- 이찌도 미세떼 쿠다사이
생맥주 500CC 두 잔.	なまビール 中ジョッキで 2はい。 나마비-루 츄- 죳끼데 니하이
한 잔 더 주세요.	もう いっぱい おねがいします。 모- 잇빠이 오네가이시마스
물 좀 주세요.	みず ください。 미즈 쿠다사이
개인용 접시 하나 주세요.	とりざら ひとつ ください。 도리자라 히또쯔 쿠다사이
담배를 피워도 됩니까?	たばこを すっても いいですか? 다바코오 슷떼모 이-데스까
어린이 의자를 준비해 주세요.	こどもようのいすをじゅんびして ください。 코도모요-노 이스오 쥰비시떼 쿠다사이

계산해 주세요.	おかんじょう おねがいします. 오칸죠- 오네가이시마스
계산이 잘못된 것 같아요.	けいさんが まちがってる みたいですが. 케-산가 마찌갓떼루 미따이데스가
이 금액은 뭐예요?	この きんがくは なんですか? 코노 킨가꾸와 난데스까

❀ 관광(기타 표현)

사진을 좀 찍어 주시겠어요?	しゃしんを とって くれますか? 샤신오 톳떼 쿠레마스까
여기서 사진을 찍어도 돼요?	ここで しゃしんを とっても いいですか? 코꼬데 샤신오 톳떼모 이-데스까
같이 사진 찍어도 돼요?	いっしょに とっても いいですか? 잇쇼니 톳떼모 이-데스까
얼마나 기다려야 해요?	どれぐらい まちますか? 도레구라이 마찌마스까
몇 시부터 문을 열어요?	なんじから オープンですか? 난지까라 오-푼데스까
몇 시에 문을 닫아요?	なんじに おわりますか? 난지니 오와리마스까
출구는 어디예요?	でぐちは どこですか. 데구찌와 도꼬데스까
여기는 출입 금지예요.	ここは たちいりきんしです. 코꼬와 다찌이리킨시데스
손대지 마세요.	てを ふれないで ください. 테오 후레나이데 쿠다사이
너무 재밌었어요.	とても おもしろかったです. 토떼모 오모시로깟따데스

찾아보기 INDEX

식당 & 카페

주말 또는 공휴일 총 단 1일만
류큐 버스(琉球)의 버스가
나하 버스(那覇)의 버스와
무제한 승차(111 번 제외)
가능하며 류큐 버스 교통과
오키나와 버스의 협동 운행 노선
(琉球 那覇 로 표기)이면
오키나와 버스편도 이용
가능합니다(27 번 제외).

번호		
54	나하버스터미널 那覇バスターミナル	교루센도마에 玉泉洞前
♿ 77	나하버스터미널 那覇バスターミナル	나고버스터미널 名護バスターミナル
80	나하버스터미널 那覇バスターミナル	야케나-버스터미널 屋慶名バスターミナル
83	나하버스터미널 那覇バスターミナル	교루센도마에 玉泉洞前
♿ 89	나하버스터미널 那覇バスターミナル	이토만버스터미널 糸満バスターミナル
90	나하버스터미널 那覇バスターミナル	구시카와버스터미널 具志川バスターミナル
95	오기나와 프리미엄 아시비나 아웃렛모루 あしびな	오키나와 プレミアム アウトレットモールあしびな
111	나하쿠코 那覇空港	나고버스터미널 名護バスターミナル
113	나하쿠코 那覇空港	구시카와버스터미널 具志川バスターミナル
120	나하쿠코 那覇空港	나고버스터미널 名護バスターミナル
YB	나하쿠코 那覇空港	운텐코 運天港

번호		
20	나고버스터미널 名護バスターミナル	나하버스터미널 那覇バスターミナル
♿ 22	나고버스터미널 名護バスターミナル	주부보인 中部病院
♿ 65	나고버스터미널 名護バスターミナル	나고버스터미널 名護バスターミナル
♿ 66	나고버스터미널 名護バスターミナル	나고버스터미널 名護バスターミナル
67	헨토나버스터미널 辺土名バスターミナル	나고버스터미널 名護バスターミナル
70	나고버스터미널 名護バスターミナル	신자토이리구치 新里入口
72	나고버스터미널 名護バスターミナル	운텐코 運天港

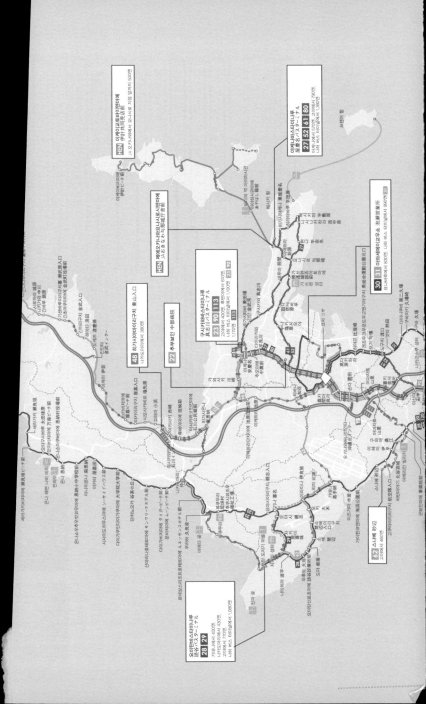

맵에 기재된 노선

나하 버스 터미널 또는 나하 국제공항 발착

류큐 버스 교통·나하 버스
주말·공휴일 1일 한정
자유승차권

어른	어린이
2,000엔	**1,000**엔

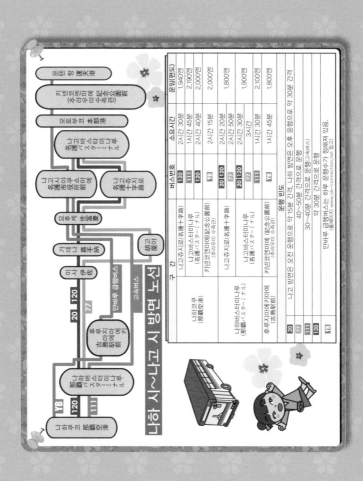

나하 시~나고 시 방면 노선

구간		버스번호	소요시간	운임(편도)
나하공항 (那覇空港)	나고주지로(名護十字路)	120	2시간 30분	1,940엔
	나고버스터미널 (名護バスターミナル)	111	1시간 45분	2,190엔
	나고버스터미널 (名護バスターミナル)	120	2시간 40분	2,000엔
	키넨코엔마에(記念公園前) (주라우미 수족관前)	YB	2시간 15분	2,000엔
나하버스터미널 (那覇バスターミナル)	나고주지로 (名護十字路)	20 120	2시간 20분	1,800엔
		77	2시간 50분	
	나고버스터미널 (名護十字路)	20 120	2시간 30분	1,900엔
		77	3시간	
	키넨코엔마에 (記念公園前)	111	1시간 30분	2,100엔
후루지마에키마에 (古島駅前)	키넨코엔마에 (記念公園前) (주라우미 수족관前)	YB	1시간 45분	1,800엔

운행 빈도

20	나하 방면으로 오전 운행으로 약 15분 간격, 나하 방면으로 오후 운행으로 30분 간격
77	40~50분 간격으로 운행
111	30~40분 간격으로 운행(급행)
120	약 30분 간격으로 운행
YB	인바루 급행버스는 하루 운행수가 정해져 있음. (홈페이지 www.ok-connection.net 참고)

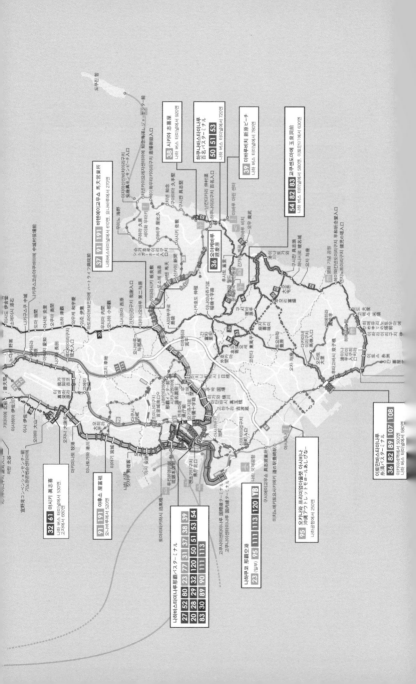

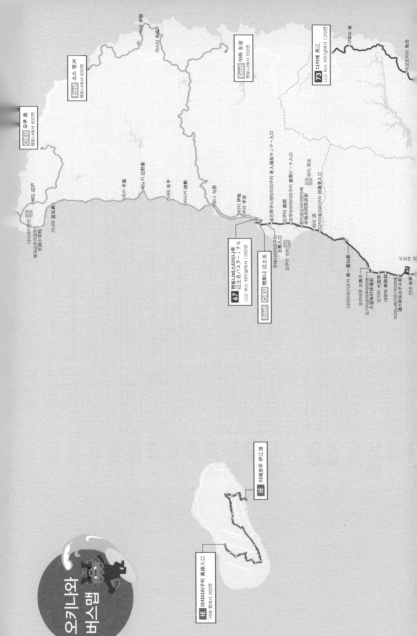

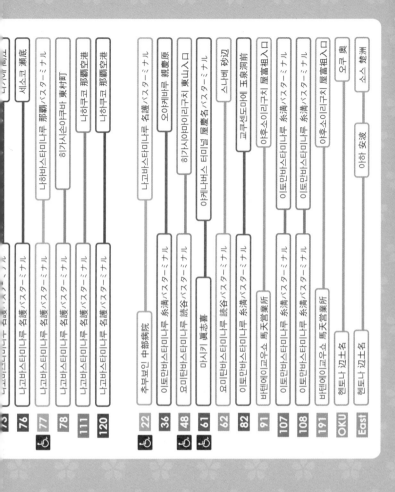

	나고바스터미나루 名護バスターミナル	세소코 瀬底
76	나고바스터미나루 名護バスターミナル	
77	나고바스터미나루 名護バスターミナル	나하바스타미나루 那覇バスターミナル
78	나고바스터미나루 名護バスターミナル	히가시손아구나 東村町
111	나고바스터미나루 名護バスターミナル	나하쿠코 那覇空港
120	나고바스터미나루 名護バスターミナル	나하쿠코 那覇空港
22	추부보인 中部病院	나고바스터미나루 名護バスターミナル
36	이토만바스터미나루 糸満バスターミナル	오아케바루 親慶原
48	요미탄바스터미나루 読谷バスターミナル	히가시아야이리구치 東山入口
61	마시키 眞志喜	아케나바스 티미널 屋慶名バスターミナル
62	요미탄바스터미나루 読谷バスターミナル	스나베 砂辺
82	이토만바스터미나루 糸満バスターミナル	교쿠센도마에 玉泉洞前
91	바텐에이교우쇼 馬天営業所	아후소이리구치 屋富祖入口
107	이토만바스터미나루 糸満バスターミナル	이토만바스터미나루 糸満バスターミナル
108	이토만바스터미나루 糸満バスターミナル	이토만바스터미나루 糸満バスターミナル
191	바텐에이교우쇼 馬天営業所	아후소이리구치 屋富祖入口
OKU	헨토나 辺土名	오쿠 奧
East	헨토나 辺土名	소스 楚洲